入試に出る
化学反応式
まとめとポイント
改訂版
［化学基礎・化学］

中道淳一 著

旺文社

はじめに

　皆さんの身の回りには，沢山の物質が存在するだけでなく，刻々とその姿を変化させていると言ってよいと思います。

　朝起床して，深呼吸。空気中の酸素を吸収し，二酸化炭素を多く含んだ息を吐き出す。朝食で摂ったパンを構成するデンプンを体内で分解して，マルトースやグルコースとする…と，日々の生活を思い返すと，物質の変化が身近に起こっていることが理解できるでしょう。このような物質の変化をできるだけ視覚的に追っていけるように，本書を作成しました。

　大学入試においても，1つの物質（アンモニア，硝酸，水酸化ナトリウムなど）を対象として，その製法や反応を，化学平衡・中和・酸化還元等の理論的な分野の知識を基に，考察する出題が多く見られます。1つの物質の性質や反応を，様々な角度から捉えることは，大学における勉強にも必要とされている証拠です。

　物質の変化について疑問に思ったり，反応式が分からなくなったら，まず本書の経路図で，その物質の変化の全体像を捉え，そこから反応式を確認して下さい。押さえておきたい反応式や化学用語などの point は赤字で示し，同色のセルを載せて隠すことによって，覚えやすいように配慮しました。こんな行為を重ねて，化学の実力が身に付いていくことを祈っています。

　最後に，本書を書くに当たって温かいアドバイス並びに全面的な協力を頂いた旺文社編集部の皆様に，深く感謝いたします。

中道　淳一

本書の構成

経路図
タイトルに示した物質を中心とした，化学変化の関連性を大まかに捉えるのに活用する。

反応式
★印をつけた反応式は，定期考査や大学入試で頻出なので，しっかり把握しておくこと。

反応のPOiNT!
物質の性質や反応を理解する上で，大切なpointなので，これを基にして整理する。

物質の性質
特によく取り上げられる物質の性質や話題なので，用語などに注意して記憶すること。

反応の説明
反応が起こる原因，生じる物質の状態（気体，沈殿…）などに注意して反応を捉える。

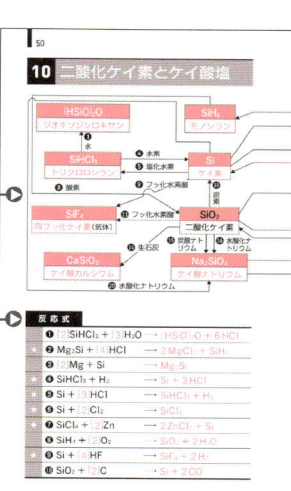

目 次

はじめに ……………………………………………………… 2
本書の構成 …………………………………………………… 3

無機化合物編

元素記号と掲載ページ ……………………………………… 8

非金属元素とその化合物

1 塩素と塩化水素 ……………………………………… 10
2 臭素とヨウ素 ………………………………………… 14
3 フッ素とフッ化水素酸 ……………………………… 18
4 酸素とオゾンと水 …………………………………… 22
5 硫化水素と二酸化硫黄 ……………………………… 26
6 硫酸 …………………………………………………… 30
7 窒素とリン …………………………………………… 34
8 硝酸とアンモニア …………………………………… 40
9 二酸化炭素と炭酸塩・炭酸水素塩 ………………… 46
10 二酸化ケイ素とケイ酸塩 …………………………… 50

金属元素とその化合物

11 ナトリウムの単体と化合物 ………………………… 54
12 カルシウムの単体と化合物 ………………………… 60
13 アンモニアソーダ法 ………………………………… 64
14 アルミニウムの精錬 ………………………………… 68
15 アルミニウムの化合物 ……………………………… 72
16 亜鉛・水銀の単体と化合物 ………………………… 76
17 スズ・鉛の単体と化合物 …………………………… 82
18 鉄・銅の精錬 ………………………………………… 88
19 鉄の化合物 …………………………………………… 92

20	銅と銀の化合物	98
21	クロムとマンガンの化合物	104

代表的な気体の製法

22	気体の発生 (a)	110
23	気体の発生 (b)	112

陽イオン分析

24	陽イオンの系統分析	114

有機化合物編

有機化合物の分類と掲載ページ ……………………… 122

脂肪族化合物

25	メタン	124
26	エチレンとプロペン	128
27	アセチレン	134
28	エタノールとエーテル類	138
29	ブチルアルコール	142
30	アルデヒド類の反応	146
31	アセトン	150
32	酢酸とギ酸	154
33	2価のカルボン酸とエステルの性質	158
34	鎖式有機化合物の反応経路のまとめ	164
35	油脂, セッケン, 合成洗剤	168

芳香族化合物

36	ベンゼン	172
37	フェノール	176
38	芳香族カルボン酸	180

39	サリチル酸	184
40	アニリン	188

構造式決定

41	構造式決定(a)	194
42	構造式決定(b)	196
43	芳香族化合物のまとめ	198

芳香族化合物の分離

44	芳香族化合物の分離	204

合成高分子化合物

45	合成高分子化合物(付加重合生成物)	208
46	合成高分子化合物(縮合重合生成物)	212
47	合成高分子化合物(付加縮合生成物)	216
48	天然ゴムと合成ゴム	220
49	イオン交換樹脂	224

天然高分子化合物

50	単糖類	228
51	多糖類と二糖類	232
52	セルロース誘導体	236
53	アミノ酸とタンパク質	240
54	酵素	244

索引 …… 246

著者紹介

中道淳一(なかみちじゅんいち) 桐朋中学・高等学校教諭。「化学は，暗記より理解から」をモットーに，自主教材をテキストとして，生徒との交流ある授業を心がけている。この授業で用いたテキストは，大学の講義を理解するのにも有用だと好評である。専門は物理化学(触媒)。趣味は楽器(ドラム)演奏と音楽(ジャズ)鑑賞。「全国大学入試問題正解 化学」(旺文社)の解答者の一人であり，著書には「中学総合的研究 理科(三訂版)」(共著,旺文社)，「書き込みサブノート化学基礎」(旺文社)がある。

無機化合物編

元素記号と掲載ページ

H								
Li	Be							
Na 54 Na₂CO₃ 64	Mg							
K	Ca 60	Sc	Ti	V	Cr 104	Mn 104	Fe 88 92	Co
Rb	Sr	Y	Zr	Nb	Mo	Tc	Ru	Rh
Cs	Ba	ランタノイド	Hf	Ta	W	Re	Os	Ir
Fr	Ra	アクチノイド	Rf	Db	Sg	Bh	Hs	Mt

元素記号と掲載ページ

								He
		B	C CO_2 46	N 34 HNO_3 NH_3 40	O 22 H_2O 22	F 18	Ne
		Al 68 72	Si SiO_2 50	P 34	S H_2S, SO_2 26 H_2SO_4 30	Cl 10	Ar
Ni	Cu 88 98	Zn 76	Ga	Ge	As	Se	Br 14	Kr
Pd	Ag 98	Cd	In	Sn 82	Sb	Te	I 14	Xe
Pt	Au	Hg 76	Tl	Pb 82	Bi	Po	At	Rn
Ds	Rg	Cn	(Uut)	Fl	(Uup)	Lv	(Uus)	(Uuo)

1 塩素と塩化水素

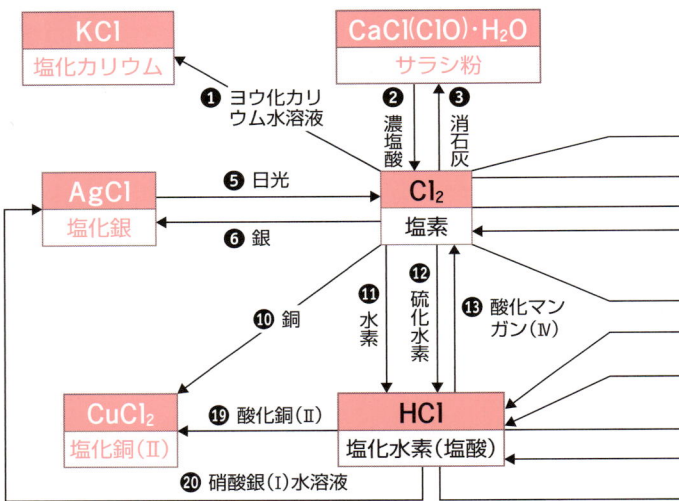

	反 応 式	
★	❶ [2]KI + Cl$_2$	→ 2 KCl + I$_2$
★	❷ CaCl(ClO)・H$_2$O + [2]HCl	→ CaCl$_2$ + Cl$_2$ + 2 H$_2$O
★	❸ Ca(OH)$_2$ + Cl$_2$	→ CaCl(ClO)・H$_2$O
★	❹ Cl$_2$ + Na$_2$S$_2$O$_3$ + H$_2$O	→ 2 NaCl + H$_2$SO$_4$ + S
★	❺ [2]AgCl	→ 2 Ag + Cl$_2$
★	❻ [2]Ag + Cl$_2$	→ 2 AgCl
★	❼ [2]Na + Cl$_2$	→ 2 NaCl
★	❽ [2]NaOH + Cl$_2$	→ NaClO + NaCl + H$_2$O
★	❾ [2]NaCl + [2]H$_2$O	→ 2 NaOH + H$_2$ + Cl$_2$
★	❿ Cu + Cl$_2$	→ CuCl$_2$

1 塩素と塩化水素

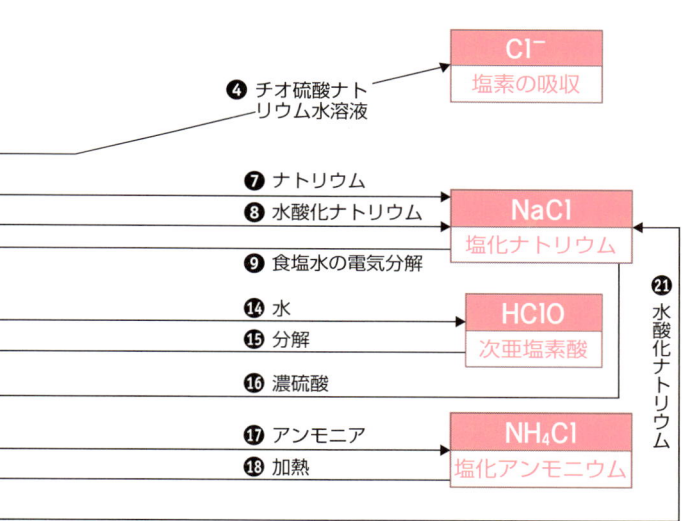

❹ チオ硫酸ナトリウム水溶液 → Cl⁻ 塩素の吸収

❼ ナトリウム
❽ 水酸化ナトリウム
❾ 食塩水の電気分解
→ NaCl 塩化ナトリウム

⓮ 水
⓯ 分解
⓰ 濃硫酸
→ HClO 次亜塩素酸

⓱ アンモニア
⓲ 加熱
→ NH₄Cl 塩化アンモニウム

㉑ 水酸化ナトリウム

	⓫ $H_2 + Cl_2$	$\longrightarrow 2\,HCl$
	⓬ $Cl_2 + H_2S$	$\longrightarrow 2\,HCl + S$
★	⓭ $MnO_2 + [4]HCl$	$\longrightarrow MnCl_2 + Cl_2 + 2\,H_2O$
★	⓮ $Cl_2 + H_2O$	$\longrightarrow HCl + HClO$
	⓯ $HClO$	$\longrightarrow HCl + (O)$
★	⓰ $NaCl + H_2SO_4$	$\longrightarrow NaHSO_4 + HCl$
★	⓱ $HCl + NH_3$	$\longrightarrow NH_4Cl$
	⓲ NH_4Cl	$\longrightarrow HCl + NH_3$
★	⓳ $CuO + [2]HCl$	$\longrightarrow CuCl_2 + H_2O$
★	⓴ $HCl + AgNO_3$	$\longrightarrow AgCl + HNO_3$
★	㉑ $HCl + NaOH$	$\longrightarrow NaCl + H_2O$

反応のPOiNT!

塩素 Cl_2 は酸化剤で，塩化物イオン Cl^- になる。
塩化水素 HCl は強酸で，酸化力はない。

物質の性質

典型元素のみで構成される化合物は無色のものが多いが，単体は有色のものもある。

(1) 塩素 Cl_2
[黄緑]色の気体。以下の半反応式のように反応し，
$$Cl_2 + 2e^- \longrightarrow 2Cl^- \quad \cdots(a)$$
[酸化]作用を示す。この酸化作用のため，[殺菌]・[漂白]などに用いられている。

(2) 塩化水素 HCl
[無]色で，水によく溶ける気体で，その水溶液を[塩酸]という。塩酸は電離度が大きいので，[強]酸である。

反応の説明

❶の反応	ハロゲンは原子番号が小さいものほど[酸化]力が強い。つまり，その序列は，[F＞Cl＞Br＞I]である。したがって，ヨウ化物イオンは，$$2I^- \longrightarrow I_2 + 2e^- \quad \cdots(b)$$ と反応する。❶は(a)+(b)を行い，両辺に K^+ を2つ加えると求められる。
❷の反応	実験室で塩素を得るときに用いられる反応で，この反応では加熱する必要はない。次亜塩素酸イオン ClO^- が[酸化]剤として作用し，$$2ClO^- + 4H^+ + 2e^- \longrightarrow Cl_2 + 2H_2O \quad \cdots(c)$$ 塩化物イオン Cl^- が[還元]剤として作用し，$$2Cl^- \longrightarrow Cl_2 + 2e^- \quad \cdots(d)$$ ((c)+(d))÷2 を行い，両辺に Ca^{2+} 1つ，Cl^- 2つ，H_2O 1つを加えると，この反応式となる。

❹の反応	塩素を吸収するためには，このようにチオ硫酸ナトリウム(ハイポ)水溶液を用いる。チオ硫酸イオン $S_2O_3^{2-}$ は [還元] 剤として作用し， $S_2O_3^{2-} + H_2O \longrightarrow 2H^+ + SO_4^{2-} + S + 2e^-$ …(e) ❹は (a)+(e) を行い，両辺に Na^+ を2つ加えると求められる。この反応で，水溶液は [白濁] する。これは硫黄の微粒子が生じるためである。 $2S_2O_3^{2-} \longrightarrow S_4O_6^{2-} + 2e^-$ と反応し，次のようになるという説もある。 $Cl_2 + 2Na_2S_2O_3 \longrightarrow 2NaCl + Na_2S_4O_6$
❺の反応	ハロゲン化銀に [光] を照射すると，このように銀が析出する。このような性質を [感光] 性という。
❾の反応	電気分解の [陽] 極では，$2Cl^- \longrightarrow Cl_2 + 2e^-$ [陰] 極では，$2H_2O + 2e^- \longrightarrow H_2 + 2OH^-$ と反応する。
⓭の反応	塩素の実験室での製法。右図の装置を用いる。洗気びんXでは [塩化水素] が，Yでは [水] がそれぞれ取り除かれ，[下方置換] 法によって捕集される。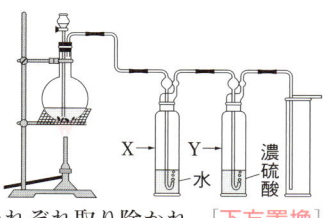
⓯の反応	(O)は発生期の酸素(原子)で，活性が強い。塩素の殺菌・漂白作用はこの(O)が生じるため。
⓰の反応	塩化水素の実験室での製法。高温では $2NaCl + H_2SO_4 \longrightarrow Na_2SO_4 + 2HCl$ と反応する。
⓱の反応	塩化水素 HCl とアンモニア NH_3 の検出反応である。塩化アンモニウムの白煙を生じる。

2 臭素とヨウ素

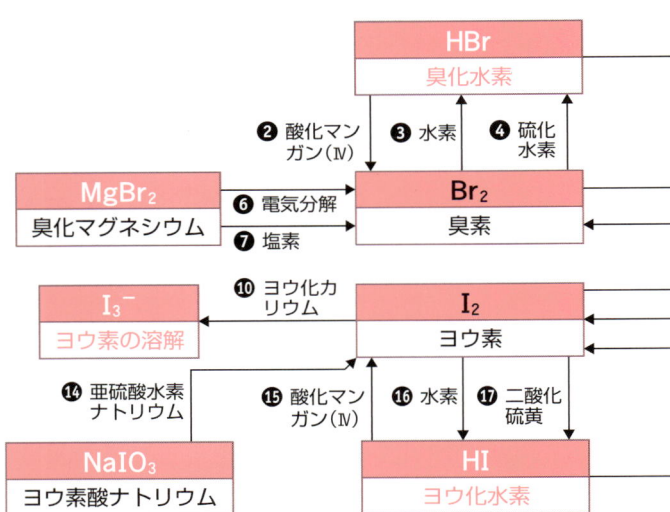

	反 応 式
★	❶ HBr + AgNO$_3$ → AgBr + HNO$_3$
★	❷ [2]HBr + MnO$_2$ + H$_2$SO$_4$ → MnSO$_4$ + 2H$_2$O + Br$_2$
★	❸ H$_2$ + Br$_2$ → 2HBr
★	❹ Br$_2$ + H$_2$S → 2HBr + S
	❺ KBr + AgNO$_3$ → AgBr + KNO$_3$
	❻ MgBr$_2$ + [2]H$_2$O → Mg(OH)$_2$ + H$_2$ + Br$_2$
	❼ MgBr$_2$ + Cl$_2$ → MgCl$_2$ + Br$_2$
★	❽ [2]KI + Br$_2$ → 2KBr + I$_2$
★	❾ [2]KBr + [3]H$_2$SO$_4$ + MnO$_2$ → 2KHSO$_4$ + MnSO$_4$ + Br$_2$ + 2H$_2$O
★	❿ I$_2$ + KI → K$^+$ + I$_3^-$

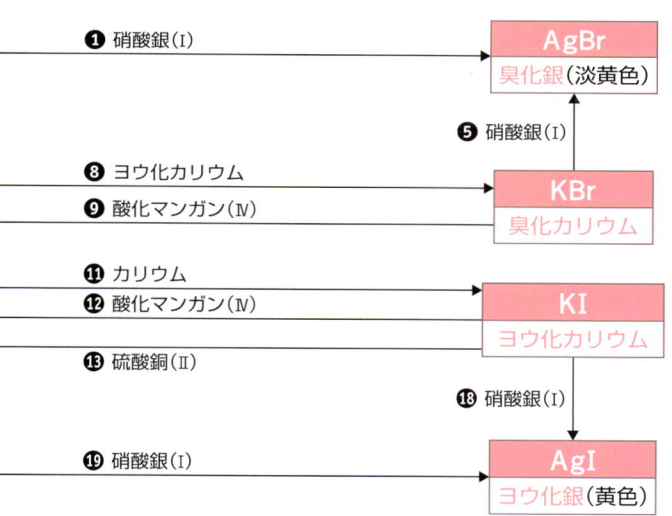

★	⓫ $[2]K + I_2 \longrightarrow 2KI$
★	⓬ $[2]KI + [3]H_2SO_4 + MnO_2$ $\longrightarrow 2KHSO_4 + MnSO_4 + I_2 + 2H_2O$
	⓭ $[4]KI + [2]CuSO_4 \cdot 5H_2O$ $\longrightarrow 2CuI + 2K_2SO_4 + I_2 + 10H_2O$
★	⓮ $[2]NaIO_3 + [5]NaHSO_3$ $\longrightarrow 3NaHSO_4 + 2Na_2SO_4 + H_2O + I_2$
★	⓯ $[2]HI + MnO_2 + H_2SO_4 \longrightarrow MnSO_4 + 2H_2O + I_2$
★	⓰ $H_2 + I_2 \longrightarrow 2HI$
	⓱ $I_2 + SO_2 + [2]H_2O \longrightarrow 2HI + H_2SO_4$
★	⓲ $KI + AgNO_3 \longrightarrow AgI + KNO_3$
★	⓳ $HI + AgNO_3 \longrightarrow AgI + HNO_3$

反応のPOiNT!

I_2 は水に溶けにくいが, KI 水溶液には溶ける。
AgF を除くハロゲン化銀は, 水に溶けにくい。

物質の性質

(1) 臭素 Br_2
 [暗赤] 色の [揮発] 性の強い [液] 体。
(2) ヨウ素 I_2
 [黒紫] 色の [昇華] 性のある [固] 体。水には溶けにくいが, 有機溶媒には溶けやすく, 特有な色を呈する。ベンゼン溶液は [赤] 色, エタノール溶液は [褐] 色, ヘキサン溶液は [紫] 色。

反応の説明

❶, ❺, ⓲, ⓳ の 反応	AgF を除くハロゲン化銀は, 水に溶けにくい塩で, AgCl [白] 色, AgBr [淡黄] 色, AgI [黄] 色という特徴のある色を有する。したがって, 水溶液中に銀イオン Ag^+ と F^- 以外のハロゲンイオンが共存すると, これらの色の沈殿が生じる。
❷, ⓯ の 反応	酸化マンガン(Ⅳ)の [酸化] 力を用いて, ハロゲン化水素を酸化して, ハロゲンの単体を得る反応。ハロゲンの元素記号を X で表すと, 硫酸酸性の状態で, 酸化マンガン(Ⅳ)とハロゲン化水素は, それぞれ次のように反応する。 $MnO_2 + 4H^+ + 2e^- \longrightarrow Mn^{2+} + 2H_2O$ ⋯(a) $2HX \longrightarrow X_2 + 2H^+ + 2e^-$ ⋯(b) よって, 全反応式は, (a) + (b) により, $MnO_2 + 2H^+ + 2HX \longrightarrow Mn^{2+} + 2H_2O + X_2$ この両辺に SO_4^{2-} を加えて求められる。

❹の反応	硫化水素は次のように [還元] 剤として作用する。 $H_2S \longrightarrow S + 2H^+ + 2e^-$ …(c) 臭素は次のように [酸化] 剤として作用する。 $Br_2 + 2e^- \longrightarrow 2Br^-$ …(d) (c)+(d) よりこの反応式は求められる。
❼, ❽の反応	ハロゲン単体の酸化力を強いものから並べると, [$F_2 > Cl_2 > Br_2 > I_2$] となる。よって, ❼では Br^- と Cl_2 から, Br_2 と Cl^- が生じ, ❽では I^- と Br_2 から, I_2 と Br^- が生じる。
❾, ⓬の反応	酸化マンガン(Ⅳ)の [酸化] 力を用いて, ハロゲン化アルカリを [酸化] して, X_2 を得る反応。反応条件の違いによって, 反応後に硫酸塩のみが生じる場合もある。その場合は, $[2]KX + [2]H_2SO_4 + MnO_2$ $\longrightarrow [K_2SO_4 + MnSO_4 + X_2 + 2H_2O]$
❿の反応	I_2 はこの反応により KI 水溶液に溶解し, [褐] 色となる。I_3^- は [三ヨウ化物イオン] と呼ぶ。この混合水溶液を一般に [ヨウ素液] と呼び, デンプンとは [ヨウ素デンプン反応] を生じ, 紫色になる。
⓭の反応	硫酸銅(Ⅱ)五水和物にヨウ化カリウムの固体を混合して, 加熱するとヨウ素の蒸気が得られる。
⓮の反応	ヨウ素酸イオン IO_3^- と亜硫酸水素イオン HSO_3^- が次のように反応する酸化還元反応。 $2IO_3^- + 12H^+ + 10e^- \longrightarrow I_2 + 6H_2O$ …(e) $HSO_3^- + H_2O \longrightarrow SO_4^{2-} + 3H^+ + 2e^-$ …(f) (e)+(f)×5 を行い, 両辺に Na^+ を 7 つ加える。
⓱の反応	二酸化硫黄は次のように [還元] 剤として作用する。 $SO_2 + 2H_2O \longrightarrow SO_4^{2-} + 4H^+ + 2e^-$ …(g) $I_2 + 2e^- \longrightarrow 2I^-$ …(h) (g)+(h) で全反応式は求められる。

3 フッ素とフッ化水素酸

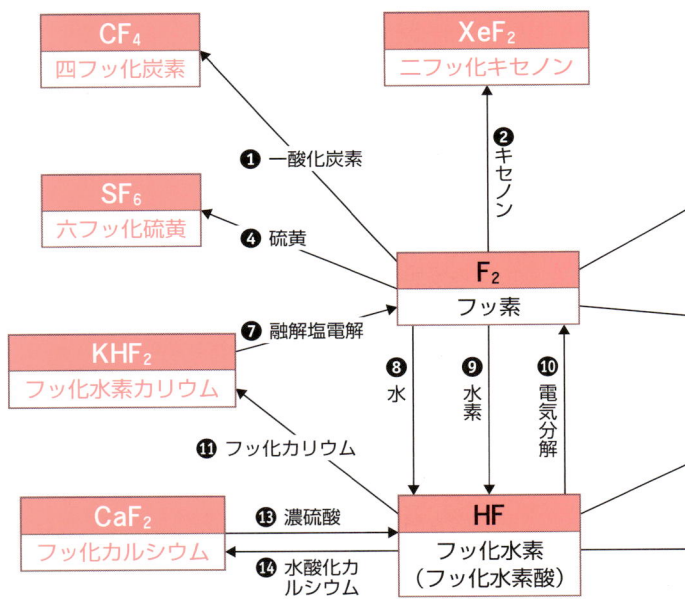

反応式		
★	❶ [2]CO + [4]F$_2$	$\longrightarrow$ 2 CF$_4$ + O$_2$
	❷ Xe + F$_2$	$\longrightarrow$ XeF$_2$
	❸ UO$_2$ + [3]F$_2$	$\longrightarrow$ UF$_6$ + O$_2$
	❹ S + [3]F$_2$	$\longrightarrow$ SF$_6$
	❺ [2]Na + F$_2$	$\longrightarrow$ 2 NaF
★	❻ Al$_2$(SO$_4$)$_3$ + [12]NaF	$\longrightarrow$ 2 Na$_3$AlF$_6$ + 3 Na$_2$SO$_4$
★	❼ [2]HF	$\longrightarrow$ H$_2$ + F$_2$

3 フッ素とフッ化水素酸

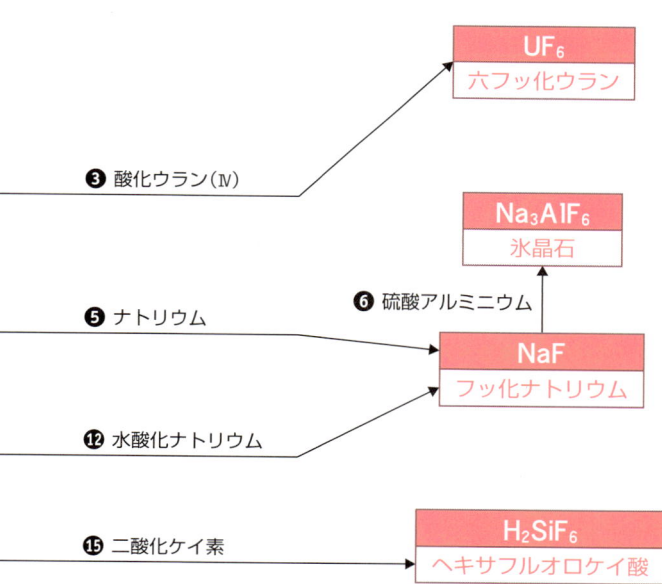

★	❽ [2]H₂O + [2]F₂	⟶ 4HF + O₂
★	❾ H₂ + F₂	⟶ 2HF
★	❿ [2]HF	⟶ H₂ + F₂
	⓫ HF + KF	⟶ KHF₂
	⓬ NaOH + HF	⟶ NaF + H₂O
★	⓭ CaF₂ + H₂SO₄	⟶ CaSO₄ + 2HF
★	⓮ Ca(OH)₂ + [2]HF	⟶ CaF₂ + 2H₂O
★	⓯ SiO₂ + [6]HF	⟶ H₂SiF₆ + 2H₂O

反応のPOiNT!

F_2 は強い酸化剤で，多くの単体と直接化合する。
HF は弱酸だが，ガラスをも溶かす反応性を有す。

物質の性質

(1) フッ素 F_2
 [淡黄]色の[気]体。強い酸化力により，[He, Ne, Ar]以外の単体と直接反応する。

(2) フッ化水素 HF
 [無]色の[気]体。水にはよく溶けて[弱酸]性を示す。この水溶液を[フッ化水素酸]と呼ぶ。

(3) ハロゲン化水素 HX
 ハロゲン化水素はすべて[気]体で，HF 以外は[強酸]性を示す。HF は，その分子間に以下の図のように[水素結合]が生じるために電離度が[低下]し，[弱酸]性を示すとともに，ハロゲン化水素の中で最も沸点が[高]い。

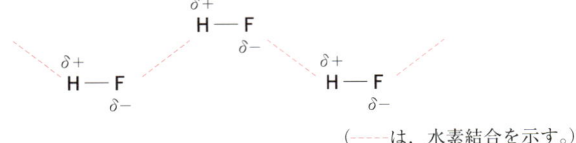

(-----は，水素結合を示す。)

反応の説明

❶の反応	CF_4 の製法としては，炭素とフッ素を直接 $C + 2F_2 \longrightarrow CF_4$ と反応させるものもある。
❷の反応	光を照射したり，加熱状態でこの反応は起こる。フッ素濃度が高く，温度が高い条件になると XeF_2，XeF_4，XeF_6 の混合物が生じるようになる。

3 フッ素とフッ化水素酸　21

❸の反応	この反応で生じる UF_6 は低融点(64℃)の[固]体だが，常圧ではより低温で[昇華]する。この性質を利用して，^{235}U を分離・濃縮する方法を[ガス拡散法]と呼び，核燃料処理の有用な方法である。
❹の反応	この反応で生じる SF_6 は絶縁性が高いので，多用されてきたが，フロンガス(炭素とフッ素の化合物)と同様に[温室効果ガス]とされ，排出抑制の努力が促されている。
❻の反応	ここで生じる氷晶石は，アルミニウムの融解塩電解に利用される[融剤]で，2種の陽イオンを含む塩なので，[複塩]である。
❼，⓫の反応	HF を電気分解して F_2 を得る反応は，KF を HF 溶液に溶かし込んだ状態(フッ化水素カリウム KHF_2 が生じた状態)で行うことによって，初めて成功した。
❽の反応	常温の水と爆発的に反応する。この反応では，フッ素，水は以下のように反応する。 $F_2 + 2e^- \longrightarrow 2F^-$ …(a) $2H_2O \longrightarrow 4H^+ + O_2 + 4e^-$ …(b) よって，全反応式は (a)×2+(b) で求められる。
⓭の反応	[蛍石] CaF_2 に濃硫酸を加え，加熱するとフッ化水素 HF が気体として得られる。これは代表的な HF の製法で，HF が揮発性の酸(または弱酸)であることに起因して起こる反応である。
⓯の反応	ガラスにフッ化水素酸を加えると，ガラスが溶ける反応である。加熱すると，気体である四フッ化ケイ素 SiF_4 が生じる以下の反応， $SiO_2 + 4HF \longrightarrow SiF_4 + 2H_2O$ が起こる。

4 酸素とオゾンと水

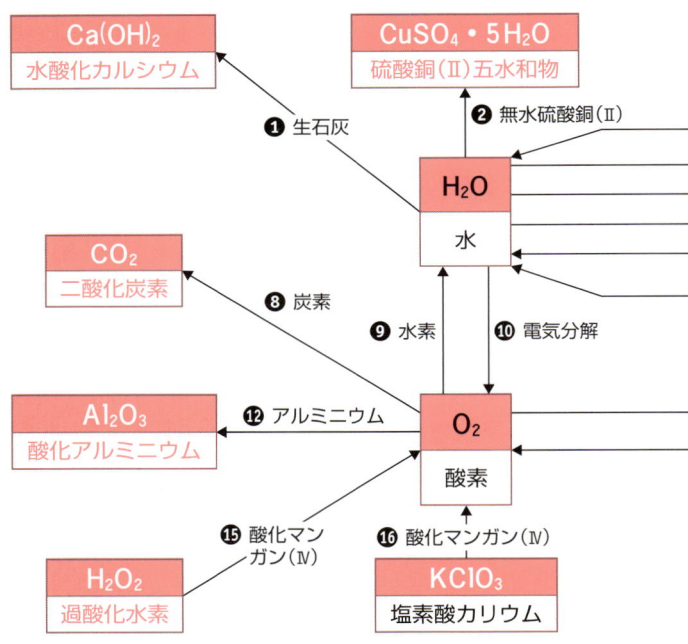

反応式		
★	❶ $CaO + H_2O$	$\longrightarrow Ca(OH)_2$
	❷ $CuSO_4 + [5]H_2O$	$\longrightarrow CuSO_4 \cdot 5H_2O$
★	❸ $Na_2CO_3 \cdot 10H_2O$	$\longrightarrow Na_2CO_3 \cdot H_2O + 9H_2O$
★	❹ $[2]Na + [2]H_2O$	$\longrightarrow 2NaOH + H_2$
★	❺ $[3]Fe + [4]H_2O$	$\longrightarrow Fe_3O_4 + 4H_2$
	❻ $C + H_2O$	$\longrightarrow CO + H_2$
★	❼ $[2]H_2 + O_2$	$\longrightarrow 2H_2O$
	❽ $C + O_2$	$\longrightarrow CO_2$

4 酸素とオゾンと水

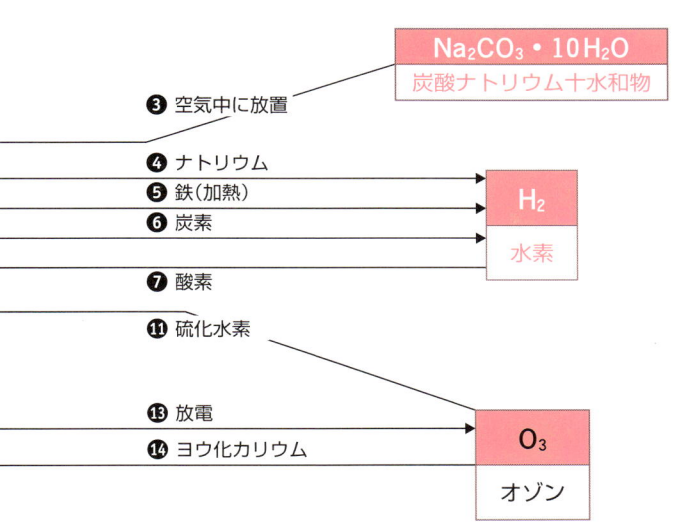

❸ 空気中に放置 → Na₂CO₃・10H₂O 炭酸ナトリウム十水和物

❹ ナトリウム
❺ 鉄(加熱)
❻ 炭素 → H₂ 水素
❼ 酸素
⓫ 硫化水素
⓭ 放電
⓮ ヨウ化カリウム → O₃ オゾン

★	❾ [2]H₂ + O₂	⟶	2H₂O
★	❿ [2]H₂O	⟶	2H₂ + O₂
	⓫ H₂S + O₃	⟶	S + O₂ + H₂O
★	⓬ [4]Al + [3]O₂	⟶	2Al₂O₃
★	⓭ [3]O₂	⟶	2O₃
	⓮ [2]KI + O₃ + H₂O	⟶	2KOH + O₂ + I₂
★	⓯ [2]H₂O₂	⟶	2H₂O + O₂
★	⓰ [2]KClO₃	⟶	2KCl + 3O₂

反応のPOiNT!

O_2 は酸化剤として作用し,酸化物を生じる。
H_2O は代表的な極性溶媒で,中性。
O_3 は酸素の同素体で,強力な酸化剤。

物質の性質

(1) 酸素 O_2
  [無]色の[気]体。一般に[酸化]剤として作用し,多くの[酸化物](酸素ともう1種の元素のみから成る化合物)を生じる。

(2) 水 H_2O
  [無]色の[液]体。分子間に[水素結合]が生じるので,分子量の割りに融点(0℃),沸点(100℃)がともに高い。固体の方が液体に比べて,密度が[小さい]のも,水素結合によって間隙が大きい結晶になるためである。

(3) オゾン O_3
  [微青]色の[気]体。生臭い[特異]臭を有し,空気中に体積比で50万分の1存在しても,その臭いを感じるといわれる。

反応の説明

❷の反応	無水硫酸銅(Ⅱ)は[白]色の[粉末]状固体。硫酸銅(Ⅱ)1 mol 当たり 5 mol の水が結合するとき,[発熱]し,水は[水和水]となり,[青]色の[結晶]となる。
❸の反応	$Na_2CO_3 \cdot 10H_2O$ は,炭酸ナトリウム水溶液から[再結晶法]によって得られるが,この結晶を空気中に放置すると,[水和水]を失い,[粉末]状固体になっていく。この現象を[風解]という。

❹の反応	NaとH_2Oは以下のように反応する。 $Na \longrightarrow Na^+ + e^-$ …(a) $2H_2O + 2e^- \longrightarrow H_2 + 2OH^-$ …(b) 全反応式は，(a)×2+(b)によって求められる。
❺の反応	高温の[水蒸気]を鉄に作用させると，この反応が起こる。生じるFe_3O_4は[黒]色なので[黒さび]といわれる。常温で湿度が高い状態に鉄を放置すると，[$Fe_2O_3 \cdot nH_2O$]が生じるが，これは[赤]色なので[赤さび]といわれる。
❻の反応	炭素と水は以下のように反応する。 $C + H_2O \longrightarrow CO + 2H^+ + 2e^-$ …(c) $2H_2O + 2e^- \longrightarrow H_2 + 2OH^-$ …(b) (c)+(b)を行い整理すると，全反応式が得られる。ここで生じるCOとH_2の混合気体を[水性ガス]と呼ぶ。
⓫の反応	オゾン，硫化水素は，以下のように反応する。 $O_3 + 2H^+ + 2e^- \longrightarrow O_2 + H_2O$ …(d) $H_2S \longrightarrow 2H^+ + S + 2e^-$ …(e) 全反応式は(d)+(e)によって求められる。
⓭の反応	[紫外線]を照射するか，[無声放電]を行うと，この反応が進行するが，オゾンを放置すると，以下のように反応して酸素になる。 $2O_3 \longrightarrow 3O_2$
⓮の反応	O_3とKI中のI^-は，以下のように反応する。 $O_3 + H_2O + 2e^- \longrightarrow O_2 + 2OH^-$ …(f) $2I^- \longrightarrow I_2 + 2e^-$ …(g) 全反応式は(f)+(g)を行い，両辺にK^+を2つ加えると求められる。
⓯，⓰の反応	どちらの反応でも，酸化マンガン(Ⅳ)は[触媒]として作用する。[触媒]は，反応の前後で物質が変化しないので，化学反応式には記さない。

5 硫化水素と二酸化硫黄

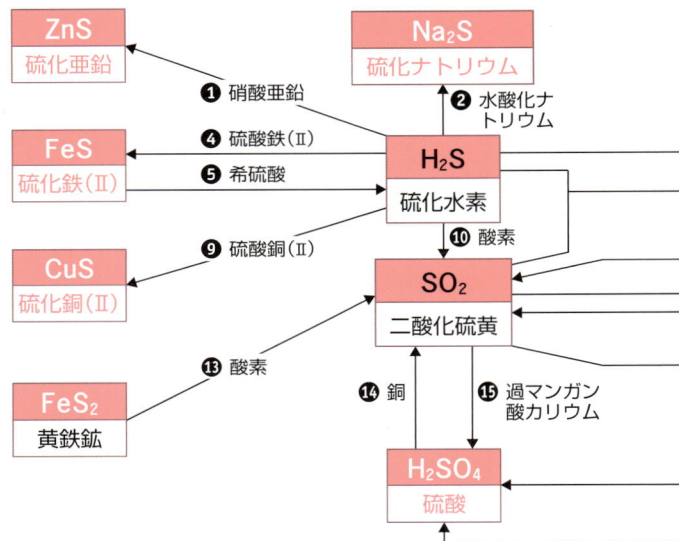

反 応 式
❶ $H_2S + Zn(NO_3)_2 \longrightarrow ZnS + 2HNO_3$
★ ❷ $H_2S + [2]NaOH \longrightarrow Na_2S + 2H_2O$
★ ❸ $Na_2SO_3 + S \longrightarrow Na_2S_2O_3$
❹ $H_2S + FeSO_4 \longrightarrow FeS + H_2SO_4$
★ ❺ $FeS + H_2SO_4 \longrightarrow H_2S + FeSO_4$
★ ❻ $H_2S + Cl_2 \longrightarrow 2HCl + S$
★ ❼ $[2]H_2S + SO_2 \longrightarrow 2H_2O + 3S$
❽ $S + O_2 \longrightarrow SO_2$
❾ $H_2S + CuSO_4 \longrightarrow CuS + H_2SO_4$
★ ❿ $[2]H_2S + [3]O_2 \longrightarrow 2H_2O + 2SO_2$

5 硫化水素と二酸化硫黄

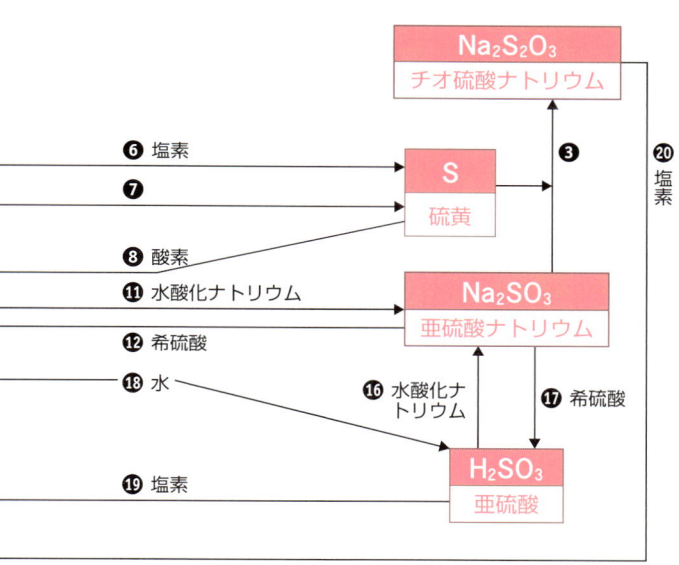

⓫	[2]NaOH + SO$_2$	→ Na$_2$SO$_3$ + H$_2$O
★ ⓬	Na$_2$SO$_3$ + H$_2$SO$_4$	→ Na$_2$SO$_4$ + H$_2$O + SO$_2$
★ ⓭	[4]FeS$_2$ + [11]O$_2$	→ 2Fe$_2$O$_3$ + 8SO$_2$
★ ⓮	Cu + [2]H$_2$SO$_4$	→ CuSO$_4$ + 2H$_2$O + SO$_2$
★ ⓯	[5]SO$_2$ + [2]KMnO$_4$ + [2]H$_2$O → K$_2$SO$_4$ + 2MnSO$_4$ + 2H$_2$SO$_4$	
★ ⓰	H$_2$SO$_3$ + [2]NaOH	→ Na$_2$SO$_3$ + 2H$_2$O
⓱	Na$_2$SO$_3$ + H$_2$SO$_4$	→ Na$_2$SO$_4$ + H$_2$SO$_3$
★ ⓲	SO$_2$ + H$_2$O	→ H$_2$SO$_3$
⓳	H$_2$SO$_3$ + Cl$_2$ + H$_2$O	→ H$_2$SO$_4$ + 2HCl
★ ⓴	Cl$_2$ + Na$_2$S$_2$O$_3$ + H$_2$O	→ 2NaCl + H$_2$SO$_4$ + S

反応のPOiNT!

H₂S, SO₂ は，ともに還元性・臭いがある気体で，水に溶けて酸性を示す。

物質の性質

(1) 硫化水素 H_2S
[無]色で[腐卵]臭がある[気]体。水に溶けて[弱酸]性を示す。種々の金属イオンと反応し，[硫化物]の沈殿を生じるので，金属イオンの分離・分析に用いられる。

(2) 二酸化硫黄 SO_2
[無]色で[刺激]臭がある[気]体。水によく溶けて[弱酸]性を示す。[硫酸]の原料として多量に生産されるが，水溶液は[還元]剤として作用するので，[漂白剤]の原料ともされる。

反応の説明

❶, ❹, ❾の反応	種々の金属イオンを含む水溶液と硫化水素は反応して，沈殿を生じる。以下に，水溶液の液性と沈殿の色の関係を示した。

	酸性でも沈殿する金属イオン	塩基性・中性で沈殿する金属イオン
代表的なイオン	Pb^{2+}, Cd^{2+}, Cu^{2+}, Hg^{2+}, Ag^+	Zn^{2+}, Fe^{2+}, Ni^{2+}, Mn^{2+}, Co^{2+}
沈殿の色	CdS は黄色，PbS, CuS, HgS, Ag_2S は黒色。	ZnS は白色，MnS は淡赤色，FeS, NiS, CoS は黒色。

なお，アルカリ金属イオン，アルカリ土類金属イオンは沈殿しない。

❷の反応	H_2S は [2価の酸] として作用し，中和反応する。
❺の反応	実験室で硫化水素を得る反応。硫酸という [強酸] の作用によって，H_2S という [弱酸] が生じる。
❻の反応	H_2S が [還元] 剤，Cl_2 が [酸化] 剤として，以下のように作用する。 $H_2S \longrightarrow 2H^+ + S + 2e^-$ …(a) $Cl_2 + 2e^- \longrightarrow 2Cl^-$ …(b) 全反応式は(a)+(b)で求められる。
❼の反応	SO_2 が [酸化] 剤として，以下のように作用する。 $SO_2 + 4H^+ + 4e^- \longrightarrow 2H_2O + S$ …(c) 全反応式は，(a)×2+(c)によって求められる。
⓫の反応	SO_2 は [2価の酸] として作用し，中和反応する。
⓮の反応	実験室で二酸化硫黄を得る反応。濃硫酸を加え，加熱して行う。銅，熱濃硫酸は以下のように反応する。 $Cu \longrightarrow Cu^{2+} + 2e^-$ …(d) $SO_4^{2-} + 4H^+ + 2e^- \longrightarrow 2H_2O + SO_2$ …(e) 全反応式は，(d)+(e)を行い，両辺に SO_4^{2-} を1つずつ加えると求められる。
⓯の反応	SO_2 が [還元] 剤，$KMnO_4$ が [酸化] 剤として，以下のように作用する。 $SO_2 + 2H_2O \longrightarrow SO_4^{2-} + 4H^+ + 2e^-$ …(f) $MnO_4^- + 8H^+ + 5e^- \longrightarrow Mn^{2+} + 4H_2O$ …(g) 全反応式は(f)×5+(g)×2を行い，両辺に K^+ を2つずつ加えると求められる。
⓳の反応	H_2SO_3 が [還元] 剤として，以下のように作用。 $H_2SO_3 + H_2O \longrightarrow SO_4^{2-} + 4H^+ + 2e^-$ …(h) 全反応式は(h)+(b)で求められる。
⓴の反応	「**1 塩素と塩化水素**」(p.10)参照。

6 硫 酸

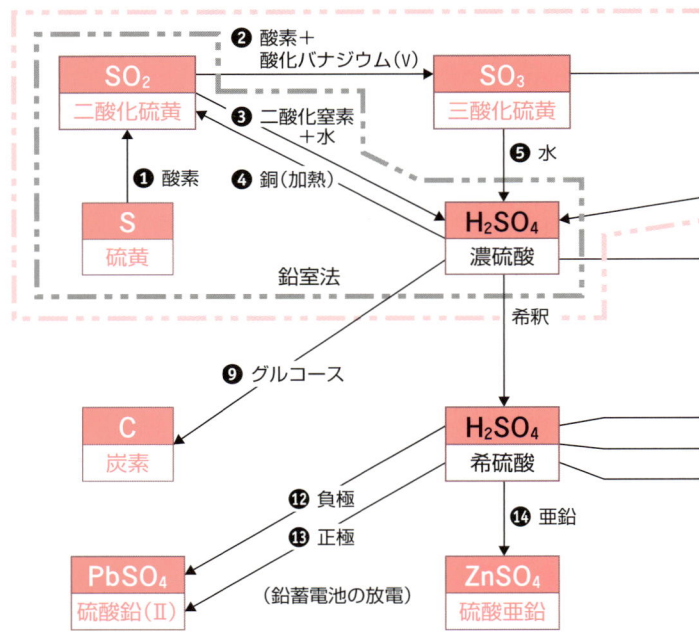

反 応 式

	❶ S + O$_2$	⟶ SO$_2$
	❷ [2]SO$_2$ + O$_2$	⟶ 2 SO$_3$
★	❸ SO$_2$ + NO$_2$ + H$_2$O	⟶ H$_2$SO$_4$ + NO
★	❹ Cu + [2]H$_2$SO$_4$	⟶ CuSO$_4$ + SO$_2$ + 2 H$_2$O
★	❺ SO$_3$ + H$_2$O	⟶ H$_2$SO$_4$
★	❻ SO$_3$ + H$_2$SO$_4$	⟶ H$_2$S$_2$O$_7$
★	❼ H$_2$S$_2$O$_7$ + H$_2$O	⟶ 2 H$_2$SO$_4$
★	❽ NaCl + H$_2$SO$_4$	⟶ NaHSO$_4$ + HCl

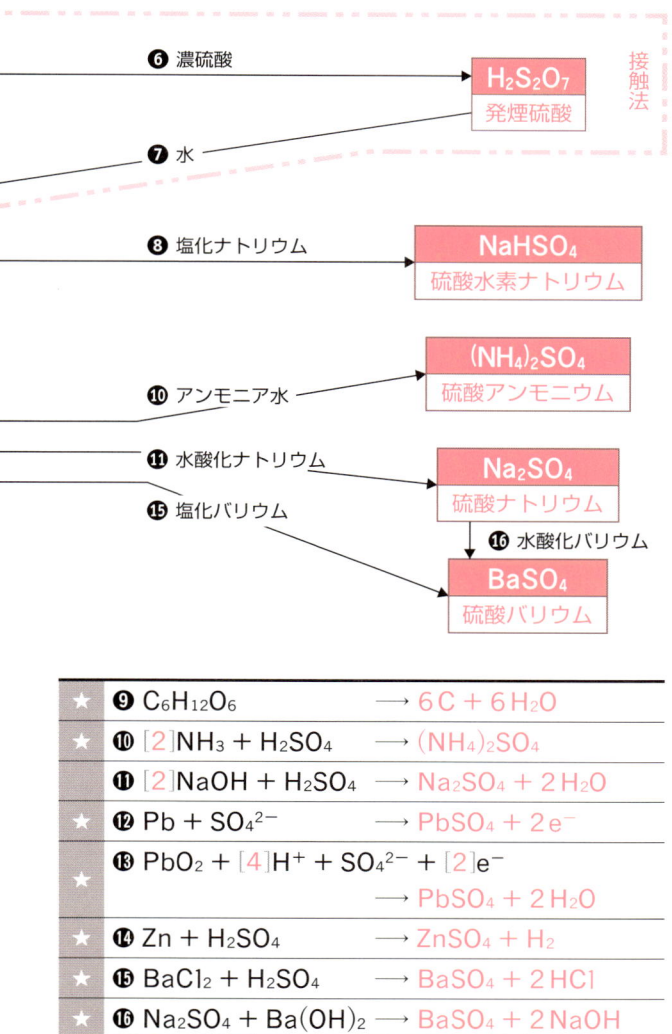

反応のPOiNT!

濃硫酸は，吸湿性・脱水性を有し，加熱すると酸化力を示す。
希硫酸は，不揮発性の強酸として作用する。

物質の性質

(1) 濃硫酸 H_2SO_4
[無]色で[粘性]がある[液]体。[溶解熱]が大なので，水で希釈するときは，[流水]で冷却しながら，[水]に[濃硫酸]を徐々に加えていく。吸湿作用を示すので，[酸]性の[乾燥剤]として用いられる。H原子とO原子を個数比で2:1の割合で取り去る[脱水]性も有する。

(2) 希硫酸 H_2SO_4
[無]色の[液]体。電離度が高いので[強酸]とされる。

反応の説明

❷の反応	酸化バナジウム(V) V_2O_5 は[触媒]として作用。硫酸の工業的製法である[接触法]とは，触媒を用いる反応([接触反応])であることに由来している。
❸の反応	硫酸の製法である[鉛室法]で起こる反応。この反応で生じるNOは空気に触れさせて，$2NO + O_2 \longrightarrow 2NO_2$ と再び NO_2 にする。この方法で製造する硫酸は[硝酸]を含む。
❹の反応	「5 硫化水素と二酸化硫黄」(p.26)参照。
❺の反応	SO_3 は常温では[固]体だが，水と激しく反応して発熱するので，この反応を起こすと硫酸が霧状になり，飛散する。

❻の反応	接触法の反応途中で生じる SO_3 は濃硫酸に吸収させる。ここで生じる[発煙硫酸]の主成分は[ピロ硫酸] $H_2S_2O_7$ である。
❼の反応	接触法では、発煙硫酸を水で希釈して、硫酸としている。
❽の反応	硫酸は[不揮発]性なので、[揮発]性の酸である塩化水素を発生させる。
❾の反応	グルコースは[炭水化物]なので、[$C_n(H_2O)_m$]の組成をもつ。濃硫酸の脱水性のため、 $C_n(H_2O)_m \longrightarrow nC + mH_2O$ のように反応して、炭素の粉末を生じる。
❿の反応	希硫酸は[2]価の[強酸]として作用し、塩基とは中和反応する。ここで生じる硫酸アンモニウムは[硫安]とも呼ばれ、肥料として用いられる。
⓬, ⓭の反応	電池の放電では、負極で[酸化]反応、正極で[還元]反応が起こっている。ここで生じる硫酸鉛(Ⅱ)は、水に溶けにくい物質なので、極板に付着する。
⓮の反応	亜鉛、硫酸は以下のように反応する。 $Zn \longrightarrow Zn^{2+} + 2e^-$ …(a) $H_2SO_4 + 2e^- \longrightarrow SO_4^{2-} + H_2$ …(b) 全反応式は(a)+(b)で求められる。 これは、H_2 の実験室的製法で、イオン化傾向が $Zn > H^+$ であるために起こるから、H^+ を多く放出([強酸])し、H_2 以外の気体を生じない([不揮発]性)ように、硫酸を用いる。
⓯, ⓰の反応	アルカリ土類金属の硫酸塩の溶解度は一般に[小さく]、[白]色の沈殿を生じる。[沈殿]を生じる反応や[気体]が発生する反応は、一般にスムーズに進行する反応である。

7 窒素とリン

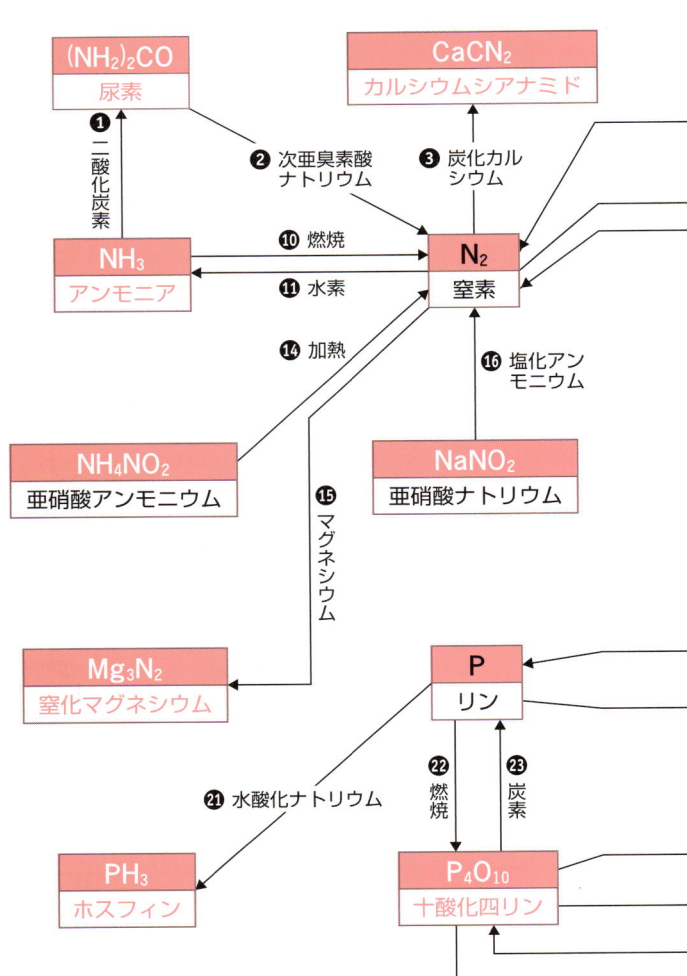

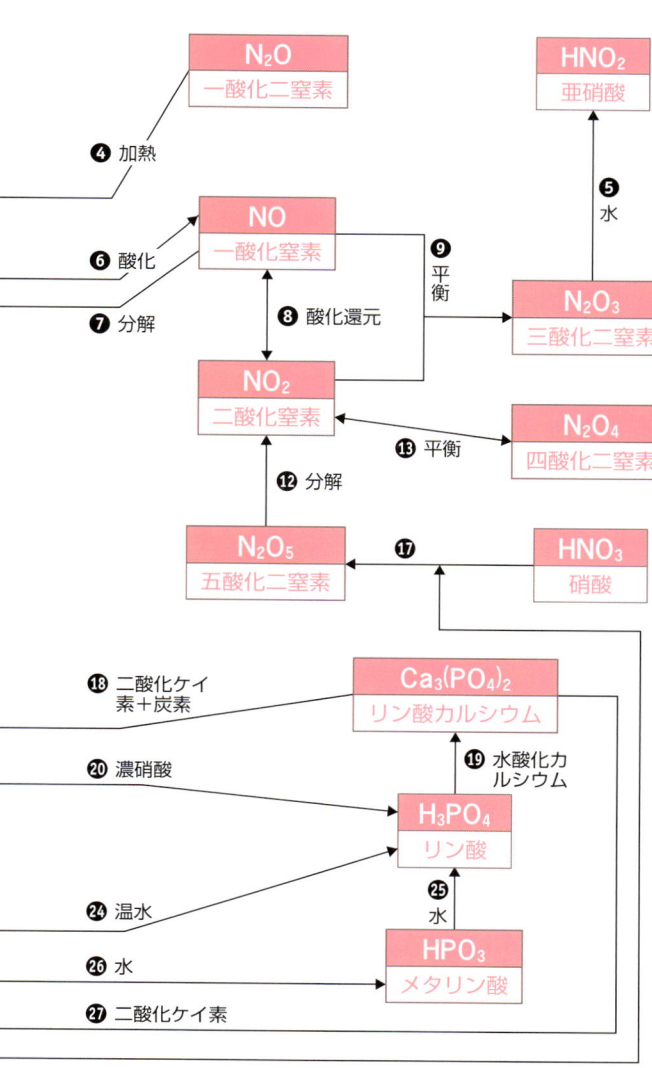

反応式

★ ❶ $[2]NH_3 + CO_2 \longrightarrow (NH_2)_2CO + H_2O$

❷ $(NH_2)_2CO + [3]NaBrO + [2]NaOH$
$\longrightarrow Na_2CO_3 + 3NaBr + 3H_2O + N_2$

❸ $CaC_2 + N_2 \longrightarrow CaCN_2 + C$

❹ $[2]N_2O \longrightarrow 2N_2 + O_2$

❺ $N_2O_3 + H_2O \longrightarrow 2HNO_2$

★ ❻ $N_2 + O_2 \longrightarrow 2NO$

★ ❼ $[2]NO \longrightarrow N_2 + O_2$

★ ❽ $[2]NO + O_2 \rightleftharpoons 2NO_2$

❾ $NO + NO_2 \rightleftharpoons N_2O_3$

★ ❿ $[4]NH_3 + [3]O_2 \longrightarrow 2N_2 + 6H_2O$

★ ⓫ $N_2 + [3]H_2 \longrightarrow 2NH_3$

⓬ $[2]N_2O_5 \longrightarrow 4NO_2 + O_2$

★ ⓭ $[2]NO_2 \rightleftharpoons N_2O_4$

★ ⓮ $NH_4NO_2 \longrightarrow 2H_2O + N_2$

⓯ $[3]Mg + N_2 \longrightarrow Mg_3N_2$

★ ⓰ $NaNO_2 + NH_4Cl \longrightarrow NaCl + 2H_2O + N_2$

⓱ $[2]HNO_3 \longrightarrow N_2O_5 + H_2O$

★ ⓲ $[2]Ca_3(PO_4)_2 + [6]SiO_2 + [10]C$
$\longrightarrow 6CaSiO_3 + 10CO + P_4$

★ ⓳ $[3]Ca(OH)_2 + [2]H_3PO_4 \longrightarrow Ca_3(PO_4)_2 + 6H_2O$

★ ⓴ $P + [5]HNO_3 \longrightarrow H_3PO_4 + 5NO_2 + H_2O$

㉑ $[4]P + [3]NaOH + [3]H_2O \longrightarrow 3NaH_2PO_2 + PH_3$

★ ㉒ $[4]P + [5]O_2 \longrightarrow P_4O_{10}$

★ ㉓ $P_4O_{10} + [10]C \longrightarrow P_4 + 10CO$

★ ㉔ $P_4O_{10} + [6]H_2O \longrightarrow 4H_3PO_4$

★ ㉕ $HPO_3 + H_2O \longrightarrow H_3PO_4$

㉖ P_4O_{10} + [2]H_2O ⟶ 4HPO_3

㉗ [2]$Ca_3(PO_4)_2$ + [6]SiO_2 ⟶ 6$CaSiO_3$ + P_4O_{10}

反応のPOiNT!

N_2 は不活性。常温・常圧では反応しない。
リンには,自然発火する黄リンと安定な赤リンという同素体が存在する。

物質の性質

(1) 窒素酸化物 NO_x
 化学的に不活性な窒素も,[高温・高圧]な条件(例えば,[内燃機関]の中)では酸素と反応して,酸化数が +1 の[N_2O]から +5 の[N_2O_5]までの多様な酸化物となる。

(2) 黄リン P_4
 [淡黄]色ロウ状の[固]体。空気中で自然発火するので,[水中]に蓄える。これを空気を断って 250℃ に加熱すると,同素体である[赤リン]になる。[赤リン]は[暗赤]色の[固]体で,比較的安定である。

(3) 十酸化四リン P_4O_{10}
 [白]色[粉末]状の[固]体で,[昇華]性がある。[吸湿]性が極めて強く,[乾燥剤・脱水剤]として用いられる。

反応の説明

❶の反応	肥料・合成樹脂の原料である尿素の工業的製法。
❷の反応	尿素の定量に用いられる反応で,BrO^- と $(NH_2)_2CO$ は以下のように反応する。 $BrO^- + 2H^+ + 2e^- \longrightarrow Br^- + H_2O$ …(a) $(NH_2)_2CO + 2OH^-$ $\longrightarrow N_2 + CO_3^{2-} + 6H^+ + 6e^-$ …(b) よって,全反応式は(a)×3+(b)を行い,両辺に Na^+ を 5 つ加えると求められる。

❸の反応	この反応は最初に行われた[空中窒素固定法]である。ここで生じる $CaCN_2$ と C の混合物を[石灰窒素]と呼び，現在でも用いられる[窒素肥料]である。$CaCN_2$ は水と反応して，アンモニアを生じる。 $CaCN_2 + 3H_2O \longrightarrow CaCO_3 + 2NH_3$
❹の反応	N_2O は[亜酸化窒素，笑気]とも呼ばれる気体で，この反応で O_2 を生じるので，燃料に混ぜて用いると，多くのエネルギーが得られる。なお，N_2O は硝酸アンモニウム NH_4NO_3 を以下のように熱分解して得る。 $NH_4NO_3 \longrightarrow N_2O + 2H_2O$
❻, ❼の反応	高温・高圧では空気中の N_2 と O_2 が反応して，NO が生じるが，この反応は可逆的で，分解反応も起こる。NO は高圧では， $3NO \longrightarrow N_2O + NO_2$ という分解反応も起こす。
❽の反応	NO は空気に触れると，速やかに NO_2 に変化していく。NO は[無]色の気体で，水に[溶けにくい]が，NO_2 は[赤褐]色の気体で，水に[よく溶ける]ので，NO を捕集するには[水上]置換を行う必要がある。
❿の反応	NH_3 を空気中で燃焼させると，この反応によって，N_2 を生じる。
⓫の反応	アンモニアの工業的製法である[ハーバー・ボッシュ法]の反応で，この反応は[鉄(Fe_2O_3, K_2O, Al_2O_3)]を主体とする[触媒]を用いる。 $N_2 + 3H_2 \rightleftarrows 2NH_3 + 92.4\ kJ$ と反応し，NH_3 が生じるのは[発熱]反応なので，温度を上げて反応速度を上昇させると，平衡時の NH_3 の量が[減少]してしまう。

⓭の反応	この反応は，以下のような平衡反応で， $2NO_2 \rightleftharpoons N_2O_4 + 57.2\,\text{kJ}$ 平衡が右に移動すると気体の分子数が[減少]し，[発熱]する。NO_2 は[赤褐]色，N_2O_4 は[無]色なので，温度を上昇させると，混合気体の色は[濃く]なり，加圧すると，混合気体の色は[薄く]なる。
⓮，⓰の反応	いずれも実験室で窒素を得る反応である。工業的には，液体空気を分留して窒素を得ている。
⓱の反応	P_4O_{10} は[脱水剤]として作用している。
⓲の反応	これはリンの工業的製法で，この反応によって生じるリンの蒸気を[水中]に導いて，黄リンを得ている。㉗＋㉓と反応したと考えることができる。
⓴の反応	リンが[還元]剤，濃硝酸が[酸化]剤として，以下のように反応する。 $P + 4H_2O \longrightarrow PO_4^{3-} + 8H^+ + 5e^-$　…(c) $NO_3^- + 2H^+ + e^- \longrightarrow NO_2 + H_2O$　…(d) (c)+(d)×5 を行い，両辺に H^+ を 3 つ加えると全反応式になる。 希硝酸を用いた場合は， $3P + 5HNO_3 + 2H_2O \longrightarrow 3H_3PO_4 + 5NO$ という反応式になるが，このとき希硝酸は，次のように反応する。 $NO_3^- + 4H^+ + 3e^- \longrightarrow NO + 2H_2O$　…(e) 全反応式は(c)×3+(e)×5 を行い，両辺に H^+ を 5 つ加えると求められる。
㉔，㉖の反応	P_4O_{10} に[冷水]を加えると[メタリン酸 HPO_3]が生じ，[温水]を加えて[穏やかに加熱]すると[リン酸 H_3PO_4]が生じる。

8 硝酸とアンモニア

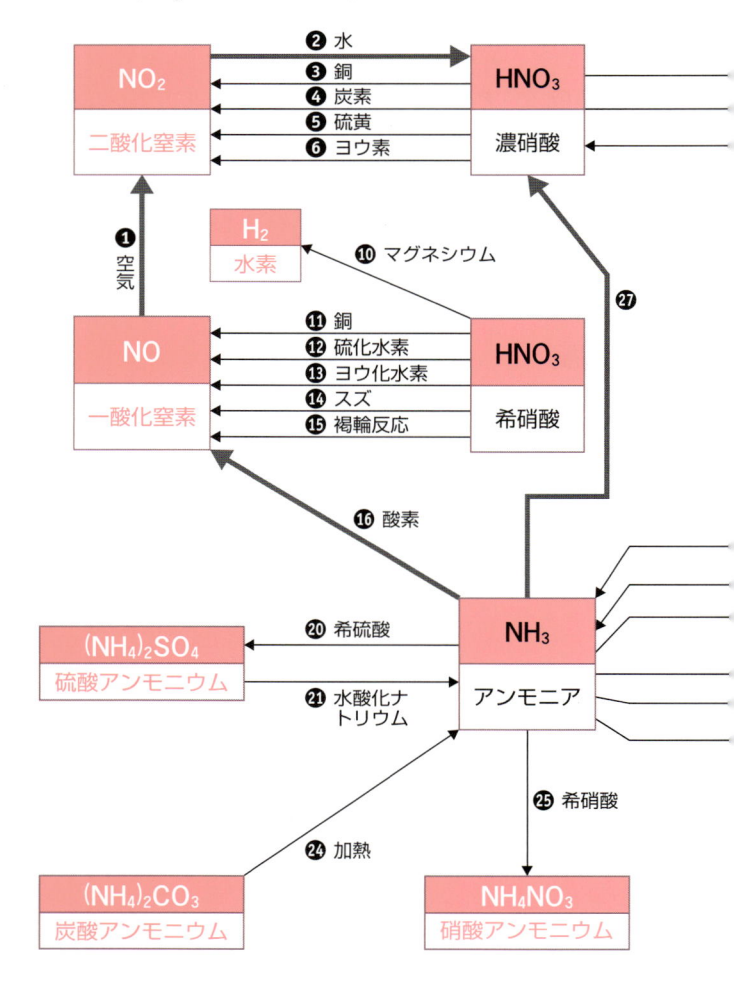

(――▶ : オストワルト法)

- **NO₂** 二酸化窒素
- **HNO₃** 濃硝酸
- **H₂** 水素
- **NO** 一酸化窒素
- **HNO₃** 希硝酸
- **NH₃** アンモニア
- **(NH₄)₂SO₄** 硫酸アンモニウム
- **(NH₄)₂CO₃** 炭酸アンモニウム
- **NH₄NO₃** 硝酸アンモニウム

❶ 空気
❷ 水
❸ 銅
❹ 炭素
❺ 硫黄
❻ ヨウ素
❿ マグネシウム
⓫ 銅
⓬ 硫化水素
⓭ ヨウ化水素
⓮ スズ
⓯ 褐輪反応
⓰ 酸素
⓴ 希硫酸
㉑ 水酸化ナトリウム
㉔ 加熱
㉕ 希硝酸
㉗

8 硝酸とアンモニア

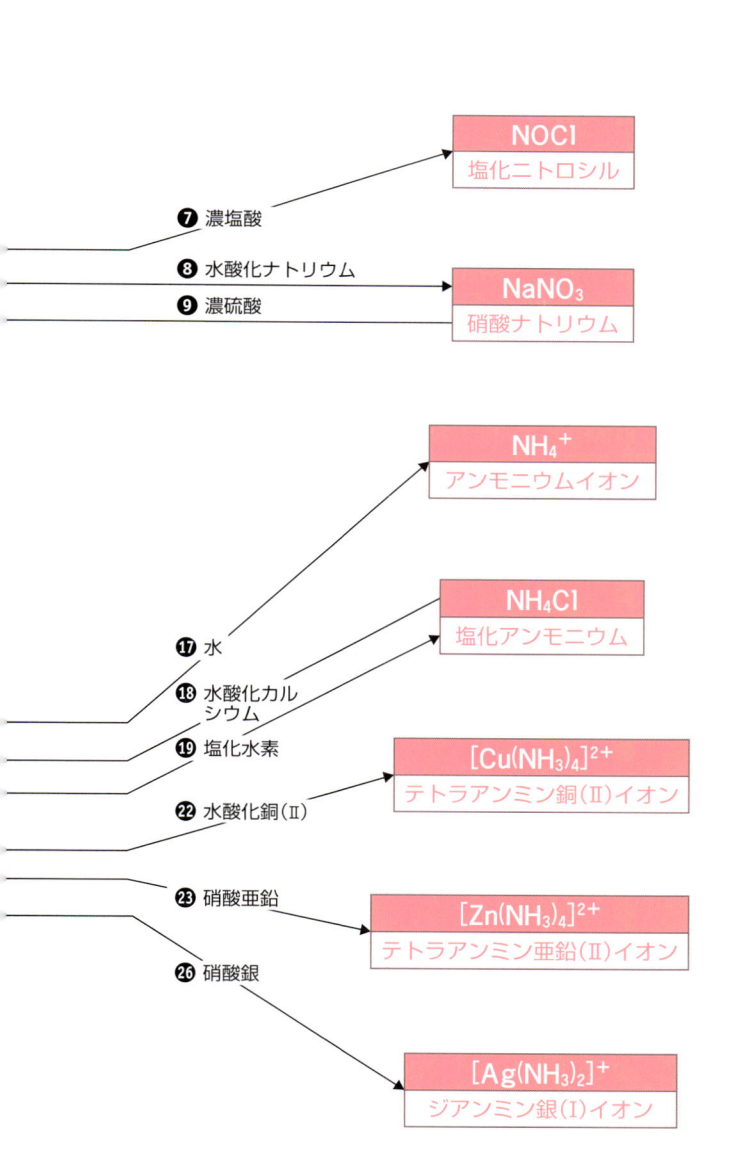

❼ 濃塩酸	**NOCl** 塩化ニトロシル
❽ 水酸化ナトリウム	
❾ 濃硫酸	**NaNO₃** 硝酸ナトリウム

	NH₄⁺ アンモニウムイオン
⓱ 水	**NH₄Cl** 塩化アンモニウム
⓲ 水酸化カルシウム	
⓳ 塩化水素	
㉒ 水酸化銅(Ⅱ)	**[Cu(NH₃)₄]²⁺** テトラアンミン銅(Ⅱ)イオン
㉓ 硝酸亜鉛	**[Zn(NH₃)₄]²⁺** テトラアンミン亜鉛(Ⅱ)イオン
㉖ 硝酸銀	**[Ag(NH₃)₂]⁺** ジアンミン銀(Ⅰ)イオン

反応式

★ ❶ [2]NO + O_2 ⟶ $2NO_2$

★ ❷ [3]NO_2 + H_2O ⟶ $2HNO_3$ + NO

★ ❸ Cu + [4]HNO_3 ⟶ $Cu(NO_3)_2$ + $2NO_2$ + $2H_2O$

❹ C + [4]HNO_3 ⟶ CO_2 + $4NO_2$ + $2H_2O$

❺ S + [6]HNO_3 ⟶ H_2SO_4 + $6NO_2$ + $2H_2O$

❻ I_2 + [10]HNO_3 ⟶ $2HIO_3$ + $10NO_2$ + $4H_2O$

★ ❼ HNO_3 + [3]HCl ⟶ NOCl + Cl_2 + $2H_2O$

★ ❽ HNO_3 + NaOH ⟶ $NaNO_3$ + H_2O

❾ $NaNO_3$ + H_2SO_4 ⟶ $NaHSO_4$ + HNO_3

★ ❿ Mg + [2]HNO_3 ⟶ $Mg(NO_3)_2$ + H_2

⓫ [3]Cu + [8]HNO_3 ⟶ $3Cu(NO_3)_2$ + 2NO + $4H_2O$

⓬ [3]H_2S + [2]HNO_3 ⟶ 3S + 2NO + $4H_2O$

⓭ [6]HI + [2]HNO_3 ⟶ $3I_2$ + 2NO + $4H_2O$

⓮ [3]Sn + [4]HNO_3 ⟶ $3SnO_2$ + $2H_2O$ + 4NO

⓯ [6]$FeSO_4$ + [3]H_2SO_4 + [2]HNO_3 ⟶ $3Fe_2(SO_4)_3$ + 2NO + $4H_2O$

★ ⓰ [4]NH_3 + [5]O_2 ⟶ 4NO + $6H_2O$

★ ⓱ NH_3 + H_2O ⇌ NH_4^+ + OH^-

★ ⓲ [2]NH_4Cl + $Ca(OH)_2$ ⟶ $CaCl_2$ + $2NH_3$ + $2H_2O$

★ ⓳ NH_3 + HCl ⟶ NH_4Cl

★ ⓴ [2]NH_3 + H_2SO_4 ⟶ $(NH_4)_2SO_4$

㉑ $(NH_4)_2SO_4$ + [2]NaOH ⟶ Na_2SO_4 + $2NH_3$ + $2H_2O$

★ ㉒ $Cu(OH)_2$ + [4]NH_3 ⟶ $[Cu(NH_3)_4]^{2+}$ + $2OH^-$

★ ㉓ $Zn(NO_3)_2$ + [4]NH_3 ⟶ $[Zn(NH_3)_4]^{2+}$ + $2NO_3^-$

★ ㉔ $(NH_4)_2CO_3$ ⟶ NH_4HCO_3 + NH_3

8 硝酸とアンモニア

★ ㉕	$NH_3 + HNO_3$	$\longrightarrow NH_4NO_3$
★ ㉖	$AgNO_3 + [2]NH_3$	$\longrightarrow [Ag(NH_3)_2]^+ + NO_3^-$
★ ㉗	$NH_3 + [2]O_2$	$\longrightarrow HNO_3 + H_2O$

反応のPOiNT!

濃硝酸も希硝酸も酸化剤として作用する。作用すると発生する気体はそれぞれ NO_2 と NO。
NH_3 は弱塩基性気体で,金属イオンと錯イオンを生じる。

物質の性質

(1) 硝酸 HNO_3
　濃硝酸は[酸化]剤として作用すると,
　　$NO_3^- + 2H^+ + e^- \longrightarrow NO_2 + H_2O$　…(a)
　と反応し,[赤褐]色の[気]体である[NO_2]を生じ,希硝酸も,
　　$NO_3^- + 4H^+ + 3e^- \longrightarrow NO + 2H_2O$　…(b)
　と[酸化]剤として作用し,[無]色の[気]体である[NO]を生じる。金属とも反応するが,[Al, Ni, Fe, Co, Cr]を[濃硝酸]に浸しても溶解しない。これは[不動態]の状態になるためである。

(2) アンモニア NH_3
　[無]色で[刺激]臭を有する空気より軽い[気]体。水によく溶け,水溶液は[弱塩基]性となるので,[上方置換]によって捕集し,乾燥には[ソーダ石灰]か[NaOH]を用いる。

反応の説明

❷の反応　[温水]との反応。[冷水]とは,次のように反応する。
　　$2NO_2 + H_2O \longrightarrow HNO_3 + HNO_2$

❸, ⓫の反応	銅は、[還元]剤として作用し、 $Cu \longrightarrow Cu^{2+} + 2e^-$ …(c) 濃硝酸との反応では、(c)+(a)×2 を行い、両辺に NO_3^- を2つずつ加えると❸式となる。 希硝酸との反応では、(c)×3+(b)×2 を行い、両辺に NO_3^- を6つずつ加えると⓫式となる。
❹の反応	炭素は、次のように反応する。 $C + 2H_2O \longrightarrow CO_2 + 4H^+ + 4e^-$ …(d) 全反応式は(a)×4+(d)を行うと求められる。
❺の反応	硫黄は、次のように反応する。 $S + 4H_2O \longrightarrow SO_4^{2-} + 8H^+ + 6e^-$ …(e) 全反応式は(a)×6+(e)を行うと求められる。 希硝酸が反応するときの反応式は、 $S + 2HNO_3 \longrightarrow H_2SO_4 + 2NO$ これは、(b)×2+(e)を行い、両辺に H^+ を2つずつ加えると求められる。
❻の反応	ヨウ素は、次のように反応する。 $I_2 + 6H_2O \longrightarrow 2IO_3^- + 12H^+ + 10e^-$ …(f) 全反応式は(a)×10+(f)を行い、両辺に H^+ を2つずつ加えると求められる。 希硝酸が反応するときの反応式は、 $3I_2 + 10HNO_3 \longrightarrow 6HIO_3 + 10NO + 2H_2O$ これは、(b)×10+(f)×3を行い、両辺に H^+ を6つずつ加えると求められる。
❼の反応	濃硝酸と濃塩酸を[1:3]の体積比で混合したものを[王水]という。ここで生じる NOCl は、 $NOCl \longrightarrow NO + (Cl)$ と反応して、原子状態の塩素を発生するため、強い[酸化]剤として作用し、[Au, Pt]も溶解する。
⓬の反応	H_2S は、次のように反応する。 $H_2S \longrightarrow S + 2H^+ + 2e^-$ …(g) 全反応式は(b)×2+(g)×3を行うと求められる。

⓭の反応	HI は，次のように反応する。 $2I^- \longrightarrow I_2 + 2e^-$　…(h) 全反応式は(b)×2+(h)×3を行うと求められる。
⓮の反応	スズは，次のように反応する。 $Sn + 2H_2O \longrightarrow SnO_2 + 4H^+ + 4e^-$　…(i) 全反応式は(b)×4+(i)×3を行うと求められる。
⓯の反応	硝酸イオン NO_3^- を含む水溶液に $FeSO_4$ 飽和水溶液を少量加え，これに静かに濃硫酸を加えると，2液の境界面に[黒褐]色の[輪]が生じる。これは[褐輪]反応または[褐色環]反応と呼ばれる硝酸イオンの検出反応である。ここで生じる NO が未反応の Fe^{2+} と，次のように反応する。 $Fe^{2+} + NO + 5H_2O \longrightarrow [Fe(NO)(H_2O)_5]^{2+}$ この $[Fe(NO)(H_2O)_5]^{2+}$ が褐色の原因。
⓰, ㉗の反応	⓰は，[白金]を触媒として，NH_3 を酸化したときの反応。この反応で生じた NO を❶で NO_2 とし，これを❷で HNO_3 とする一連の硝酸合成法を[オストワルト法]と呼ぶ。❷で生じる NO は再利用するので，この方法の全反応式は，㉗となる。これは (⓰+❶×3+❷×2)÷4 によって求められる。
⓳の反応	塩化水素とアンモニアの検出反応。2つの気体が触れ合うと，[白煙](NH_4Cl の粉末)が生じる。
㉒, ㉓, ㉖の反応	NH_3 水溶液を過剰に加えると，Cu^{2+}, Ag^+, Zn^{2+} は NH_3 と[錯]イオンを生じる。 $[Cu(NH_3)_4]^{2+}$ は[深青]色で[正方形]型， $[Ag(NH_3)_2]^+$ は[無]色で[直線]型， $[Zn(NH_3)_4]^{2+}$ は[無]色で[正四面体]型 の錯イオンである。
㉕の反応	ここで生じる硝酸アンモニウムは[硝安]とも呼ばれ，よく用いられる窒素肥料である。

9 二酸化炭素と炭酸塩・炭酸水素塩

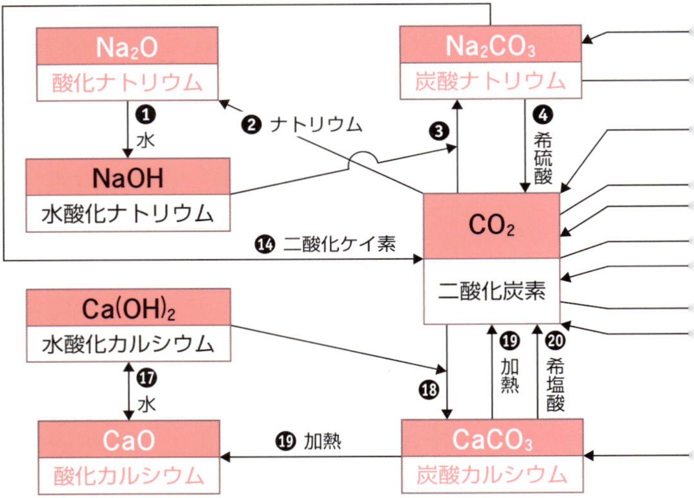
Na2O
酸化ナトリウム
Na2CO3
炭酸ナトリウム
❶ 水
❷ ナトリウム
❸
❹ 希硫酸
NaOH
水酸化ナトリウム
CO2
二酸化炭素
⓮ 二酸化ケイ素
Ca(OH)2
水酸化カルシウム
⓱ 水
⓲
⓳ 加熱
⓴ 希塩酸
CaO
酸化カルシウム
⓳ 加熱
CaCO3
炭酸カルシウム

反応式

★	❶ $Na_2O + H_2O \longrightarrow 2NaOH$
	❷ [4]$Na + CO_2 \longrightarrow 2Na_2O + C$
★	❸ [2]$NaOH + CO_2 \longrightarrow Na_2CO_3 + H_2O$
★	❹ $Na_2CO_3 + H_2SO_4 \longrightarrow Na_2SO_4 + H_2O + CO_2$
★	❺ $Na_2CO_3 + H_2O + CO_2 \rightleftarrows 2NaHCO_3$
	❻ $NaHCO_3 + HCl \longrightarrow NaCl + H_2O + CO_2$
	❼ [2]$CuSO_4 +$ [2]$Na_2CO_3 + H_2O \longrightarrow Cu(OH)_2{\cdot}CuCO_3 + CO_2 + 2Na_2SO_4$
	❽ [2]$Cu + CO_2 + H_2O + O_2 \longrightarrow Cu(OH)_2{\cdot}CuCO_3$
★	❾ $Cu(OH)_2{\cdot}CuCO_3 +$ [4]$HCl \longrightarrow 2CuCl_2 + 3H_2O + CO_2$

9 二酸化炭素と炭酸塩・炭酸水素塩

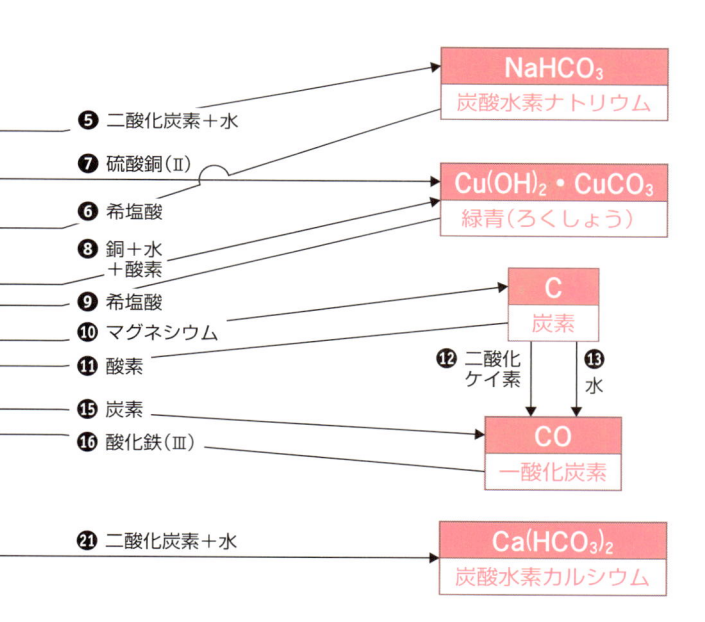

- ❺ 二酸化炭素+水 → NaHCO₃ 炭酸水素ナトリウム
- ❼ 硫酸銅(Ⅱ)
- ❻ 希塩酸 → Cu(OH)₂・CuCO₃ 緑青(ろくしょう)
- ❽ 銅+水+酸素
- ❾ 希塩酸
- ❿ マグネシウム
- ⓫ 酸素 → C 炭素
- ⓬ 二酸化ケイ素
- ⓭ 水
- ⓯ 炭素
- ⓰ 酸化鉄(Ⅲ) → CO 一酸化炭素
- ㉑ 二酸化炭素+水 → Ca(HCO₃)₂ 炭酸水素カルシウム

	❿ [2]Mg + CO$_2$	⟶ 2MgO + C
★	⓫ C + O$_2$	⟶ CO$_2$
	⓬ SiO$_2$ + [3]C	⟶ SiC + 2CO
★	⓭ C + H$_2$O	⟶ CO + H$_2$
★	⓮ SiO$_2$ + Na$_2$CO$_3$	⟶ Na$_2$SiO$_3$ + CO$_2$
	⓯ C + CO$_2$	⟶ 2CO
★	⓰ Fe$_2$O$_3$ + [3]CO	⟶ 2Fe + 3CO$_2$
★	⓱ CaO + H$_2$O	⇌ Ca(OH)$_2$
	⓲ Ca(OH)$_2$ + CO$_2$	⟶ CaCO$_3$ + H$_2$O
★	⓳ CaCO$_3$	⟶ CaO + CO$_2$
★	⓴ CaCO$_3$ + [2]HCl	⟶ CaCl$_2$ + H$_2$O + CO$_2$
★	㉑ CaCO$_3$ + H$_2$O + CO$_2$	⇌ Ca(HCO$_3$)$_2$

反応のPOiNT!

二酸化炭素 CO_2 は金属水酸化物と反応して、炭酸塩を生じる。炭酸塩にさらに CO_2 を作用させると、炭酸水素塩となる。

物質の性質

(1) 二酸化炭素 CO_2

[無]色で空気より[重]い気体。水に溶解して[弱酸]性を示す。

$$CO_2 + H_2O \rightleftharpoons H^+ + HCO_3^- \rightleftharpoons 2H^+ + CO_3^{2-}$$

常圧では、固体から気体に直接、状態変化([昇華])する。

(2) 一酸化炭素 CO

[無]色、[無]臭の[有毒]な気体。水に[溶けにくい]。高温では強い[還元]性を示す。

反応の説明

❶, ❶の反応	Na_2O, CaO は[塩基性]酸化物なので、水と反応して[塩基]を生じる。
❷, ❿の反応	Na や Mg の強い[還元]作用により、CO_2 から炭素が生じる。 $Na \longrightarrow Na^+ + e^-$ …(a) $Mg \longrightarrow Mg^{2+} + 2e^-$ …(b) $CO_2 + 4e^- \longrightarrow C + 2O^{2-}$ …(c) ❷は(a)×4+(c)、❿は(b)×2+(c)より得られる。
❸, ❽の反応	[水酸化物]の水溶液に CO_2 を吹きこむと、[炭酸塩]が生じる。$Ca(OH)_2$ の水溶液を[石灰水]と呼び、❽は CO_2 の確認実験として知られる。 Na_2CO_3 は水に[よく溶ける]。 $CaCO_3$ は水に[溶けにくい]ので、❽では[白]色の[沈殿]が生じる。

9 二酸化炭素と炭酸塩・炭酸水素塩

❹, ❻, ⓴の反応	炭酸塩(Na_2CO_3, $CaCO_3$ など)や炭酸水素塩($NaHCO_3$)は炭酸という[弱酸]から生じる塩なので、これに塩酸・硫酸などの[強酸]を加えると、[弱酸]が遊離し、CO_2 の気体が発生する。
❺, ㉑の反応	炭酸塩に[CO_2]と[H_2O]が作用すると、[炭酸水素塩]が生じる。[加熱]したり、[乾燥]すると、逆反応が進行する。 $NaHCO_3$ は水に[溶けにくい]。 $Ca(HCO_3)_2$ は、$CaCO_3$ より水に溶けるので、㉑が右に進行すると、$CaCO_3$ が溶ける。
❽の反応	銅の表面にさび([緑青])が生じるときの反応式。亜鉛も同様に $Zn(OH)_2 \cdot ZnCO_3$ というさびを生じる。
⓬の反応	ケイ砂にコークスを加え、電気炉中で強熱すると SiC([カーボランダム])が生じる。この SiC は[ダイヤモンド]構造をとるので、非常に硬く、[研磨剤]などに用いられる。
⓭の反応	「**4 酸素とオゾンと水**」(p.22)参照。
⓮の反応	ケイ砂を無水炭酸ナトリウムと混合して強熱すると、[ケイ酸ナトリウム Na_2SiO_3]が生じる。ガラス工業で重要な反応。
⓰の反応	製鉄の高炉内で生じる反応だが、非常に複雑な反応が進行しているといわれている。鉄の酸化物と CO の反応の例を以下に示す。 $3Fe_2O_3 + CO \longrightarrow 2Fe_3O_4 + CO_2$ $Fe_3O_4 + CO \longrightarrow 3FeO + CO_2$ $FeO + CO \longrightarrow Fe + CO_2$ 「**18 鉄・銅の精錬**」(p.88)参照。

10 二酸化ケイ素とケイ酸塩

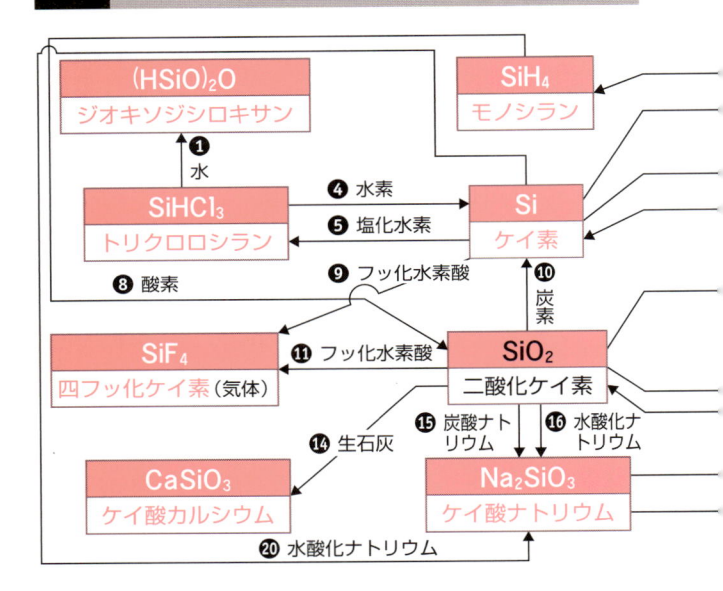

- (HSiO)₂O ジオキソジシロキサン
- SiH₄ モノシラン
- SiHCl₃ トリクロロシラン
- Si ケイ素
- SiF₄ 四フッ化ケイ素(気体)
- SiO₂ 二酸化ケイ素
- CaSiO₃ ケイ酸カルシウム
- Na₂SiO₃ ケイ酸ナトリウム

矢印ラベル:
❶ 水
❹ 水素
❺ 塩化水素
❽ 酸素
❾ フッ化水素酸
❿ 炭素
⓫ フッ化水素酸
⓮ 生石灰
⓯ 炭酸ナトリウム
⓰ 水酸化ナトリウム
⓴ 水酸化ナトリウム

反応式

	反応式
❶	$[2]SiHCl_3 + [3]H_2O \longrightarrow (HSiO)_2O + 6HCl$
★ ❷	$Mg_2Si + [4]HCl \longrightarrow 2MgCl_2 + SiH_4$
❸	$[2]Mg + Si \longrightarrow Mg_2Si$
★ ❹	$SiHCl_3 + H_2 \longrightarrow Si + 3HCl$
★ ❺	$Si + [3]HCl \longrightarrow SiHCl_3 + H_2$
★ ❻	$Si + [2]Cl_2 \longrightarrow SiCl_4$
★ ❼	$SiCl_4 + [2]Zn \longrightarrow 2ZnCl_2 + Si$
❽	$SiH_4 + [2]O_2 \longrightarrow SiO_2 + 2H_2O$
★ ❾	$Si + [4]HF \longrightarrow SiF_4 + 2H_2$
❿	$SiO_2 + [2]C \longrightarrow Si + 2CO$

10 二酸化ケイ素とケイ酸塩

❷ 塩酸
❸ マグネシウム → **Mg₂Si** ケイ化マグネシウム

❻ 塩素
❼ 亜鉛 → **SiCl₄** 四塩化ケイ素

⓬ 炭素 → **SiC** カーボランダム

⓭ フッ化水素酸
⓱ 加熱 → **H₂SiF₆** ヘキサフルオロケイ酸

⓲ 加水分解
⓳ 塩酸 → **H₂SiO₃** (メタ)ケイ酸

★	⓫ $SiO_2 + [4]HF$	$\rightarrow SiF_4 + 2H_2O$
	⓬ $SiO_2 + [3]C$	$\rightarrow SiC + 2CO$
★	⓭ $SiO_2 + [6]HF$	$\rightarrow H_2SiF_6 + 2H_2O$
★	⓮ $SiO_2 + CaO$	$\rightarrow CaSiO_3$
	⓯ $SiO_2 + Na_2CO_3$	$\rightarrow Na_2SiO_3 + CO_2$
★	⓰ $SiO_2 + [2]NaOH$	$\rightarrow Na_2SiO_3 + H_2O$
★	⓱ H_2SiO_3	$\rightarrow SiO_2 + H_2O$
★	⓲ $Na_2SiO_3 + [2]H_2O$	$\rightarrow 2NaOH + H_2SiO_3$
★	⓳ $Na_2SiO_3 + [2]HCl$	$\rightarrow 2NaCl + H_2SiO_3$
★	⓴ $Si + [2]NaOH + H_2O$	$\rightarrow Na_2SiO_3 + 2H_2$

反応のPOiNT!

二酸化ケイ素 SiO_2 は共有結合の結晶。
ケイ酸塩は土砂に含まれ，多様な組成式を有する。

物質の性質

(1) 二酸化ケイ素 SiO_2
　純粋なものは，[水晶]と呼ばれる[無]色の[共有結合の結晶]。不純物の有無や粒の大きさのちがいなどによって，石英・メノウ・ケイ砂などさまざまな名称で呼ばれる。

(2) ケイ酸 $SiO_2 \cdot nH_2O$
　$n=1$ のもの([H_2SiO_3])は[メタケイ酸]，$n=2$ のもの([H_4SiO_4])は[オルトケイ酸]と呼ばれる。その他にもメタケイ酸2単位から水分子が抜けた組成を有するメタニケイ酸 $H_2Si_2O_5$ など多様に存在するが，一般に組成上 SiO_3^{2-} が含まれる塩を[ケイ酸塩]という。$CaSiO_3$，Na_2SiO_3 などのケイ酸塩は，$CaO \cdot SiO_2$，$Na_2O \cdot SiO_2$ のように酸化物の混合物として表されることがある。これらの混合比も多様で，セメントの成分である[アリット]は，$3CaO \cdot SiO_2$，[ベリット]は $2CaO \cdot SiO_2$ である。[ガラス]も Na_2O，K_2O，CaO と SiO_2 の混合物，陶土([カオリン])は Na_2O，K_2O，CaO，Al_2O_3 と SiO_2 の混合物と考えてよい。

反応の説明

❷の反応	モノシランは，シリコンアモルファス(太陽電池の素材)などを製造するのに重要な物質である。
❹，❺の反応	❿の反応で製造した粗ケイ素を，❺のように加熱した塩化水素と反応させ，トリクロロシランにし，これを蒸留し，❹のように水素還元して，純度が高いケイ素の単体を得る。

❻の反応	ケイ素は，強力な[酸化]剤である Cl_2，F_2 とは直接反応する。Cl，F を X で表すと， $Si \longrightarrow Si^{4+} + 4e^-$ …(a) $X_2 + 2e^- \longrightarrow 2X^-$ …(b) 全反応式は，(a)+(b)×2 で求められる。
❼の反応	亜鉛が[還元]剤として作用している。 $Zn \longrightarrow Zn^{2+} + 2e^-$ …(c) $SiCl_4 + 4e^- \longrightarrow Si + 4Cl^-$ …(d) 全反応式は，(c)×2+(d) で求められる。
❿の反応	ケイ砂にコークスを加え，電気炉で加熱すると粗ケイ素が得られる。
⓫, ⓭の反応	「**3 フッ素とフッ化水素酸**」(p.18)参照。
⓮の反応	鉄の精錬過程で，鉄鉱石に含まれる SiO_2(ケイ砂の成分)は溶鉱炉(高炉)内で，[生石灰 CaO]と反応し，[スラグ $CaSiO_3$]となり，溶融した鉄の表面に浮く。
⓰の反応	SiO_2 は非金属の酸化物なので，[酸性]酸化物である。したがって，強塩基である NaOH と反応して，[塩]であるケイ酸ナトリウムを生じる。
⓱の反応	ケイ酸を加熱すると[多孔質]の SiO_2([シリカゲル])を生じる。この物質は[表面積]が大きいので，[吸湿]剤として用いられる。
⓲, ⓳の反応	Na_2SiO_3 を水に加えて加熱すると，[水飴]状になる。これを[水ガラス]という。この[水ガラス]は⓳のように加水分解するので[塩基]性を示す。また，これに塩酸を加えると，[ゲル]状の白色沈殿(H_2SiO_3)を生じる。
⓴の反応	ケイ素は，[強塩基]である NaOH の濃厚溶液に溶解する。

11 ナトリウムの単体と化合物

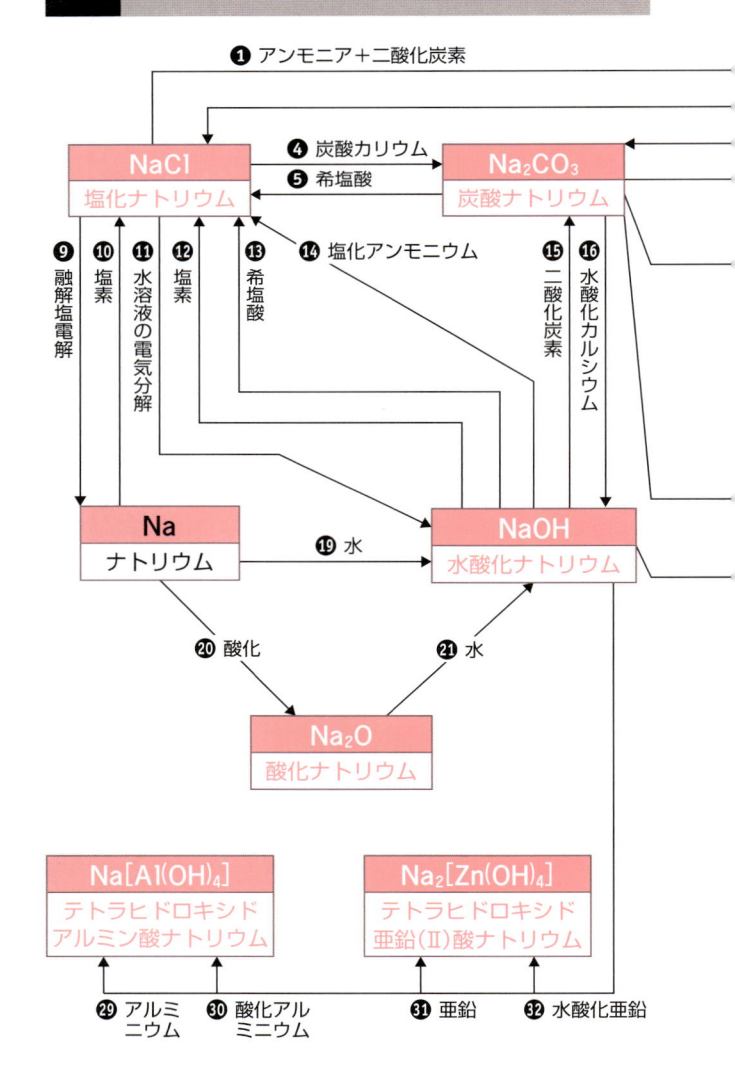

❶ アンモニア＋二酸化炭素

NaCl 塩化ナトリウム
❹ 炭酸カリウム
❺ 希塩酸
Na₂CO₃ 炭酸ナトリウム

❾ 融解塩電解
❿ 塩素
⓫ 水溶液の電気分解
⓬ 塩素
⓭ 希塩酸
⓮ 塩化アンモニウム
⓯ 二酸化炭素
⓰ 水酸化カルシウム

Na ナトリウム
⓳ 水
NaOH 水酸化ナトリウム

⓴ 酸化
㉑ 水

Na₂O 酸化ナトリウム

Na[Al(OH)₄] テトラヒドロキシドアルミン酸ナトリウム

Na₂[Zn(OH)₄] テトラヒドロキシド亜鉛(Ⅱ)酸ナトリウム

㉙ アルミニウム
㉚ 酸化アルミニウム
㉛ 亜鉛
㉜ 水酸化亜鉛

11 ナトリウムの単体と化合物

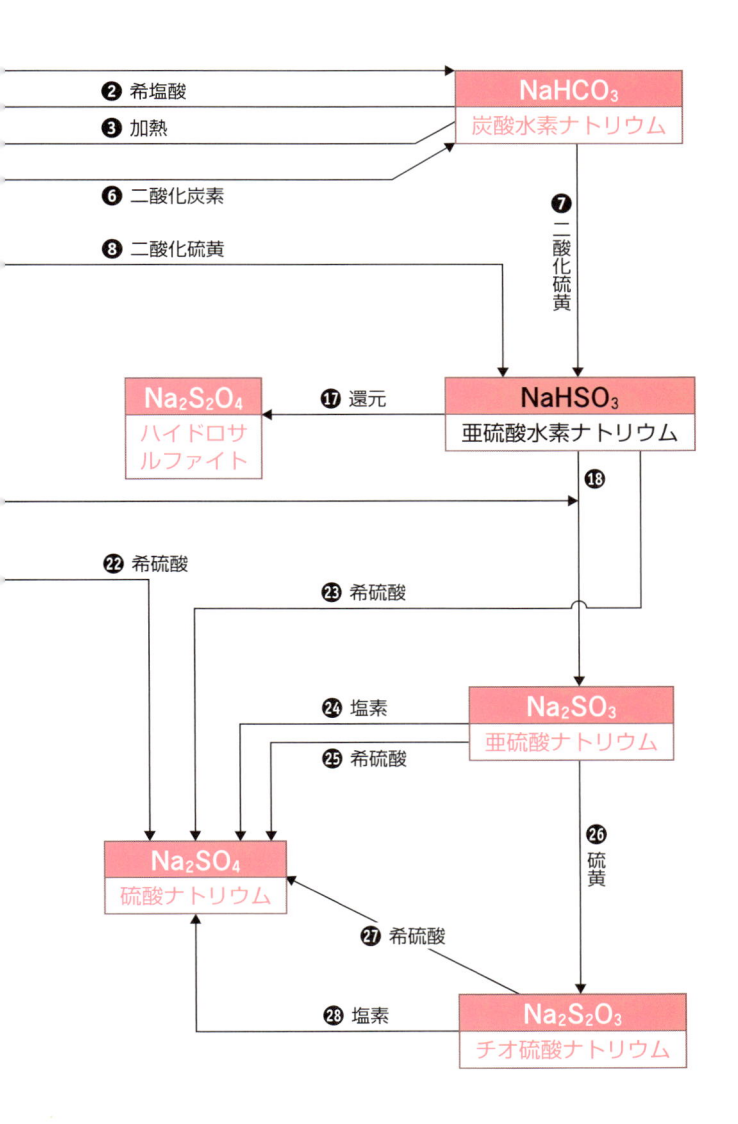

❷ 希塩酸 → **NaHCO₃** 炭酸水素ナトリウム
❸ 加熱
❻ 二酸化炭素
❼ 二酸化硫黄
❽ 二酸化硫黄 → **NaHSO₃** 亜硫酸水素ナトリウム
⓱ 還元 → **Na₂S₂O₄** ハイドロサルファイト
⓲
㉒ 希硫酸
㉓ 希硫酸 → **Na₂SO₃** 亜硫酸ナトリウム
㉔ 塩素
㉕ 希硫酸
㉖ 硫黄 → **Na₂S₂O₃** チオ硫酸ナトリウム
㉗ 希硫酸 → **Na₂SO₄** 硫酸ナトリウム
㉘ 塩素

反応式

★	❶ $NaCl + H_2O + NH_3 + CO_2$	$\longrightarrow NaHCO_3 + NH_4Cl$
★	❷ $NaHCO_3 + HCl$	$\longrightarrow NaCl + H_2O + CO_2$
★	❸ $[2]NaHCO_3$	$\longrightarrow Na_2CO_3 + H_2O + CO_2$
	❹ $[2]NaCl + K_2CO_3$	$\longrightarrow Na_2CO_3 + 2KCl$
★	❺ $Na_2CO_3 + [2]HCl$	$\longrightarrow 2NaCl + H_2O + CO_2$
★	❻ $Na_2CO_3 + H_2O + CO_2$	$\longrightarrow 2NaHCO_3$
★	❼ $NaHCO_3 + SO_2$	$\longrightarrow NaHSO_3 + CO_2$
★	❽ $Na_2CO_3 + H_2O + [2]SO_2$	$\longrightarrow 2NaHSO_3 + CO_2$
★	❾ $[2]NaCl$	$\longrightarrow 2Na + Cl_2$
	❿ $[2]Na + Cl_2$	$\longrightarrow 2NaCl$
★	⓫ $[2]NaCl + [2]H_2O$	$\longrightarrow 2NaOH + H_2 + Cl_2$
	⓬ $[2]NaOH + Cl_2$	$\longrightarrow NaCl + NaClO + H_2O$
★	⓭ $NaOH + HCl$	$\longrightarrow NaCl + H_2O$
★	⓮ $NaOH + NH_4Cl$	$\longrightarrow NaCl + NH_3 + H_2O$
★	⓯ $[2]NaOH + CO_2$	$\longrightarrow Na_2CO_3 + H_2O$
	⓰ $Na_2CO_3 + Ca(OH)_2$	$\longrightarrow CaCO_3 + 2NaOH$
	⓱ $[2]NaHSO_3 + [2](H)$	$\longrightarrow Na_2S_2O_4 + 2H_2O$
	⓲ $[2]NaHSO_3 + Na_2CO_3$	
		$\longrightarrow 2Na_2SO_3 + H_2O + CO_2$
★	⓳ $[2]Na + [2]H_2O$	$\longrightarrow 2NaOH + H_2$
★	⓴ $[4]Na + O_2$	$\longrightarrow 2Na_2O$
★	㉑ $Na_2O + H_2O$	$\longrightarrow 2NaOH$
	㉒ $[2]NaOH + H_2SO_4$	$\longrightarrow Na_2SO_4 + 2H_2O$
★	㉓ $[2]NaHSO_3 + H_2SO_4$	$\longrightarrow Na_2SO_4 + 2H_2O + 2SO_2$
	㉔ $Na_2SO_3 + Cl_2 + H_2O$	$\longrightarrow Na_2SO_4 + 2HCl$
★	㉕ $Na_2SO_3 + H_2SO_4$	$\longrightarrow Na_2SO_4 + H_2O + SO_2$

11 ナトリウムの単体と化合物

★	㉖ $Na_2SO_3 + S$	$\longrightarrow Na_2S_2O_3$
★	㉗ $Na_2S_2O_3 + H_2SO_4$	$\longrightarrow Na_2SO_4 + SO_2 + H_2O + S$
★	㉘ $Na_2S_2O_3 + Cl_2 + H_2O$	$\longrightarrow Na_2SO_4 + 2HCl + S$
★	㉙ $[2]Al + [2]NaOH + [6]H_2O$	$\longrightarrow 2Na[Al(OH)_4] + 3H_2$
★	㉚ $Al_2O_3 + [2]NaOH + [3]H_2O$	$\longrightarrow 2Na[Al(OH)_4]$
★	㉛ $Zn + [2]NaOH + [2]H_2O$	$\longrightarrow Na_2[Zn(OH)_4] + H_2$
★	㉜ $Zn(OH)_2 + [2]NaOH$	$\longrightarrow Na_2[Zn(OH)_4]$

反応のPOiNT!

Naは酸化され,1価の陽イオンになりやすい。
NaOHは強塩基性の固体。

物質の性質

(1) ナトリウム Na
 密度が[1.0] g/cm³ 以下(0.97 g/cm³)の[軟らか]い軽金属。水と激しく反応し,水素を発生するので,[石油]中に保存する。炎色反応は[黄]色。

(2) 水酸化ナトリウム NaOH
 純粋なものは[無]色の[固]体だが,空気中のCO₂と反応してNa₂CO₃となるので,一般には表面が[白]色となっている。空気中に放置すると,空気中の水分を吸収して溶解する([潮解性])。水に溶けると,[多量の熱]を発生し,溶液は[強塩基]性を示す。非常に化学的に活性なため,[苛性ソーダ]とも呼ばれる。

反応の説明

❷, ❺, ❼の反応

弱酸の塩+強酸→強酸の塩+弱酸,と反応する。
酸としての強さは,炭酸<塩酸,炭酸<亜硫酸なので,以下のように反応する。
$NaHCO_3 + HCl \longrightarrow NaCl + H_2CO_3$
$\longrightarrow NaCl + H_2O + CO_2$

	$Na_2CO_3 + 2HCl \longrightarrow 2NaCl + H_2CO_3$ 　　　　　　$\longrightarrow 2NaCl + H_2O + CO_2$ $NaHCO_3 + H_2O + SO_2$ 　　　$\longrightarrow NaHCO_3 + H_2SO_3$ 　　　$\longrightarrow NaHSO_3 + H_2CO_3$ 　　　$\longrightarrow NaHSO_3 + H_2O + CO_2$ 反応前後の水を消去すると，❼の反応式になる。
⓫の反応	[陰]極で以下のように反応し，NaOH 水溶液が生じる。 $2H_2O + 2e^- \longrightarrow H_2 + 2OH^-$ 各極で生じる物質が接触しないように膜で仕切って，NaOH を製造している。この膜を利用する製法を[隔膜法]という。
⓮の反応	NaOH は強塩基，NH₄Cl は[弱塩基]であるアンモニアの塩なので，強塩基の塩の NaCl が生じ，弱塩基が遊離する。
⓰の反応	CaCO₃ の[溶解度]が小さいために起こる[苛性化]と呼ばれる反応。CaCO₃ の[白色沈殿]が生じる。
⓱の反応	ここで生じるハイドロサルファイトは， $S_2O_4^{2-} + 4H_2O \longrightarrow 2SO_4^{2-} + 8H^+ + 6e^-$ と水溶液中で反応し，強い[還元]作用を示すので，インジゴ(染料の藍の成分)の還元などに用いられている。
⓲の反応	酸としての強さは，$H_2SO_3 > H_2CO_3$ なので， $2HSO_3^- + CO_3^{2-} \longrightarrow 2SO_3^{2-} + H_2CO_3$ 　　　　　　　$\longrightarrow 2SO_3^{2-} + H_2O + CO_2$ と反応する。

㉔の反応	SO_3^{2-}，Cl_2 は以下のように反応する。 $SO_3^{2-} + H_2O \longrightarrow SO_4^{2-} + 2H^+ + 2e^-$ ⋯(a) $Cl_2 + 2e^- \longrightarrow 2Cl^-$ ⋯(b) 全反応式は (a)+(b) を行い，Na^+ を両辺に2つずつ加えれば求められる。
㉗の反応	$S_2O_3^{2-}$ が以下のように反応する。 $S_2O_3^{2-} + H_2O \longrightarrow 2SO_2 + 2H^+ + 4e^-$ ⋯(c) $S_2O_3^{2-} + 6H^+ + 4e^- \longrightarrow 2S + 3H_2O$ ⋯(d) 全反応式は {(c)+(d)}×1/2 を行い，両辺に Na^+ を2つずつ，SO_4^{2-} を1つずつ加えると求められる。
㉘の反応	$Na_2S_2O_3 + Cl_2 + H_2O \longrightarrow 2NaCl + H_2SO_4 + S$ としてもよい。$S_2O_3^{2-}$ は以下のように反応する。 $S_2O_3^{2-} + H_2O \longrightarrow SO_4^{2-} + S + 2H^+ + 2e^-$ ⋯(e) 全反応式は，(e)+(b) を行い，Na^+ を両辺に2つずつ加えれば求められる。
㉙，㉛の反応	Al，Zn は [両性] 金属なので，酸と反応するだけでなく強塩基である NaOH 水溶液とも反応して，水素を発生する。塩酸と反応する場合の反応式は，それぞれ以下の通りである。 $2Al + 6HCl \longrightarrow 2AlCl_3 + 3H_2$ $Zn + 2HCl \longrightarrow ZnCl_2 + H_2$
㉚，㉜の反応	Al，Zn のような [両性] 金属の酸化物は [両性] 酸化物，水酸化物は [両性] 水酸化物となり，ともに酸とも塩基とも反応し，溶解する。㉚，㉜以外に関連する反応式は以下の通りで，反応する酸として塩酸を用いた例を示した。 $Al_2O_3 + 6HCl \longrightarrow 2AlCl_3 + 3H_2O$ $Al(OH)_3 + 3HCl \longrightarrow AlCl_3 + 3H_2O$ $Al(OH)_3 + NaOH \longrightarrow Na[Al(OH)_4]$ $ZnO + 2HCl \longrightarrow ZnCl_2 + H_2O$ $ZnO + 2NaOH + H_2O \longrightarrow Na_2[Zn(OH)_4]$ $Zn(OH)_2 + 2HCl \longrightarrow ZnCl_2 + 2H_2O$

12 カルシウムの単体と化合物

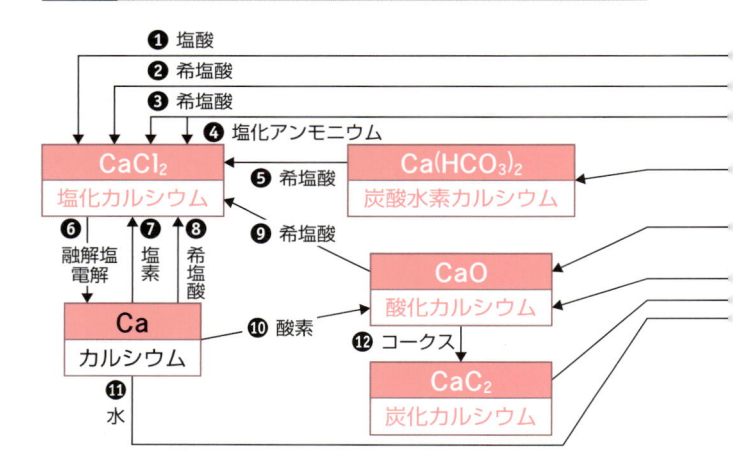

❶ 塩酸
❷ 希塩酸
❸ 希塩酸
❹ 塩化アンモニウム

CaCl₂ 塩化カルシウム ← ❺ 希塩酸 ― **Ca(HCO₃)₂** 炭酸水素カルシウム

❻ 融解塩電解 ❼ 塩素 ❽ 希塩酸 ❾ 希塩酸

CaO 酸化カルシウム

Ca カルシウム ― ❿ 酸素 → ⓬ コークス → **CaC₂** 炭化カルシウム

⓫ 水

反応式

★	❶ $CaCl(ClO) \cdot H_2O + [2]HCl \longrightarrow CaCl_2 + Cl_2 + 2H_2O$
	❷ $CaCO_3 + [2]HCl \longrightarrow CaCl_2 + H_2O + CO_2$
	❸ $Ca(OH)_2 + [2]HCl \longrightarrow CaCl_2 + 2H_2O$
★	❹ $Ca(OH)_2 + [2]NH_4Cl \longrightarrow CaCl_2 + 2NH_3 + 2H_2O$
	❺ $Ca(HCO_3)_2 + [2]HCl \longrightarrow CaCl_2 + 2H_2O + 2CO_2$
	❻ $CaCl_2 \longrightarrow Ca + Cl_2$
	❼ $Ca + Cl_2 \longrightarrow CaCl_2$
	❽ $Ca + [2]HCl \longrightarrow CaCl_2 + H_2$
★	❾ $CaO + [2]HCl \longrightarrow CaCl_2 + H_2O$
	❿ $[2]Ca + O_2 \longrightarrow 2CaO$
★	⓫ $Ca + [2]H_2O \longrightarrow Ca(OH)_2 + H_2$
★	⓬ $CaO + [3]C \longrightarrow CaC_2 + CO$
★	⓭ $CaCO_3 + H_2O + CO_2 \rightleftarrows Ca(HCO_3)_2$

12 カルシウムの単体と化合物

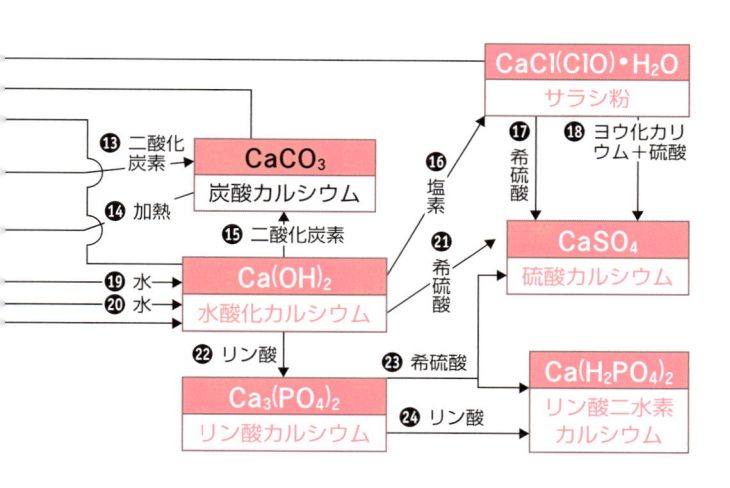

```
                              CaCl(ClO)・H₂O
                                 サラシ粉
         ⑬ 二酸化        ↑              ↓ ⑰    ⑱ ヨウ化カリ
            炭素    CaCO₃    ⑯          希       ウム+硫酸
                  炭酸カルシウム  塩         硫
         ⑭ 加熱              素         酸
                    ⑮ 二酸化炭素  ㉑              ↓
                                 希      CaSO₄
         ⑲ 水 →  Ca(OH)₂       硫    硫酸カルシウム
         ⑳ 水 →  水酸化カルシウム 酸
                    ↓ ㉒ リン酸    ㉓ 希硫酸
                                              Ca(H₂PO₄)₂
                  Ca₃(PO₄)₂                  リン酸二水素
                  リン酸カルシウム  ㉔ リン酸     カルシウム
```

★	⑭ $CaCO_3 \longrightarrow CaO + CO_2$
★	⑮ $Ca(OH)_2 + CO_2 \longrightarrow CaCO_3 + H_2O$
★	⑯ $Ca(OH)_2 + Cl_2 \longrightarrow CaCl(ClO) \cdot H_2O$
	⑰ $CaCl(ClO) \cdot H_2O + H_2SO_4$ $\longrightarrow CaSO_4 + Cl_2 + 2H_2O$
	⑱ $CaCl(ClO) \cdot H_2O + [2]KI + H_2SO_4$ $\longrightarrow CaSO_4 + I_2 + 2H_2O + 2KCl$
★	⑲ $CaO + H_2O \rightleftharpoons Ca(OH)_2$
★	⑳ $CaC_2 + [2]H_2O \longrightarrow Ca(OH)_2 + C_2H_2$
	㉑ $Ca(OH)_2 + H_2SO_4 \longrightarrow CaSO_4 + 2H_2O$
★	㉒ $[3]Ca(OH)_2 + [2]H_3PO_4 \longrightarrow Ca_3(PO_4)_2 + 6H_2O$
	㉓ $Ca_3(PO_4)_2 + [2]H_2SO_4 + [5]H_2O$ $\longrightarrow 2CaSO_4 \cdot 2H_2O + Ca(H_2PO_4)_2 \cdot H_2O$
★	㉔ $Ca_3(PO_4)_2 + [4]H_3PO_4 \longrightarrow 3Ca(H_2PO_4)_2$

反応のPOiNT!

Caは2価の陽イオンになりやすい元素。
$Ca(OH)_2$ は強塩基。

物質の性質

(1) カルシウム Ca
[銀白]色の[軟らか]い金属。単体は天然には存在しない。この単体や化合物の炎色は[橙赤]色。

(2) 水酸化カルシウム $Ca(OH)_2$
通常は[白]色の[粉状]の物質。固体には珍しく、温度が上昇すると溶解度が[減少]する。水溶液を[石灰水]という。

(3) 塩化カルシウム $CaCl_2$
[無]色の[結晶]。[吸湿]性が強く、
$$CaCl_2 + nH_2O \longrightarrow CaCl_2 \cdot nH_2O \quad (n=1, 2, 4, 6)$$
と反応するが、常温では $n=6$ のものが生じる。
NH_3 や C_2H_5OH とは、
$$CaCl_2 + 8NH_3 \longrightarrow CaCl_2 \cdot 8NH_3$$
$$CaCl_2 + 4C_2H_5OH \longrightarrow CaCl_2 \cdot 4C_2H_5OH$$
と反応するので、これらの乾燥には使用できない。

(4) 硫酸カルシウム $CaSO_4$
水には[難溶]な[白]色の[固]体だが、[硬水]中に存在する。硬水中に含まれる $CaSO_4$ や $Ca(HCO_3)_2$ を取り除くには、Na_2CO_3 や $Ca(OH)_2$ を加え、以下のように反応させる。
$$CaSO_4 + Na_2CO_3 \longrightarrow CaCO_3\downarrow + Na_2SO_4$$
$$Ca(HCO_3)_2 + Ca(OH)_2 \longrightarrow 2CaCO_3\downarrow + 2H_2O$$
二水和物 $CaSO_4 \cdot 2H_2O$ は[セッコウ(石膏)]と呼ばれ、加熱すると以下のように反応し、[白]色の[粉末]である[焼きセッコウ] $CaSO_4 \cdot \frac{1}{2}H_2O$ になる。
$$CaSO_4 \cdot 2H_2O \longrightarrow CaSO_4 \cdot \frac{1}{2}H_2O + \frac{3}{2}H_2O$$

反応の説明

❷の反応	二酸化炭素の実験室での製法。塩酸の代わりに硫酸を用いることはできない。硫酸を用いると，水に[難溶]な $CaSO_4$ が $CaCO_3$ の表面を覆ってしまい，反応が妨げられるためである。
❹の反応	アンモニアの実験室での製法。
⓬の反応	石炭から得られるコークスと，⓮によって石灰石から得られる生石灰 CaO から CaC_2 を得る操作。CaC_2 は[カーバイド]とも呼ばれ，⓴で水と反応させるとアセチレン C_2H_2 を生じる。
⓮の反応	工業的な二酸化炭素，酸化カルシウムの製法。
⓱の反応	ClO^-，Cl^- は，以下のように反応する。 $2ClO^- + 4H^+ + 2e^- \longrightarrow Cl_2 + 2H_2O$　…(a) $2Cl^- \longrightarrow Cl_2 + 2e^-$　…(b) 全反応式は $((a)+(b)) \times \frac{1}{2}$ を行い，両辺に Ca^{2+}，H_2O，SO_4^{2-} をそれぞれ1つずつ加えると得られる。
⓲の反応	ClO^-，I^- は，以下のように反応する。 $ClO^- + 2H^+ + 2e^- \longrightarrow Cl^- + H_2O$　…(c) $2I^- \longrightarrow I_2 + 2e^-$　…(d) 全反応式は(c)+(d)を行い，Ca^{2+}，Cl^-，H_2O，SO_4^{2-} をそれぞれ1つずつ，K^+ を2つ加えると得られる。
⓳の反応	$Ca(OH)_2$ は[消石灰]と呼ばれる。これは CaO（[生石灰]）に水を加えると，激しく[発熱]した後に生じることに由来する。
㉓，㉔の反応	㉓で生じる混合物は[過リン酸石灰]と呼ばれる重要なリン酸肥料だが，$CaSO_4$ は肥料として作用しない。㉔によるとすべて有効なリン酸肥料となる。これを[重過リン酸石灰]という。

13 アンモニアソーダ法

反応式

★	❶ $N_2 + [3]H_2 \rightleftharpoons 2NH_3$
★	❷ $NaCl + H_2O + NH_3 + CO_2 \longrightarrow NaHCO_3 + NH_4Cl$
★	❸ $CaCO_3 \longrightarrow CaO + CO_2$
★	❹ $[2]NH_4Cl + Ca(OH)_2 \longrightarrow CaCl_2 + 2NH_3 + 2H_2O$
★	❺ $[2]NaHCO_3 \longrightarrow Na_2CO_3 + H_2O + CO_2$
★	❻ $CaO + H_2O \longrightarrow Ca(OH)_2$

反応のPOiNT!

アンモニアソーダ法は，Na_2CO_3 の製法。

物質の性質

(1) 炭酸ナトリウム Na_2CO_3
　無水物は[白]色の[粉末]で，[吸湿]性が強い。十水和物は[風解]して[一水和物]になる（**4**　酸素とオゾンと水 (p.22) 参照）。水溶液は強い[塩基]性を示す。ガラス，水酸化ナトリウム，パルプなどの製造に広く用いられている。

(2) 塩化アンモニウム NH_4Cl
　[無]色の結晶で，水に[よく溶け]て，その水溶液は[酸]性を示す。窒素肥料，乾電池の合剤などに用いられる。

(3) 塩化カルシウム $CaCl_2$
　[無]色の結晶で，[潮解]性，[吸湿]性がともにあり，乾燥剤として有用だが，[NH_3]やアルコール類とは配位結合するため，それらの乾燥には使用できない。常温では水分子と $CaCl_2 \cdot 6H_2O$ という六水和物を生じる。

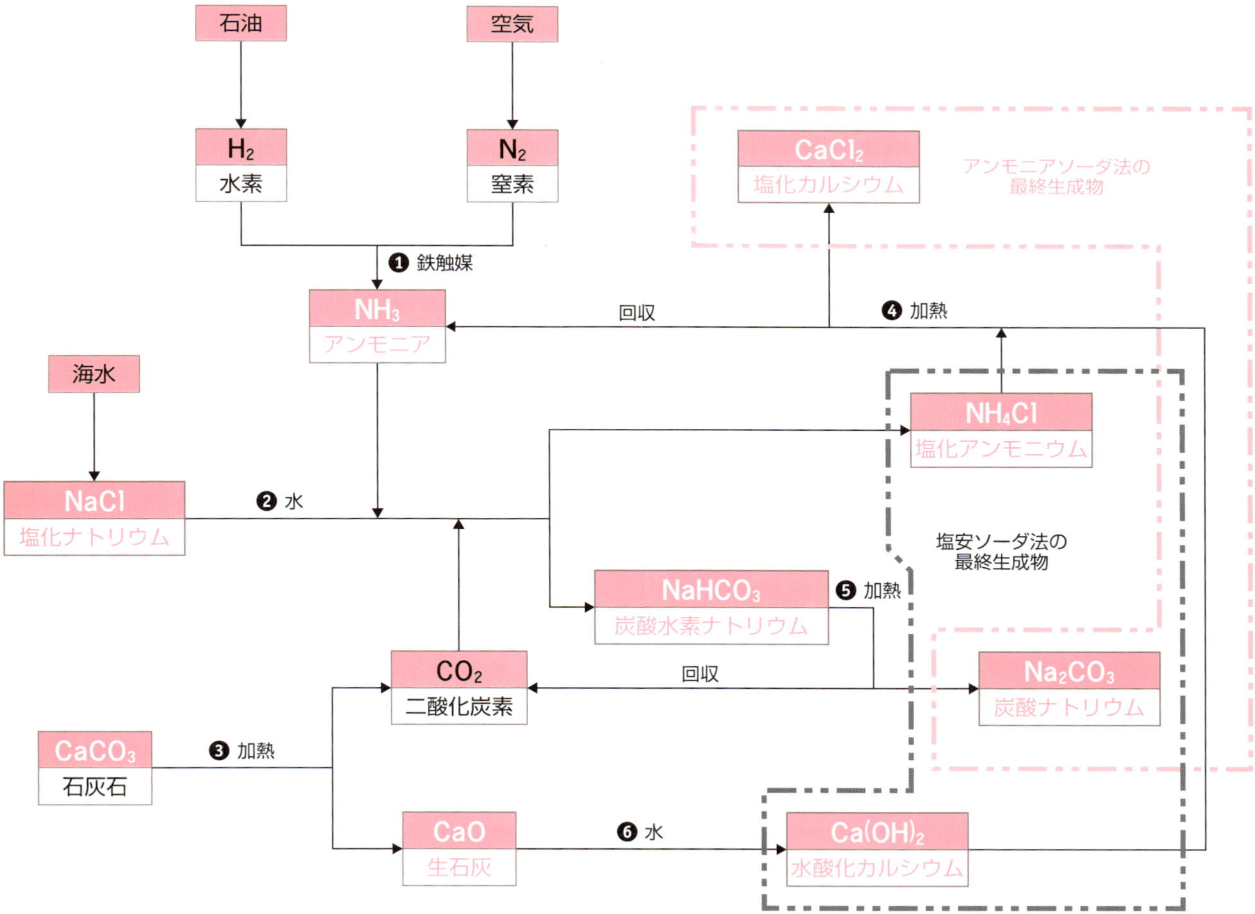

石油
空気
H2
水素
N2
窒素
❶ 鉄触媒
NH3
アンモニア
海水
NaCl
塩化ナトリウム
❷ 水
CaCl2
塩化カルシウム
アンモニアソーダ法の
最終生成物
回収
❹ 加熱
NH4Cl
塩化アンモニウム
塩安ソーダ法の
最終生成物
NaHCO3
炭酸水素ナトリウム
❺ 加熱
CO2
二酸化炭素
回収
Na2CO3
炭酸ナトリウム
CaCO3
石灰石
❸ 加熱
CaO
生石灰
❻ 水
Ca(OH)2
水酸化カルシウム

13 アンモニアソーダ法

反応の説明

❷の反応	CO_2 の溶解度を上昇させるために,まず飽和食塩水に NH_3 を溶解させる。 NH_3 と CO_2 は水溶液中で, $NH_3 + CO_2 + H_2O \longrightarrow NH_4HCO_3$ と反応し,濃度が濃くなると食塩と, $NH_4HCO_3 + NaCl \longrightarrow NaHCO_3 + NH_4Cl$ と反応する。$NaHCO_3$ の溶解度が小さいために生じる反応である。
❹の反応	係数を見てわかるように,❷で反応した NH_3 は,この反応で理論的にはすべて回収できる。
❺の反応	炭酸水素塩の熱分解反応。❷との係数の比較でわかるように,❷で使用した CO_2 を❺で回収できる割合は,理論的には 50% である。
全体として	アンモニアソーダ法(別名 [ソルベー法])の中心的な反応は,❷〜❻である。これらを足し合わせると,以下のようになる。 $2NaCl + CaCO_3 \longrightarrow Na_2CO_3 + CaCl_2$ しかし,これは起こらない。$CaCO_3$ の溶解度が [小さい] ため,[逆] 反応の方が起こりやすい。そこで,NH_3 を用いて CO_2 を多く溶かしこんで反応させている。 　この製法の生成物は Na_2CO_3 と $CaCl_2$ だが,$CaCl_2$ は [安価] で利益が少なく,しかも,[ハーバー法] により安く連続的な NH_3 の供給が可能になったので,❹を行わず,Na_2CO_3, NH_4Cl, $Ca(OH)_2$ を生成物とする [塩安ソーダ法] も行われる。この場合は当然 NH_3 を回収しない。

14 アルミニウムの精錬

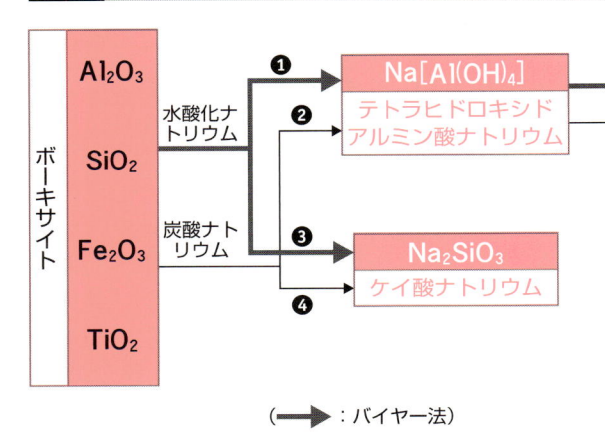

ボーキサイト: Al_2O_3, SiO_2, Fe_2O_3, TiO_2

水酸化ナトリウム
❶ → $Na[Al(OH)_4]$ テトラヒドロキシドアルミン酸ナトリウム
❷ →

炭酸ナトリウム
❸ → Na_2SiO_3 ケイ酸ナトリウム
❹ →

(⟶ : バイヤー法)

反応式

★ ❶ $Al_2O_3 + [2]NaOH + [3]H_2O \longrightarrow 2Na[Al(OH)_4]$

❷ $Al_2O_3 + Na_2CO_3 + [4]H_2O \longrightarrow 2Na[Al(OH)_4] + CO_2$

★ ❸ $SiO_2 + [2]NaOH \longrightarrow Na_2SiO_3 + H_2O$

❹ $SiO_2 + Na_2CO_3 \longrightarrow Na_2SiO_3 + CO_2$

★ ❺ $Na[Al(OH)_4] \longrightarrow NaOH + Al(OH)_3$

❻ $[2]Na[Al(OH)_4] + CO_2 \longrightarrow 2Al(OH)_3 + Na_2CO_3 + H_2O$

★ ❼ $[2]Al(OH)_3 \longrightarrow Al_2O_3 + 3H_2O$

★ ❽ $Al^{3+} + [3]e^- \longrightarrow Al$

★ ❾ $C + O^{2-} \longrightarrow CO + 2e^-$
または, $C + [2]O^{2-} \longrightarrow CO_2 + 4e^-$

★ ❿ $AlCl_3 + [3]K \longrightarrow Al + 3KCl$

14 アルミニウムの精錬

❺ 水酸化アルミニウム → **Al(OH)₃** 水酸化アルミニウム
❻ 二酸化炭素 →

AlCl₃ 塩化アルミニウム

❼ 加熱 ↓

Al₂O₃ アルミナ — 融解塩電解（下図参照）

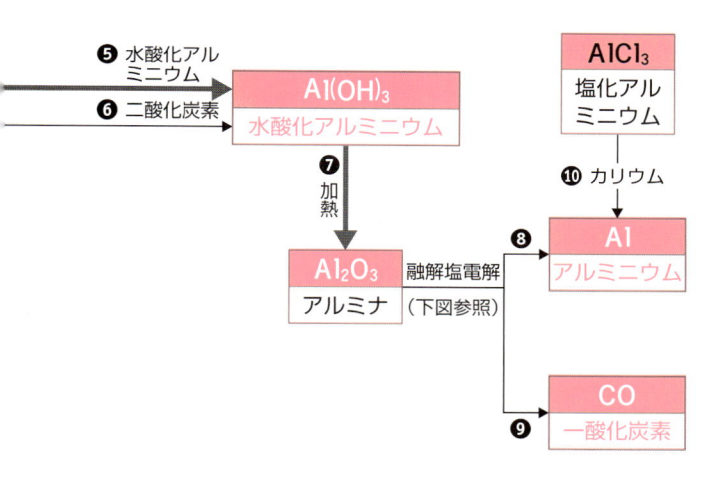

❿ カリウム ↓

❽ → **Al** アルミニウム

❾ → **CO** 一酸化炭素

アルミニウムの電解精錬（融解塩電解）

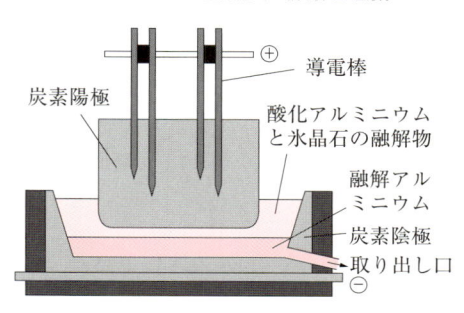

- 導電棒 ⊕
- 炭素陽極
- 酸化アルミニウムと氷晶石の融解物
- 融解アルミニウム
- 炭素陰極
- 取り出し口 ⊖

反応のPOiNT!

バイヤー法で純度の高い Al_2O_3 にする。
氷晶石の融解液に Al_2O_3 を加えて,融解塩電解。

物質の性質

(1) ボーキサイト
　酸化アルミニウムの水和物 $Al_2O_3 \cdot 2H_2O$ などに Fe_2O_3, SiO_2, TiO_2 などを含んだ組成を有するアルミニウムの鉱石。鉄の含有量が少ないと[白]色,多いと[赤]色になる。含水した結晶なので,精錬の初期の工程では,加熱して水和水を失わせて,粉状にする。

(2) 酸化アルミニウム Al_2O_3
　[アルミナ]とも呼ばれ,鉱物として産出するものを[コランダム](鋼玉)といい,硬度はダイヤモンドに次いで大きい(モース硬度9)。微量の[Cr^{3+}]を含んだコランダムは赤色で[ルビー](紅玉)といい,[Fe^{3+}],[Ti^{2+}]を含んで青色のものを[サファイア](青玉)というが,赤色以外のコランダムをすべて[サファイア]と呼ぶ場合もある。結晶性のものは,酸にも塩基にも反応しにくい。

(3) アルミニウム Al
　[銀白]色の[軽]金属。[延性]・[展性]に富み,[電気伝導性]も高い。酸化されやすいが,その酸化被膜は緻密なために[不動態]の状態となり,内部まで反応しにくい。[濃硝酸]にはこの状態になるために溶けない。[両性]元素なので,[酸]とも[塩基]とも反応して,[水素]を発生する。合金としても用いられ,Al-Cu-Mg 系合金は[ジュラルミン],[超ジュラルミン],Al-Zn-Cu-Mg 系合金は[超々ジュラルミン]として有名で,鋼材に匹敵する強度と軽量を活かして,鉄道車両,航空機などの構造材として利用されている。

反応の説明

❶, ❸の反応	ボーキサイト中の Fe_2O_3, TiO_2 は [塩基性] 酸化物なので, NaOH 水溶液には溶解しない。 また, SiO_2 は酸性酸化物なので, ❸の反応により一部が Na_2SiO_3 となって溶解するが, 大部分は $Na_2O \cdot Al_2O_3 \cdot SiO_2 \cdot 9H_2O$ のようなアルミノケイ酸塩となって, 沈殿する。 Fe_2O_3, TiO_2 が混合したこれらの沈殿物を [赤泥] という。これは, [Fe_2O_3] を多く含むので [赤] 色をしているためである。
❷, ❹, ❻の反応	バイヤー法が開発される前に, 水酸化アルミニウムを生成する反応として知られていた方法。
❺の反応	$Al(OH)_3$ を加えると, これを核にして $Al(OH)_3$ が析出する。
❽, ❾の反応	[ホール・エルー法] と呼ばれる電解精錬。 Al_2O_3 の融点は [高温] (2054℃) なので, [氷晶石 Na_3AlF_6] の融解液に Al_2O_3 を加えて, [凝固点降下] を起こし, 1000℃ 以下で融解させて電気分解を行い, 陰極に融解したアルミニウムを得る。陽極は黒鉛とし, ❾の反応によって消費していくため, 陽極は消費されたら, 連続的に投与できる構造をもつ電気炉である (p.69 の図を参照)。 氷晶石の成分の Na^+ は Al よりもイオン化傾向が大きいので, 電解精錬中変化しない。同じように F^- も安定で, 変化しない。
❿の反応	エルステットが, [カリウム] の [アマルガム] (Hg との合金) を用いて行った, アルミニウムの精錬法。その後, [K] の代わりに [Na] を用いた精錬法が工業化された。 $AlCl_3 + 3Na \longrightarrow Al + 3NaCl$ 現在は, バイヤー法→ホール・エルー法によって, アルミニウムは精錬されている。

15 アルミニウムの化合物

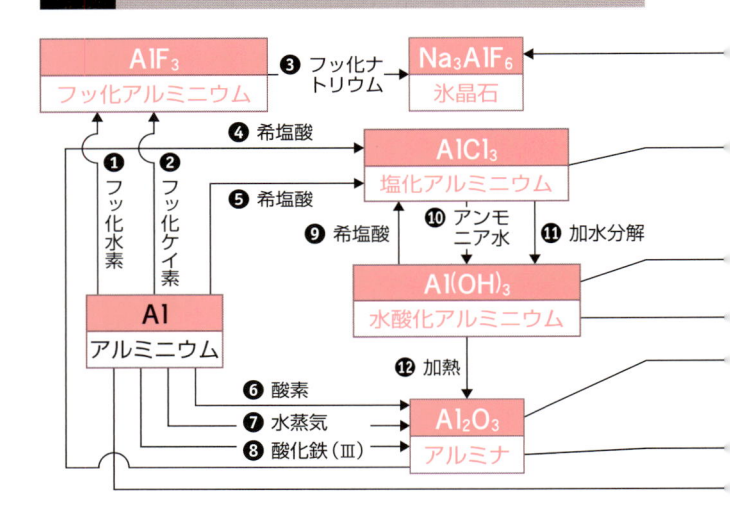

反応フロー図

- AlF₃（フッ化アルミニウム）
- ❸ フッ化ナトリウム → Na₃AlF₆（氷晶石）
- ❶ フッ化水素
- ❷ フッ化ケイ素
- ❹ 希塩酸 → AlCl₃（塩化アルミニウム）
- ❺ 希塩酸
- ❾ 希塩酸
- ❿ アンモニア水
- ⓫ 加水分解
- Al（アルミニウム）
- Al(OH)₃（水酸化アルミニウム）
- ❻ 酸素
- ❼ 水蒸気
- ❽ 酸化鉄（Ⅲ）
- ⓬ 加熱
- Al₂O₃（アルミナ）

反応式

	反応式	
	❶ [2]Al + [6]HF	⟶ 2AlF₃ + 3H₂
★	❷ [4]Al + [3]SiF₄	⟶ 4AlF₃ + 3Si
	❸ AlF₃ + [3]NaF	⟶ Na₃AlF₆
★	❹ Al₂O₃ + [6]HCl	⟶ 2AlCl₃ + 3H₂O
	❺ [2]Al + [6]HCl	⟶ 2AlCl₃ + 3H₂
★	❻ [4]Al + [3]O₂	⟶ 2Al₂O₃
★	❼ [2]Al + [3]H₂O	⟶ Al₂O₃ + 3H₂
★	❽ [2]Al + Fe₂O₃	⟶ Al₂O₃ + 2Fe
	❾ Al(OH)₃ + [3]HCl	⟶ AlCl₃ + 3H₂O
	❿ AlCl₃ + [3]NH₃ + [3]H₂O	⟶ Al(OH)₃ + 3NH₄Cl
	⓫ AlCl₃ + [3]H₂O	⟶ Al(OH)₃ + 3HCl
★	⓬ [2]Al(OH)₃	⟶ Al₂O₃ + 3H₂O

15 アルミニウムの化合物

- ⑬ フッ化水素
- ⑭ 水酸化ナトリウム
- ⑮ 水酸化ナトリウム
- ⑯ 水酸化ナトリウム
- ⑰ 希硫酸
- ⑱ 希硫酸
- ⑲ 希硫酸
- ⑳ 水酸化ナトリウム
- ㉑ 硫酸カリウム

Na[Al(OH)$_4$] テトラヒドロキシドアルミン酸ナトリウム

AlK(SO$_4$)$_2$·12H$_2$O ミョウバン

Al$_2$(SO$_4$)$_3$ 硫酸アルミニウム

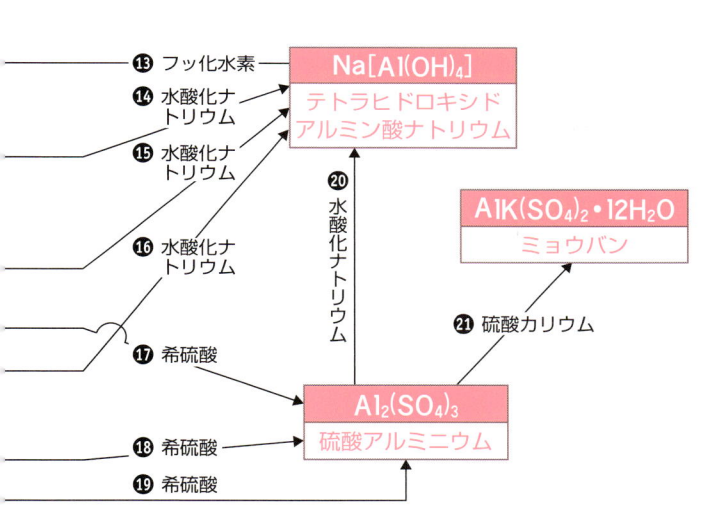

★ ⑬ $[3]$Na[Al(OH)$_4$] + $[12]$HF $\longrightarrow$ Na$_3$AlF$_6$ + 2 AlF$_3$ + 12 H$_2$O

★ ⑭ AlCl$_3$ + NaOH + $[3]$H$_2$O $\longrightarrow$ Na[Al(OH)$_4$] + 3 HCl

★ ⑮ Al(OH)$_3$ + NaOH $\longrightarrow$ Na[Al(OH)$_4$]

★ ⑯ Al$_2$O$_3$ + $[2]$NaOH + $[3]$H$_2$O $\longrightarrow$ 2 Na[Al(OH)$_4$]

⑰ $[2]$Al(OH)$_3$ + $[3]$H$_2$SO$_4$ $\longrightarrow$ Al$_2$(SO$_4$)$_3$ + 6 H$_2$O

⑱ Al$_2$O$_3$ + $[3]$H$_2$SO$_4$ $\longrightarrow$ Al$_2$(SO$_4$)$_3$ + 3 H$_2$O

★ ⑲ $[2]$Al + $[3]$H$_2$SO$_4$ $\longrightarrow$ Al$_2$(SO$_4$)$_3$ + 3 H$_2$

★ ⑳ Al$_2$(SO$_4$)$_3$ + $[2]$NaOH + $[6]$H$_2$O $\longrightarrow$ 2 Na[Al(OH)$_4$] + 3 H$_2$SO$_4$

㉑ Al$_2$(SO$_4$)$_3$ + K$_2$SO$_4$ + $[24]$H$_2$O $\longrightarrow$ 2 AlK(SO$_4$)$_2$·12H$_2$O

反応のPOiNT!

Alは両性金属なので、酸とも塩基とも反応。
3価の陽イオンになる傾向がある。

物質の性質

(1) ミョウバン $AlK(SO_4)_2 \cdot 12H_2O$

正式には[硫酸カリウムアルミニウム十二水和物]または[カリウムアルミニウムミョウバン]というが、俗称では[カリミョウバン]、単にミョウバンという場合もある。代表的な[複塩](複数の塩から作られ、水に溶けたとき元の塩と同じイオンを生じる化合物)で、$M^IM^{III}(SO_4)_2$ の組成をもつものはすべてミョウバンと呼ぶ。以下に代表的なミョウバンを示す。

俗称	M^I	M^{III}	組成式
カリミョウバン	K^+	Al^{3+}	$AlK(SO_4)_2 \cdot 12H_2O$
ナトリウムミョウバン	Na^+	Al^{3+}	$AlNa(SO_4)_2 \cdot 12H_2O$
アンモニウムミョウバン	NH_4^+	Al^{3+}	$AlNH_4(SO_4)_2 \cdot 12H_2O$
鉄ミョウバン	NH_4^+	Fe^{3+}	$FeNH_4(SO_4)_2 \cdot 12H_2O$
クロムミョウバン	K^+	Cr^{3+}	$CrK(SO_4)_2 \cdot 12H_2O$

なお、組成式では、陽イオンはアルファベット順に表記することになっている。

[正八面体]の[無]色透明の結晶。63℃まで加熱すると結晶水に溶解し、さらに加熱していくと200℃では無水物となる。無水物は[白]色の[粉末]で、[焼きミョウバン]という。

(2) アルミニウムの化合物

Alは両性金属なので、Al_2O_3 は[両性]酸化物、$Al(OH)_3$ は[両性]水酸化物。だから、これらは酸とも塩基とも反応する。

15 アルミニウムの化合物

反応の説明

❶, ❷, ❸, ⓭の反応	氷晶石を人工的に生産する反応。さまざまな反応が考案されている。以下のような反応も用いられることがある。 (a) $Al(OH)_3 + 3HF \longrightarrow AlF_3 + 3H_2O$ $2AlF_3 + 6HF + 3Na_2CO_3$ $\longrightarrow 2Na_3AlF_6 + 3H_2O + 3CO_2$ (b) $Na[Al(OH)_4] + 6NaF$ $\longrightarrow Na_3AlF_6 + 4NaOH$
❼の反応	イオン化傾向が Al〜Sn までの間に入る亜鉛,鉄などは,高温の水蒸気と反応して水素を発生するときに,[酸化物]となる。イオン化傾向がAl よりも大きい金属は[水酸化物]となるので,注意。 $Zn + H_2O \longrightarrow ZnO + H_2$ $2Na + 2H_2O \longrightarrow 2NaOH + H_2$
❽の反応	酸化鉄(Ⅲ)と Al の混合物を[テルミット]と呼ぶため,この反応によって鉄を還元する方法を[テルミット法]と呼ぶ。この反応が生じるのはAl が酸化されやすい(還元力が[強]い)ためである。鉄以外の金属を同じように還元することは,[ゴールドシュミット法]と呼び,クロムなどの例が有名である。 $2Al + Cr_2O_3 \longrightarrow Al_2O_3 + 2Cr$
⓫の反応	この反応によって,$AlCl_3$ は[酸]性を示す。また,直接加水分解するだけでなく,$(NH_4)_2S$ と反応して生じる Al_2S_3 が加水分解する例もある。 $2AlCl_3 + 3(NH_4)_2S \longrightarrow Al_2S_3\downarrow + 6NH_4Cl$ $Al_2S_3 + 3H_2O \longrightarrow Al_2O_3 + 3H_2S$
⓱の反応	ここで生じる $Al_2(SO_4)_3$ は,水溶液中でこの反応の逆反応で[加水分解]して[酸]性を示す。

16 亜鉛・水銀の単体と化合物

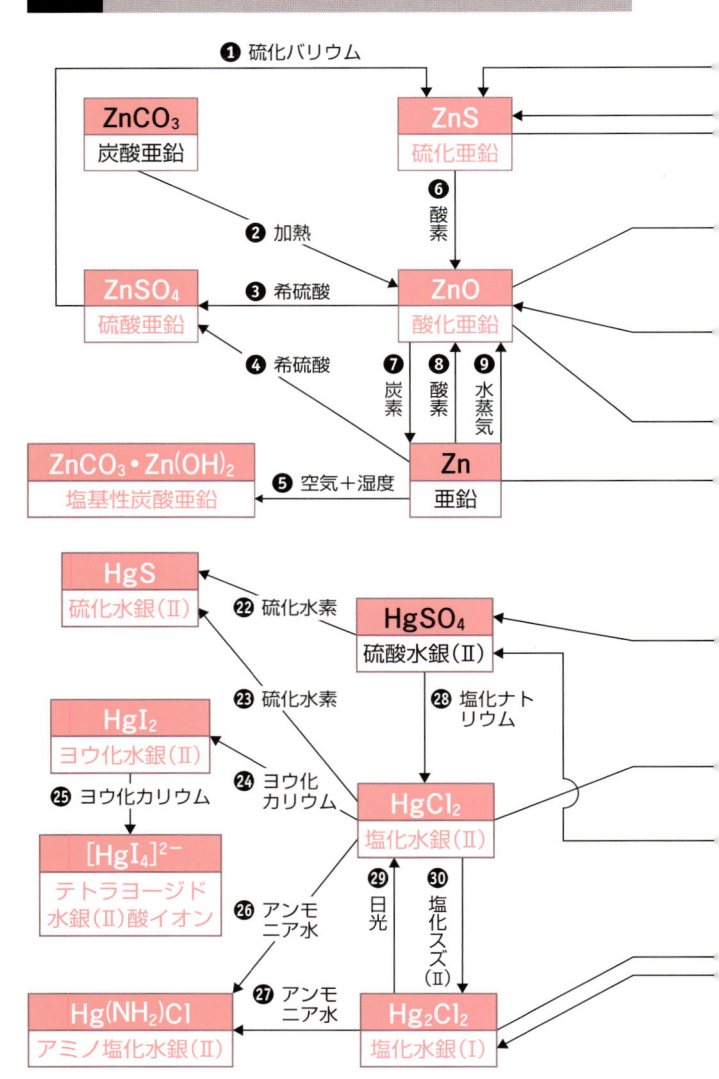

❶ 硫化バリウム

ZnCO₃ 炭酸亜鉛

ZnS 硫化亜鉛

❻ 酸素

❷ 加熱

ZnSO₄ 硫酸亜鉛 ← ❸ 希硫酸 ─ **ZnO** 酸化亜鉛

❹ 希硫酸

❼ 炭素　❽ 酸素　❾ 水蒸気

ZnCO₃・Zn(OH)₂ 塩基性炭酸亜鉛 ← ❺ 空気＋湿度 ─ **Zn** 亜鉛

HgS 硫化水銀(Ⅱ) ← ㉒ 硫化水素 ─ **HgSO₄** 硫酸水銀(Ⅱ)

㉓ 硫化水素

㉘ 塩化ナトリウム

HgI₂ ヨウ化水銀(Ⅱ) ← ㉔ ヨウ化カリウム ─ **HgCl₂** 塩化水銀(Ⅱ)

㉕ ヨウ化カリウム

[HgI₄]²⁻ テトラヨージド水銀(Ⅱ)酸イオン

㉖ アンモニア水

㉙ 日光　㉚ 塩化スズ(Ⅱ)

Hg(NH₂)Cl アミノ塩化水銀(Ⅱ) ← ㉗ アンモニア水 ─ **Hg₂Cl₂** 塩化水銀(Ⅰ)

16 亜鉛・水銀の単体と化合物

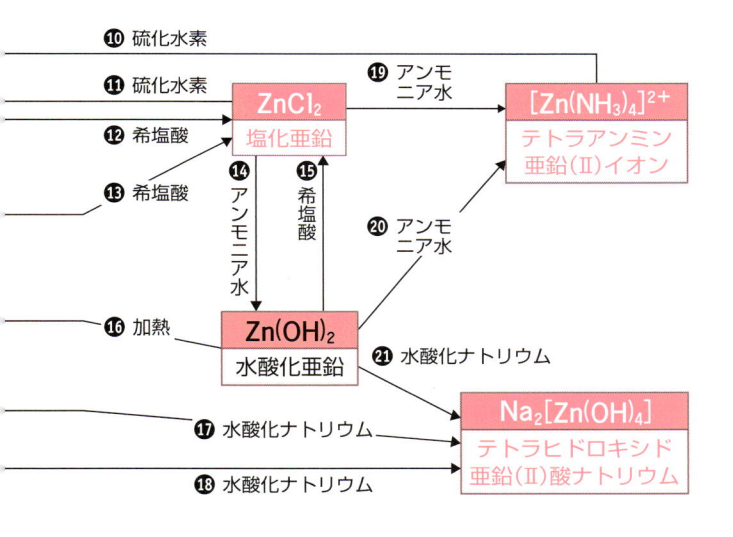

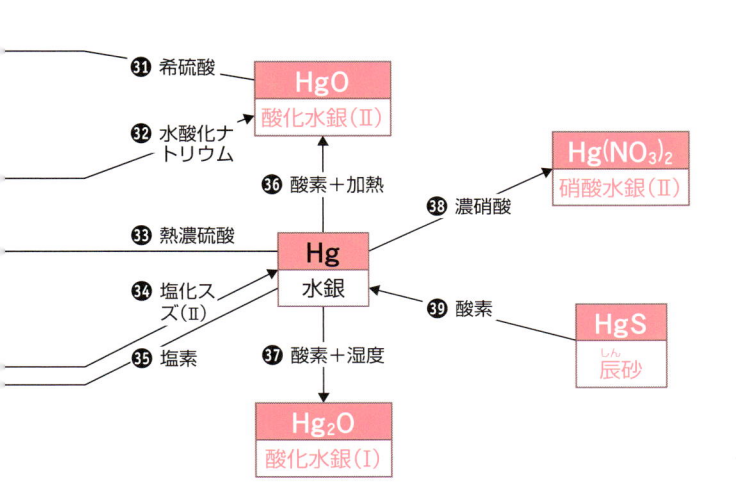

❿ 硫化水素
⓫ 硫化水素
⓬ 希塩酸
⓭ 希塩酸

ZnCl₂
塩化亜鉛

⓮ アンモニア水
⓯ 希塩酸

⓰ 加熱

Zn(OH)₂
水酸化亜鉛

⓳ アンモニア水
⓴ アンモニア水

[Zn(NH₃)₄]²⁺
テトラアンミン亜鉛(Ⅱ)イオン

㉑ 水酸化ナトリウム
⓱ 水酸化ナトリウム
⓲ 水酸化ナトリウム

Na₂[Zn(OH)₄]
テトラヒドロキシド亜鉛(Ⅱ)酸ナトリウム

㉛ 希硫酸
㉜ 水酸化ナトリウム

HgO
酸化水銀(Ⅱ)

㉝ 熱濃硫酸
㉞ 塩化スズ(Ⅱ)
㉟ 塩素

Hg
水銀

㊱ 酸素+加熱
㊲ 酸素+湿度
㊳ 濃硝酸
㊴ 酸素

Hg(NO₃)₂
硝酸水銀(Ⅱ)

HgS
辰砂(しんしゃ)

Hg₂O
酸化水銀(Ⅰ)

反応式

① $ZnSO_4 + BaS \longrightarrow ZnS + BaSO_4$

② $ZnCO_3 \longrightarrow ZnO + CO_2$

③ $ZnO + H_2SO_4 \longrightarrow ZnSO_4 + H_2O$

④ $Zn + H_2SO_4 \longrightarrow ZnSO_4 + H_2$

⑤ $[6]Zn + [2]H_2O + [2]CO_2 + [3]O_2 \longrightarrow 2ZnO + 2ZnCO_3 \cdot Zn(OH)_2$

⑥ $[2]ZnS + [3]O_2 \longrightarrow 2ZnO + 2SO_2$

⑦ $ZnO + C \longrightarrow Zn + CO$

⑧ $[2]Zn + O_2 \longrightarrow 2ZnO$

⑨ $Zn + H_2O \longrightarrow ZnO + H_2$

⑩ $[Zn(NH_3)_4]^{2+} + H_2S \longrightarrow ZnS + 2NH_4^+ + 2NH_3$

⑪ $ZnCl_2 + H_2S \longrightarrow ZnS + 2HCl$

⑫ $ZnS + [2]HCl \longrightarrow ZnCl_2 + H_2S$

⑬ $ZnO + [2]HCl \longrightarrow ZnCl_2 + H_2O$

⑭ $ZnCl_2 + [2]NH_3 + [2]H_2O \longrightarrow Zn(OH)_2 + 2NH_4Cl$

⑮ $Zn(OH)_2 + [2]HCl \longrightarrow ZnCl_2 + 2H_2O$

⑯ $Zn(OH)_2 \longrightarrow ZnO + H_2O$

⑰ $ZnO + [2]NaOH + H_2O \longrightarrow Na_2[Zn(OH)_4]$

⑱ $Zn + [2]NaOH + [2]H_2O \longrightarrow Na_2[Zn(OH)_4] + H_2$

⑲ $ZnCl_2 + [4]NH_3 \longrightarrow [Zn(NH_3)_4]^{2+} + 2Cl^-$

⑳ $Zn(OH)_2 + [4]NH_3 \longrightarrow [Zn(NH_3)_4]^{2+} + 2OH^-$

㉑ $Zn(OH)_2 + [2]NaOH \longrightarrow Na_2[Zn(OH)_4]$

㉒ $HgSO_4 + H_2S \longrightarrow HgS + H_2SO_4$

㉓ $HgCl_2 + H_2S \longrightarrow HgS + 2HCl$

㉔ $HgCl_2 + [2]KI \longrightarrow HgI_2\downarrow + 2KCl$

㉕ $HgI_2 + [2]KI \longrightarrow [HgI_4]^{2-} + 2K^+$

㉖ $HgCl_2 + [2]NH_3 \longrightarrow Hg(NH_2)Cl + NH_4Cl$

16 亜鉛・水銀の単体と化合物

❷⑦ $Hg_2Cl_2 + [2]NH_3 \longrightarrow Hg(NH_2)Cl + Hg + NH_4Cl$

❷⑧ $HgSO_4 + [2]NaCl \longrightarrow HgCl_2\downarrow + Na_2SO_4$

❷⑨ $Hg_2Cl_2 \longrightarrow HgCl_2 + Hg$

❸⓪ $[2]HgCl_2 + SnCl_2 \longrightarrow Hg_2Cl_2 + SnCl_4$

❸① $HgO + H_2SO_4 \longrightarrow HgSO_4 + H_2O$

❸② $HgCl_2 + [2]NaOH \longrightarrow HgO + 2NaCl + H_2O$

❸③ $Hg + [2]H_2SO_4 \longrightarrow HgSO_4 + SO_2 + 2H_2O$

❸④ $Hg_2Cl_2 + SnCl_2 \longrightarrow 2Hg + SnCl_4$

❸⑤ $[2]Hg + Cl_2 \longrightarrow Hg_2Cl_2$

❸⑥ $[2]Hg + O_2 \longrightarrow 2HgO$

❸⑦ $[4]Hg + O_2 \longrightarrow 2Hg_2O$

❸⑧ $Hg + [4]HNO_3 \longrightarrow Hg(NO_3)_2 + 2NO_2 + 2H_2O$

❸⑨ $HgS + O_2 \longrightarrow Hg\uparrow + SO_2\uparrow$

反応のPOiNT!

Znは両性金属なので,酸とも塩基とも反応。
Hgには酸化数が+1と+2の化合物が存在する。

物質の性質

(1) 亜鉛 Zn

[青白]色の[両性]金属。主要鉱物は硫化物 ZnS である[閃亜鉛鉱]と炭酸塩 $ZnCO_3$ である[菱亜鉛鉱]。鋼板の表面に亜鉛を塗布したものを[トタン]といい,銅との合金を[黄銅(真鍮)]という。イオン化傾向が大きいことを利用して,電池の[負]極などにも利用される。

(2) 水銀 Hg

[銀白]色の常温で[液]体である唯一の金属。主要鉱物は硫化物 HgS である[辰砂]([赤]色)。その蒸気は[有毒]なので,[水中]に保存する。Cr, Mn, Fe, Co, Ni, Pt 以外の金属とは合金([アマルガム])を生じる。

(3) 塩化水銀(Ⅱ) $HgCl_2$
[無]色の結晶で[昇華]性があり,冷水には溶けにくいが[温水]には溶ける。[毒]性があるので,殺菌剤として利用される。

(4) 塩化水銀(Ⅰ) Hg_2Cl_2
[白]色の[粉末]で,水に溶けにくい。Cl-Hg-Hg-Clという分子結晶である。

反応の説明

❶の反応	ZnS も $BaSO_4$ も[白]色の安定した物質なので,この反応を利用して,[白]色顔料を製造する。
❸, ⓭, ⓱の反応	ZnO は[両性]酸化物なので,酸とも塩基とも反応する。
❹の反応	水素の実験室での製法。Zn が水素よりもイオン化傾向が[大きい]ために生じる反応。塩酸を用いると,以下のように反応する。 $Zn + 2HCl \longrightarrow ZnCl_2 + H_2$ この場合,塩酸は[揮発]性の酸なので,水素以外に[塩化水素]も生じてしまう。
❺の反応	亜鉛が空気中でさびるときに起こる反応。
❾の反応	[高温]状態で反応して[酸化物]となる。
❿, ⓫, ⓬, ⓳の反応	[塩基]性状態で,Zn^{2+} を含む水溶液に H_2S を作用させると ZnS の[白]色沈殿が生じる。 ⓳+❿から以下の反応式が得られ, $ZnCl_2 + 2NH_3 + H_2S \longrightarrow ZnS + 2NH_4Cl$ 両辺から NH_3 を2つ消去したものが⓫の反応で,実際にはこの逆反応の⓬を起こしやすい。
⓯, ㉑の反応	$Zn(OH)_2$ は[両性]水酸化物なので,酸とも塩基とも反応する。
㉒, ㉓の反応	Hg^{2+} を含む水溶液に H_2S を通じると HgS の[黒]色沈殿が生じる。

㉔, ㉕の反応	HgI_2 は [赤] 色の粉末。$[HgI_4]^{2-}$ は塩基性水溶液([ネスラー試薬])とし、NH_3 と次のように反応し、[黄褐] 色の沈殿が生じる。 $2[HgI_4]^{2-} + 4OH^- + NH_4^+$ $\longrightarrow NH_2gI \cdot H_2O + 3H_2O + 7I^-$
㉖, ㉗の反応	$Hg(NH_2)Cl$ は [白] 色の沈殿となるが、㉗の場合は同時に Hg が生じるので、[黒] 色となる。
㉙, ㉟の反応	㉟→㉙と行って、$HgCl_2$ を得ている。$HgCl_2$ に [昇華] 性があることに注意。
㉙の反応	Hg_2Cl_2 はこの反応で [灰] 色に変化するので、褐色びんに保存する。
㉚, ㉞の反応	$SnCl_2$ の [還元] 作用のために生じる反応。 $Sn^{2+} \longrightarrow Sn^{4+} + 2e^-$ …(a) $2Hg^{2+} + 2e^- \longrightarrow Hg_2^{2+}$ …(b) $Hg_2^{2+} + 2e^- \longrightarrow 2Hg$ …(c) と反応する。(a)+(b)を行い、両辺に Cl^- を6つ加えると㉚に、(a)+(c)を行い、両辺に Cl^- を4つ加えると㉞になる。
㉜の反応	ここでは HgO の [黄] 色沈殿が生じ、$HgCl_2$ と HgO から、[褐] 色の $(HgCl_2)_4 \cdot HgO$ となる。
㉟の反応	Cl_2 が [酸化] 剤、Hg が [還元] 剤として作用する。 $Cl_2 + 2e^- \longrightarrow 2Cl^-$ …(d) $2Hg \longrightarrow Hg_2^{2+} + 2e^-$ …(e) 全反応式は(d)+(e)で求められる。 $^+Hg\text{-}Hg^+$ という状態なので、Hg^+ ではなく、Hg_2^{2+} と書くことに注意。
㊱, ㊲の反応	Hg は [湿度] が高い気体中では徐々に㊲が進行し [酸化] される。空気中で [加熱] すると、300〜400℃ の範囲では㊱によって HgO が生じる。
㊳の反応	希硝酸を用いると、次のようになる。 $3Hg + 8HNO_3 \longrightarrow 3Hg(NO_3)_2 + 2NO + 4H_2O$

17 スズ・鉛の単体と化合物

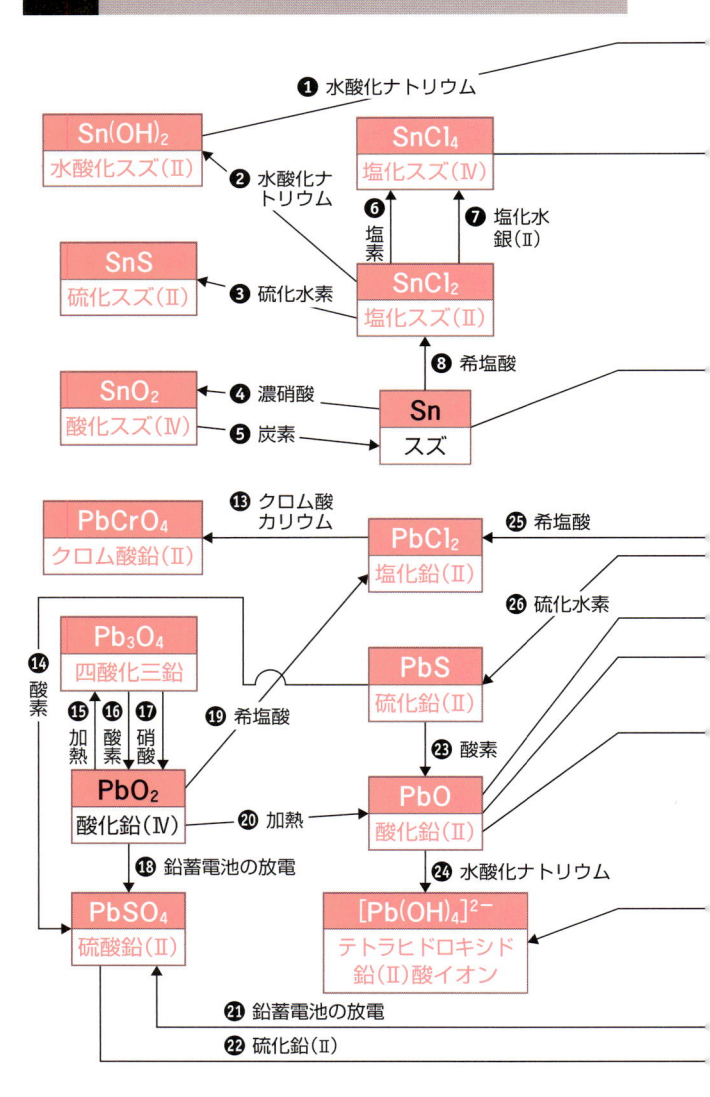

Sn(OH)₂ 水酸化スズ(Ⅱ)

SnCl₄ 塩化スズ(Ⅳ)

SnS 硫化スズ(Ⅱ)

SnCl₂ 塩化スズ(Ⅱ)

SnO₂ 酸化スズ(Ⅳ)

Sn スズ

❶ 水酸化ナトリウム
❷ 水酸化ナトリウム
❸ 硫化水素
❹ 濃硝酸
❺ 炭素
❻ 塩素
❼ 塩化水銀(Ⅱ)
❽ 希塩酸

PbCrO₄ クロム酸鉛(Ⅱ)

Pb₃O₄ 四酸化三鉛

PbO₂ 酸化鉛(Ⅳ)

PbSO₄ 硫酸鉛(Ⅱ)

PbCl₂ 塩化鉛(Ⅱ)

PbS 硫化鉛(Ⅱ)

PbO 酸化鉛(Ⅱ)

[Pb(OH)₄]²⁻ テトラヒドロキシド鉛(Ⅱ)酸イオン

❸ クロム酸カリウム
⓮ 酸素
⓯ 加熱
⓰ 酸素
⓱ 硝酸
⓲ 鉛蓄電池の放電
⓳ 希塩酸
⓴ 加熱
㉑ 鉛蓄電池の放電
㉒ 硫化鉛(Ⅱ)
㉓ 酸素
㉔ 水酸化ナトリウム
㉕ 希塩酸
㉖ 硫化水素

17 スズ・鉛の単体と化合物

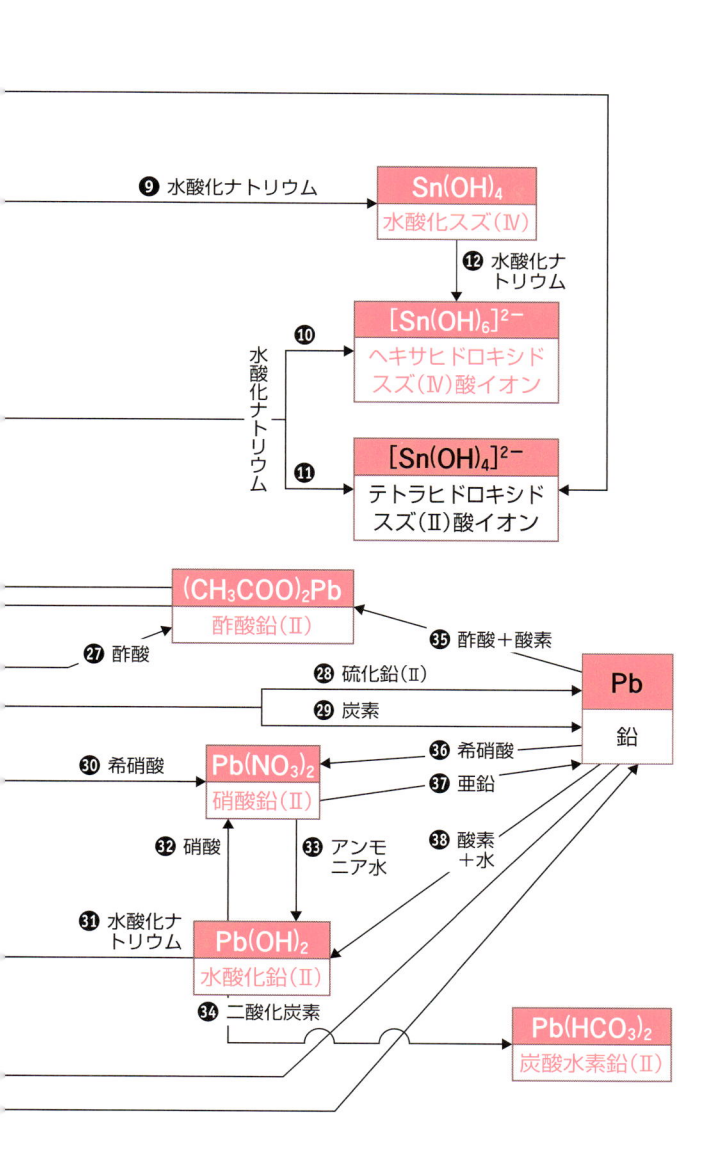

❾ 水酸化ナトリウム → **Sn(OH)₄** 水酸化スズ(Ⅳ)

⓬ 水酸化ナトリウム

❿ 水酸化ナトリウム → **[Sn(OH)₆]²⁻** ヘキサヒドロキシドスズ(Ⅳ)酸イオン

⓫ 水酸化ナトリウム → **[Sn(OH)₄]²⁻** テトラヒドロキシドスズ(Ⅱ)酸イオン

(CH₃COO)₂Pb 酢酸鉛(Ⅱ)

㉗ 酢酸　　㉟ 酢酸＋酸素

㉘ 硫化鉛(Ⅱ)
㉙ 炭素
→ **Pb** 鉛

㉚ 希硝酸 → **Pb(NO₃)₂** 硝酸鉛(Ⅱ) ← ㊱ 希硝酸
㊲ 亜鉛

㉜ 硝酸　㉝ アンモニア水　㊳ 酸素＋水

㉛ 水酸化ナトリウム → **Pb(OH)₂** 水酸化鉛(Ⅱ)

㉞ 二酸化炭素 → **Pb(HCO₃)₂** 炭酸水素鉛(Ⅱ)

反応式

★	❶ $Sn(OH)_2 + [2]NaOH$	$\longrightarrow Na_2[Sn(OH)_4]$
★	❷ $SnCl_2 + [2]NaOH$	$\longrightarrow Sn(OH)_2 + 2NaCl$
	❸ $SnCl_2 + H_2S$	$\longrightarrow SnS + 2HCl$
★	❹ $Sn + [4]HNO_3$	$\longrightarrow SnO_2 + 2H_2O + 4NO_2$
	❺ $SnO_2 + [2]C$	$\longrightarrow Sn + 2CO$
★	❻ $SnCl_2 + Cl_2$	$\longrightarrow SnCl_4$
★	❼ $SnCl_2 + [2]HgCl_2$	$\longrightarrow Hg_2Cl_2 + SnCl_4$
★	❽ $Sn + [2]HCl$	$\longrightarrow SnCl_2 + H_2$
★	❾ $SnCl_4 + [4]NaOH$	$\longrightarrow Sn(OH)_4 + 4NaCl$
	❿ $Sn + [2]NaOH + [4]H_2O$ $\longrightarrow Na_2[Sn(OH)_6] + 2H_2$	
	⓫ $Sn + [2]NaOH + [2]H_2O \longrightarrow Na_2[Sn(OH)_4] + H_2$	
	⓬ $Sn(OH)_4 + [2]NaOH$	$\longrightarrow Na_2[Sn(OH)_6]$
★	⓭ $PbCl_2 + K_2CrO_4$	$\longrightarrow PbCrO_4 + 2KCl$
	⓮ $PbS + [2]O_2$	$\longrightarrow PbSO_4$
	⓯ $[3]PbO_2$	$\longrightarrow Pb_3O_4 + O_2$
	⓰ $Pb_3O_4 + O_2$	$\longrightarrow 3PbO_2$
	⓱ $Pb_3O_4 + [4]HNO_3$ $\longrightarrow 2Pb(NO_3)_2 + PbO_2\downarrow + 2H_2O$	
★	⓲ $PbO_2 + 4H^+ + SO_4^{2-} + 2e^-$ $\longrightarrow PbSO_4 + 2H_2O$	
★	⓳ $PbO_2 + [4]HCl$	$\longrightarrow PbCl_2 + Cl_2 + 2H_2O$
★	⓴ $[2]PbO_2$	$\longrightarrow 2PbO + O_2$
★	㉑ $Pb + SO_4^{2-}$	$\longrightarrow PbSO_4 + 2e^-$
	㉒ $PbSO_4 + PbS$	$\longrightarrow 2Pb + 2SO_2$
	㉓ $[2]PbS + [3]O_2$	$\longrightarrow 2PbO + 2SO_2$
	㉔ $PbO + [2]NaOH + H_2O$	$\longrightarrow Na_2[Pb(OH)_4]$

㉕ $(CH_3COO)_2Pb + [2]HCl \longrightarrow PbCl_2 + 2CH_3COOH$

㉖ $(CH_3COO)_2Pb + H_2S \longrightarrow PbS + 2CH_3COOH$

★ ㉗ $PbO + [2]CH_3COOH \longrightarrow (CH_3COO)_2Pb + H_2O$

★ ㉘ $[2]PbO + PbS \longrightarrow 3Pb + SO_2$

★ ㉙ $PbO + C \longrightarrow Pb + CO$

★ ㉚ $PbO + [2]HNO_3 \longrightarrow Pb(NO_3)_2 + H_2O$

★ ㉛ $Pb(OH)_2 + [2]NaOH \longrightarrow Na_2[Pb(OH)_4]$

★ ㉜ $Pb(OH)_2 + [2]HNO_3 \longrightarrow Pb(NO_3)_2 + 2H_2O$

㉝ $Pb(NO_3)_2 + [2]NH_3 + [2]H_2O \longrightarrow Pb(OH)_2 + 2NH_4NO_3$

㉞ $Pb(OH)_2 + [2]CO_2 \longrightarrow Pb(HCO_3)_2$

㉟ $[2]Pb + O_2 + [4]CH_3COOH \longrightarrow 2(CH_3COO)_2Pb + 2H_2O$

★ ㊱ $[3]Pb + [8]HNO_3 \longrightarrow 3Pb(NO_3)_2 + 4H_2O + 2NO$

★ ㊲ $Pb(NO_3)_2 + Zn \longrightarrow Zn(NO_3)_2 + Pb$

★ ㊳ $[2]Pb + O_2 + [2]H_2O \longrightarrow 2Pb(OH)_2$

反応のPOiNT!

Sn, Pbはともに両性金属なので，酸・塩基と反応。ともに酸化数が +2 と +4 の化合物が存在する。

物質の性質

(1) スズ Sn

常温では [銀白] 色の金属(β-スズ)。低温になると [灰] 色(α-スズ)になる。鋼板の表面にスズを塗布したものを [ブリキ] といい，銅との合金は [青銅(ブロンズ)] という。原鉱石は [スズ石] SnO_2 である。

(2) 鉛 Pb

[灰]色の[軟らか]い金属。Sn と同じく低融点なので，Sn との合金は[はんだ]として電気回路の接続に用いられる。放射線を吸収することでも知られている。湿度が高い空気中では CO_2 の影響も受けてさび，塩基性炭酸鉛(Ⅱ) $(PbCO_3)_2 \cdot Pb(OH)_2$ を生じる。

$$6Pb + 2H_2O + 3O_2 + 4CO_2 \longrightarrow 2(PbCO_3)_2 \cdot Pb(OH)_2$$

(3) 塩化スズ(Ⅱ) $SnCl_2$

[無]色の結晶だが，以下のように加水分解して，

$$SnCl_2 + 2H_2O \longrightarrow Sn(OH)_2 + 2HCl$$

[白]色の沈殿($Sn(OH)Cl$ が生じるという説もある)となる。塩酸酸性では強力な[還元]剤で，作用後 $SnCl_4$ となる。

$$SnCl_2 + 2Cl^- \longrightarrow SnCl_4 + 2e^-$$

スズと塩素を反応させると，塩化スズ(Ⅳ)が生じる。

$$Sn + 2Cl_2 \longrightarrow SnCl_4$$

これも塩化スズ(Ⅱ)が還元剤であることから理解できる。

(4) 鉛の酸化物 PbO，Pb_3O_4，PbO_2

酸化鉛(Ⅱ) PbO は[黄]色の[粉]末で，Pb を高温にすると

$$2Pb + O_2 \longrightarrow 2PbO$$

と反応して生じる。さらに空気中で加熱すると，

$$6PbO + O_2 \longrightarrow 2Pb_3O_4$$

と反応して，四酸化三鉛 Pb_3O_4 を生じる。Pb_3O_4 は[赤]色の粉末で，[鉛丹・光明丹]とも呼ばれ，PbO と PbO_2 が物質量比 2:1 で混合した[複酸化物]である。

PbO_2 は[暗褐]色の粉末で[酸性]酸化物として作用し，水酸化ナトリウム水溶液には，以下のように反応して溶ける。

$$PbO_2 + 2NaOH + 2H_2O \longrightarrow Na_2[Pb(OH)_6]$$

反応の説明

❶の反応 $Sn(OH)_2$ は[両性]水酸化物だから，❶のように NaOH 水溶液に溶ける。塩酸を加えると，

$$Sn(OH)_2 + 2HCl \longrightarrow SnCl_2 + 2H_2O$$

と反応して溶ける。

❷の反応	薄いNaOH水溶液を加えると，[白]色沈殿として$Sn(OH)_2$が得られる。
❸の反応	Sn^{2+}を含む水溶液にH_2Sを通じると，SnSの[暗褐]色の沈殿が生じる。SnS_2は[黄]色である。
❹の反応	希硝酸とは，以下のように反応する。 $3Sn + 4HNO_3 \longrightarrow 3SnO_2 + 2H_2O + 4NO$
❺の反応	スズ石の還元反応中では，ここで生じるCOと酸化スズ(Ⅳ)が以下のような反応をする。 $SnO_2 + 2CO \longrightarrow Sn + 2CO_2$
❿，⓫の反応	スズにNaOH水溶液を加えたときの反応は，この両式以外に以下の式が提唱されている。 $Sn + NaOH + 2H_2O \longrightarrow Na[Sn(OH)_3] + H_2$ さまざまな反応が同時に起こっているといえる。
⓭の反応	$PbCrO_4$は[黄]色の沈殿。Pb^{2+}の検出反応。
⓮，㉒，㉓，㉘の反応	鉛の原鉱石である方鉛鉱PbSから鉛を精錬するときに関連する反応式。PbSを空気中で燃焼すると，⓮と㉓の反応が起こる。ここで生じた物質を，原鉱石とともに空気を断って加熱すると，㉒と㉘の反応が生じ，鉛となる。
㉔，㉗，㉚の反応	PbOは両性酸化物なので，酸・塩基と反応するが，$PbCl_2$（[白]色），$PbSO_4$（[白]色）はともに水に不溶なので，塩酸・硫酸とは反応しない。よって，他の酸や塩基との反応式を考える。
㉖の反応	鉛化合物で[黒]色の沈殿はPbSしかないので，これで水溶液中にS^{2-}が存在するかどうかがわかる。$Pb(NO_3)_2$とは以下のように反応する。 $Pb(NO_3)_2 + H_2S \longrightarrow PbS + 2HNO_3$
㉞，㉟，㊳の反応	鉛は空気中で水と㊳のように反応して$Pb(OH)_2$となり，これがCO_2と㉞のように反応する。また，酸素の影響があると，酢酸のような弱酸とも反応する。

18 鉄・銅の精錬

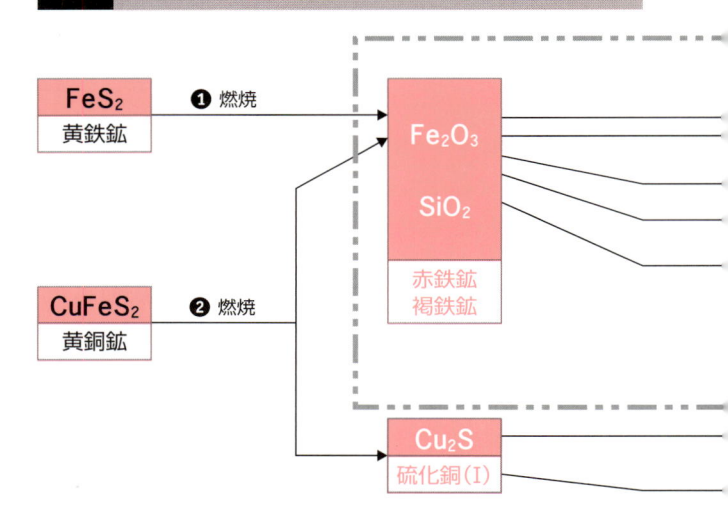

FeS₂ 黄鉄鉱 → ❶ 燃焼 → **Fe₂O₃ / SiO₂** 赤鉄鉱・褐鉄鉱

CuFeS₂ 黄銅鉱 → ❷ 燃焼 → **Fe₂O₃ / SiO₂** および **Cu₂S** 硫化銅(I)

反応式

★ ❶	$[4]FeS_2 + [11]O_2 \longrightarrow 2Fe_2O_3 + 8SO_2$
★ ❷	$[4]CuFeS_2 + [9]O_2 \longrightarrow 2Cu_2S + 2Fe_2O_3 + 6SO_2$
★ ❸	$[3]Fe_2O_3 + C \longrightarrow 2Fe_3O_4 + CO$
★ ❹	$[3]Fe_2O_3 + CO \longrightarrow 2Fe_3O_4 + CO_2$
★ ❺	$Fe_2O_3 + [3]C \longrightarrow 2Fe + 3CO$
★ ❻	$Fe_2O_3 + [3]CO \longrightarrow 2Fe + 3CO_2$
★ ❼	$CaO + SiO_2 \longrightarrow CaSiO_3$
★ ❽	$Fe_3O_4 + [4]C \longrightarrow 3Fe + 4CO$
★ ❾	$Fe_3O_4 + [4]CO \longrightarrow 3Fe + 4CO_2$
★ ❿	$Fe_3O_4 + C \longrightarrow 3FeO + CO$

18 鉄・銅の精錬

溶鉱炉内の反応

- ❸ コークス
- ❹ 一酸化炭素
- ❺ コークス
- ❻ 一酸化炭素
- ❼ 生石灰
- ❽ コークス
- ❾ 一酸化炭素
- ❿ コークス
- ⓫ 一酸化炭素
- ⓬ コークス
- ⓭ 一酸化炭素

Fe₃O₄（四酸化三鉄）→ FeO（酸化鉄(Ⅱ)）→ Fe（鉄）

CaSiO₃（スラグ）

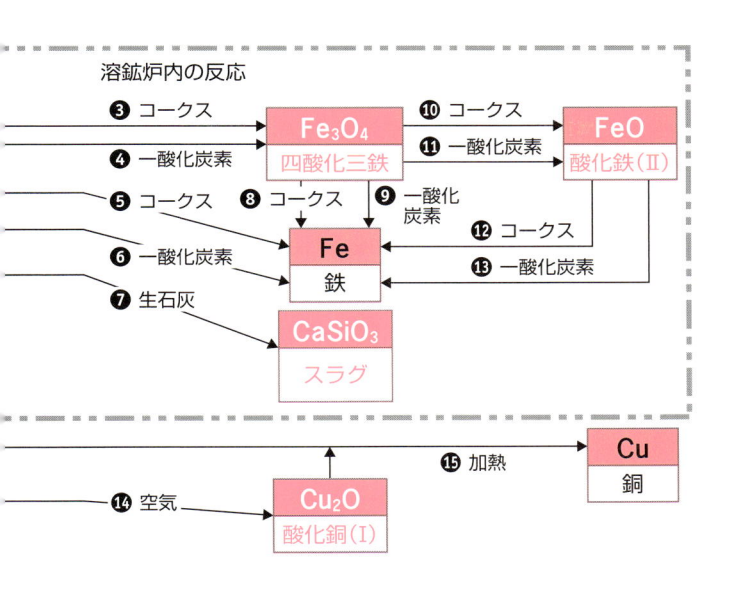

- ⓮ 空気
- ⓯ 加熱

Cu₂S → Cu₂O（酸化銅(Ⅰ)）→ Cu（銅）

★	⓫ $Fe_3O_4 + CO$	$\longrightarrow 3FeO + CO_2$
★	⓬ $FeO + C$	$\longrightarrow Fe + CO$
★	⓭ $FeO + CO$	$\longrightarrow Fe + CO_2$
★	⓮ $[2]Cu_2S + [3]O_2$	$\longrightarrow 2Cu_2O + 2SO_2$
★	⓯ $[2]Cu_2O + Cu_2S$	$\longrightarrow 6Cu + SO_2$

参考

溶鉱炉(高炉)内で，COが発生する反応は複雑で，以下のような反応が関連している。

（コークスの不完全燃焼） $[2]C + O_2 \longrightarrow 2CO$

（石灰石の熱分解） $CaCO_3 \longrightarrow CaO + CO_2$

（コークスの完全燃焼） $C + O_2 \longrightarrow CO_2$

（CO_2とコークスの反応） $CO_2 + C \longrightarrow 2CO$

反応のPOiNT!

鉄の鉱石は酸化物。銅の鉱石は硫化物。ともに溶鉱炉で強熱して還元する。

物質の性質

(1) 鉄 Fe

[灰白]色の金属。Fe, Co, Ni を[鉄族元素]に分類することもあり、酸化剤に対して[不動態]を生じること、[磁性]をもつなどの共通した性質がある。右図のような溶鉱炉(高炉)を用いて、[赤鉄鉱]・[褐鉄鉱]のような酸化鉄鉱石を還元すると、炭素分の多い[銑鉄]が生じる。これを[転炉]に移し、加圧した酸素を吹きこんで、炭素の含有量を減少させ[鋼(はがね)]とする。[鋼]は焼き入れ・焼きなましなどの[熱処理]が可能である。

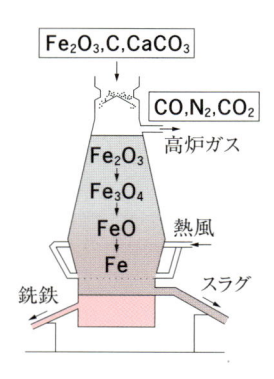

(2) 鉄の酸化物 FeO, Fe_3O_4, Fe_2O_3

鉄の化合物は、酸化数が[+2]と[+3]のものが知られている。酸化物では Fe_2O_3 ([赤褐]色)と Fe_3O_4 ([黒]色)が比較的安定で、Fe_3O_4 は Fe_2O_3 と FeO を同物質量含む[複酸化物]で、[磁鉄鉱](磁性を示す)として天然に産出する。FeO は[黒]色の粉末だが、空気中で速やかに酸化される。

$$4FeO + O_2 \longrightarrow 2Fe_2O_3$$

(3) 銅 Cu

[赤]色の金属。展性・延性に富み、[電気]・[熱]の良導体なので、電線や鍋などに利用される。Zn とは[黄銅]、Sn とは[青銅]、Ni とは[白銅]という合金を生じる。

反応の説明

❶の反応	黄鉄鉱は金属光沢のある[淡黄]色の結晶で，岩石中に広く分布し，鉄の鉱石としてではなく，この反応のように酸化してSO_2を得て，それから硫酸を製造するのに用いてきた。
❷の反応	黄銅鉱は，金属光沢のある[黄]色の結晶で，最も重要な銅の鉱石。銅の酸化数が $+1$ の Cu_2S と，鉄の酸化数が $+3$ の Fe_2O_3 が生じることに注意。
❸, ❹, ❺, ❻, ❽, ❾, ❿, ⓫, ⓬, ⓭の反応	溶鉱炉(高炉)中の化学反応は非常に複雑だが，鉄の酸化数が， 　Fe_2O_3 （$+3$） 　Fe_3O_4 $\begin{cases} Fe_2O_3\ 1\,mol \cdots +3\ の\ Fe\ が\ 2\,mol \\ FeO\ \ \ 1\,mol \cdots +2\ の\ Fe\ が\ 1\,mol \end{cases}$ 　FeO 　（$+2$） ↓　Fe 　　（0） と徐々に減少していると考えられる。
❼の反応	石灰石が炉内で強熱され，以下のように反応し， $CaCO_3 \longrightarrow CaO + CO_2$ 生じる生石灰と鉄鉱石中の SiO_2 が❼の反応でスラグとなり，[銑鉄]の表面を覆い，[銑鉄]の酸化を防ぐ。
⓮, ⓯の反応	これらの反応によって得られた銅は[粗銅]と呼ばれ，これを[陽]極板にして[硫酸銅(Ⅱ)]水溶液に入れて電気分解すると，陰極に[電気銅]と呼ばれる純度が高い銅が得られる。これを銅の電解精錬という。 （陽極）　$Cu \longrightarrow Cu^{2+} + 2e^-$ 　　陽極の下には銅よりもイオン化傾向が小さい 　　金属や SiO_2 が沈殿する。➡[陽極泥] （陰極）　$Cu^{2+} + 2e^- \longrightarrow Cu$

19 鉄の化合物

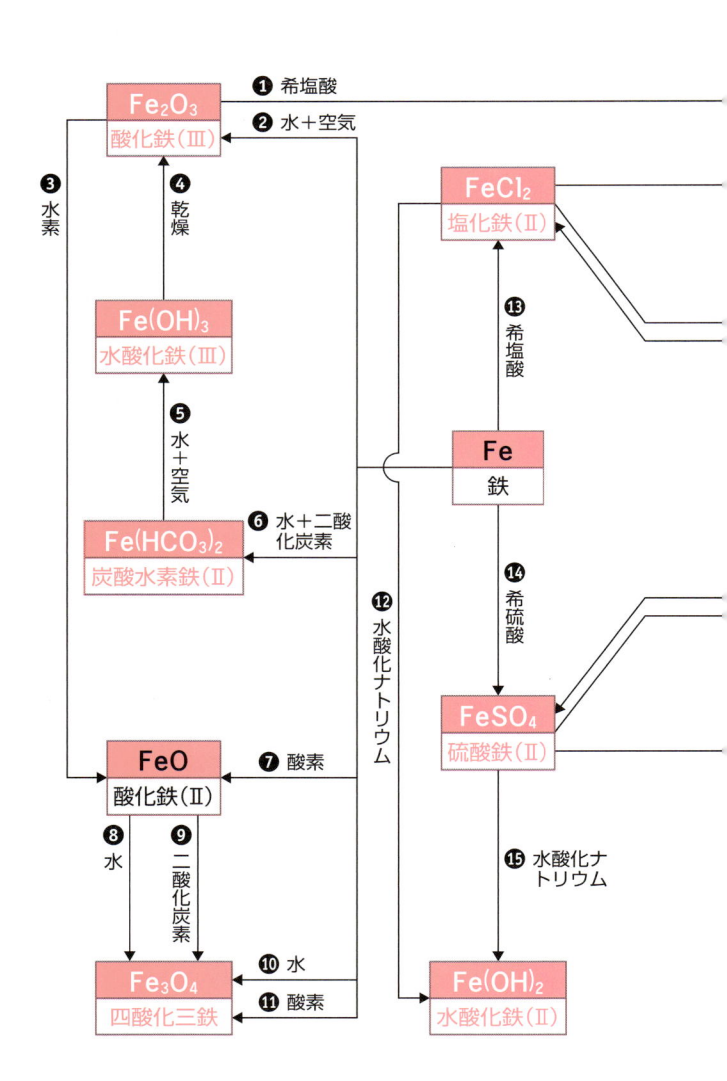

```
                Fe₂O₃           ❶ 希塩酸
                酸化鉄(Ⅲ)    ❷ 水+空気
          ❸                  ❹
          水                  乾                          FeCl₂
          素                  燥                         塩化鉄(Ⅱ)
                Fe(OH)₃
                水酸化鉄(Ⅲ)
                                                        ❸
                              ❺                         希
                              水                        塩
                              +                         酸
                              空
                              気
                Fe(HCO₃)₂    ❻ 水+二酸
                炭酸水素鉄(Ⅱ)    化炭素                Fe
                                                        鉄

                                                        ❹
                                                        希
                                                        硫
                                                        酸
                              ❷
                              水
                              酸
                              化                      FeSO₄
                              ナ                      硫酸鉄(Ⅱ)
                              ト
                              リ
                              ウ
                              ム
                FeO          ❼ 酸素
                酸化鉄(Ⅱ)
          ❽     ❾
          水     二
                酸
                化
                炭
                素
                             ❿ 水                    Fe(OH)₂
                Fe₃O₄        ⓫ 酸素                  水酸化鉄(Ⅱ)
                四酸化三鉄                           ⓯ 水酸化ナ
                                                         トリウム
```

19 鉄の化合物

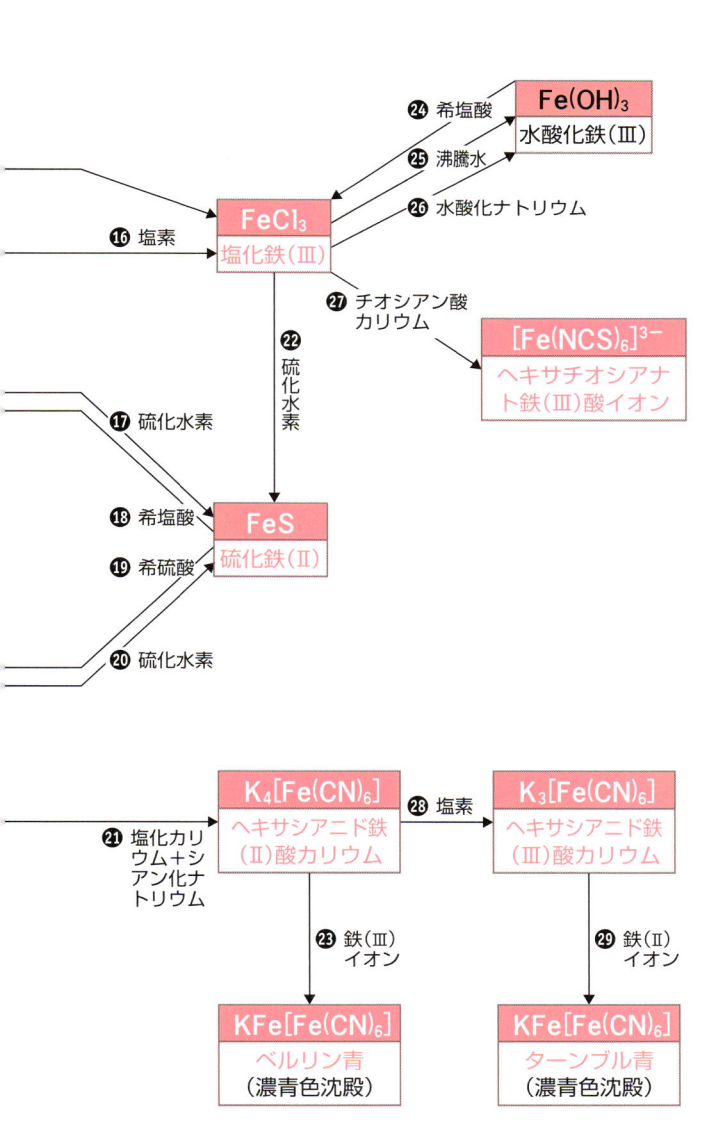

FeCl₃ 塩化鉄(Ⅲ)

- ⑯ 塩素
- ㉔ 希塩酸 → **Fe(OH)₃** 水酸化鉄(Ⅲ)
- ㉕ 沸騰水
- ㉖ 水酸化ナトリウム
- ㉗ チオシアン酸カリウム → **[Fe(NCS)₆]³⁻** ヘキサチオシアナト鉄(Ⅲ)酸イオン
- ㉒ 硫化水素

FeS 硫化鉄(Ⅱ)

- ⑰ 硫化水素
- ⑱ 希塩酸
- ⑲ 希硫酸
- ⑳ 硫化水素

K₄[Fe(CN)₆] ヘキサシアニド鉄(Ⅱ)酸カリウム

- ㉑ 塩化カリウム＋シアン化ナトリウム
- ㉘ 塩素 → **K₃[Fe(CN)₆]** ヘキサシアニド鉄(Ⅲ)酸カリウム
- ㉓ 鉄(Ⅲ)イオン → **KFe[Fe(CN)₆]** ベルリン青（濃青色沈殿）
- ㉙ 鉄(Ⅱ)イオン → **KFe[Fe(CN)₆]** ターンブル青（濃青色沈殿）

反応式

★	❶ $Fe_2O_3 + [6]HCl$	$\longrightarrow 2FeCl_3 + 3H_2O$
★	❷ $[4]Fe + O_2 + [4]H_2O$	$\longrightarrow 2Fe_2O_3 + 4H_2$
	❸ $Fe_2O_3 + H_2$	$\longrightarrow 2FeO + H_2O$
★	❹ $[2]Fe(OH)_3$	$\longrightarrow Fe_2O_3 + 3H_2O$
	❺ $[4]Fe(HCO_3)_2 + O_2 + [2]H_2O$ $\longrightarrow 4Fe(OH)_3 + 8CO_2$	
	❻ $Fe + [2]CO_2 + [2]H_2O \longrightarrow Fe(HCO_3)_2 + H_2$	
★	❼ $[2]Fe + O_2$	$\longrightarrow 2FeO$
★	❽ $[3]FeO + H_2O$	$\longrightarrow Fe_3O_4 + H_2$
	❾ $[3]FeO + CO_2$	$\longrightarrow Fe_3O_4 + CO$
★	❿ $[3]Fe + [4]H_2O$	$\longrightarrow Fe_3O_4 + 4H_2$
	⓫ $[3]Fe + [2]O_2$	$\longrightarrow Fe_3O_4$
★	⓬ $FeCl_2 + [2]NaOH$	$\longrightarrow Fe(OH)_2 + 2NaCl$
★	⓭ $Fe + [2]HCl$	$\longrightarrow FeCl_2 + H_2$
	⓮ $Fe + H_2SO_4$	$\longrightarrow FeSO_4 + H_2$
★	⓯ $FeSO_4 + [2]NaOH$	$\longrightarrow Fe(OH)_2 + Na_2SO_4$
	⓰ $[2]FeCl_2 + Cl_2$	$\longrightarrow 2FeCl_3$
★	⓱ $FeCl_2 + H_2S$	$\longrightarrow FeS + 2HCl$
★	⓲ $FeS + [2]HCl$	$\longrightarrow FeCl_2 + H_2S$
★	⓳ $FeS + H_2SO_4$	$\longrightarrow FeSO_4 + H_2S$
★	⓴ $FeSO_4 + H_2S$	$\longrightarrow FeS + H_2SO_4$
	㉑ $FeSO_4 + [4]KCl + [6]NaCN$ $\longrightarrow K_4[Fe(CN)_6] + Na_2SO_4 + 4NaCl$	
★	㉒ $[2]FeCl_3 + [3]H_2S$	$\longrightarrow 2FeS + 6HCl + S$
★	㉓ $K_4[Fe(CN)_6] + Fe^{3+}$	$\longrightarrow KFe[Fe(CN)_6] + 3K^+$
★	㉔ $Fe(OH)_3 + [3]HCl$	$\longrightarrow FeCl_3 + 3H_2O$
★	㉕ $FeCl_3 + [3]H_2O$	$\longrightarrow Fe(OH)_3 + 3HCl$

19 鉄の化合物

★ ㉖ $FeCl_3 + [3]NaOH \longrightarrow Fe(OH)_3 + 3NaCl$
★ ㉗ $FeCl_3 + [6]KSCN \longrightarrow K_3[Fe(NCS)_6] + 3KCl$
★ ㉘ $[2]K_4[Fe(CN)_6] + Cl_2 \longrightarrow 2K_3[Fe(CN)_6] + 2KCl$
★ ㉙ $K_3[Fe(CN)_6] + Fe^{2+} \longrightarrow KFe[Fe(CN)_6] + 2K^+$

反応のPOiNT!

Fe^{2+} が水溶液中に存在すると青緑色。これは酸化されて Fe^{3+}（赤褐色または黄色）になりやすい。

物質の性質

(1) 硫酸鉄(Ⅱ)七水和物 $FeSO_4 \cdot 7H_2O$
　[青緑]色の結晶。無水物は[淡緑]色の結晶。空気中で[酸化]され[塩基性硫酸鉄(Ⅲ)] $Fe_2(SO_4)_3 \cdot Fe(OH)_3$ となる。
　　$12FeSO_4 + 3O_2 + 6H_2O \longrightarrow 4Fe_2(SO_4)_3 \cdot Fe(OH)_3$
　熱すると水和水を失い，80〜120℃ で一水和物となり，
　　$FeSO_4 \cdot 7H_2O \longrightarrow FeSO_4 \cdot H_2O + 6H_2O$
　さらに加熱すると，酸化鉄(Ⅲ) Fe_2O_3 となる。
　　$2FeSO_4 \cdot H_2O \longrightarrow Fe_2O_3 + SO_2 + SO_3 + 2H_2O$
　水に溶けて[淡緑]色の水溶液になり，弱い[酸]性を示す。
　　$[Fe(H_2O)_6]^{2+} \rightleftharpoons [Fe(H_2O)_5(OH)]^+ + H^+$

(2) 塩化鉄(Ⅲ)六水和物 $FeCl_3 \cdot 6H_2O$
　[黄褐]色の結晶で，[潮解]性が著しい。水によく溶けて，[黄]色の水溶液となり，かなり強い[酸]性を示す。
　　$[Fe(H_2O)_6]^{3+} \rightleftharpoons [Fe(H_2O)_5(OH)]^{2+} + H^+$

(3) ヘキサシアニド鉄(Ⅱ)酸カリウム三水和物 $K_4[Fe(CN)_6] \cdot 3H_2O$
　別名フェロシアン化カリウム，[黄血塩]という。[淡黄]色の結晶で，水によく溶けて，ほぼ[無]色の水溶液になる。

(4) ヘキサシアニド鉄(Ⅲ)酸カリウム $K_3[Fe(CN)_6]$
　別名フェリシアン化カリウム，[赤血塩]という。[血赤]色の結晶で，水によく溶けて[黄]色の溶液となる。水溶液中で，以下のように配位子が変わるので，有毒。
　　$[Fe(CN)_6]^{3-} + H_2O \rightleftharpoons [Fe(CN)_5(H_2O)]^{2-} + CN^-$

[Fe(CN)₆]⁴⁻,
[Fe(CN)₆]³⁻ は Fe²⁺,
Fe³⁺ とは右の表の
ように呈色する。

	$[Fe(CN)_6]^{4-}$	$[Fe(CN)_6]^{3-}$
Fe^{2+}	青白色沈殿	濃青色沈殿
Fe^{3+}	濃青色沈殿	褐色溶液

反応の説明

❷, ❹, ❺, ❻の反応	鉄は常温で水と空気中の二酸化炭素の影響を受けて，徐々に [赤さび] ($Fe_2O_3 \cdot nH_2O$) になる。この反応機構は複雑だが，❻→❺→❹ と進行すると推定されている。❷の反応は，❻×4+❺+❹×2 から求められる。
❸, ❼の反応	FeO を得るには，これらの反応以外にシュウ酸鉄(II)の熱分解がある。 $FeC_2O_4 \longrightarrow FeO + CO + CO_2$
❽, ❾の反応	FeO は不安定で，空気中では，酸素や二酸化炭素の影響を受けて，四酸化三鉄 Fe_3O_4 となる。
❿, ⓫の反応	鉄を高温に熱すると，Fe_3O_4 を主成分とする [黒さび] が生じる。高温では水蒸気とも反応して Fe_3O_4 が生じる。
⓬, ⓯の反応	Fe^{2+} に OH^- が以下のように反応して， $Fe^{2+} + 2OH^- \longrightarrow Fe(OH)_2$ $Fe(OH)_2$ の [淡緑] 色の沈殿を生じる。
⓭, ⓮の反応	鉄に酸を加えて水素が発生するときは，水溶液中に Fe^{2+} が生じる。
⓰の反応	Cl_2 が [酸化] 剤，Fe^{2+} が [還元] 剤として作用する。 $Cl_2 + 2e^- \longrightarrow 2Cl^-$ …(a) $Fe^{2+} \longrightarrow Fe^{3+} + e^-$ …(b) (a)+(b)×2 を行い，Cl^- を両辺に 4 つ加えると，⓰となる。
⓱, ⓴の反応	塩基性または中性なら，Fe^{2+} を含む水溶液に H_2S を通じると，FeS の [黒] 色沈殿が生じる。

⓲, ⓳の反応	FeS は [弱] 酸である H_2S から生じた塩だから、[強] 酸を加えると [弱] 酸である H_2S を生じる。
㉒の反応	H_2S が [還元] 剤、Fe^{3+} が [酸化] 剤として、以下のように作用する。 $H_2S \longrightarrow 2H^+ + S + 2e^-$ …(c) $Fe^{3+} + e^- \longrightarrow Fe^{2+}$ …(d) (c)+(d)×2 を行い、Cl^- を 6 つ、S^{2-} を 2 つ、H^+ を 4 つ両辺に加えると、㉒となる。
㉓, ㉙の反応	生じる [濃青] 色の沈殿はともに $Fe_4[Fe(CN)_6]_3$ であるという説や、ターンブル青は $Fe_3[Fe(CN)_6]_2$ であるという説もある。
㉕の反応	沸騰水に $FeCl_3$ の濃厚水溶液を 1 滴加えると、$Fe(OH)_3$ の [赤褐] 色の [疎水] コロイドが得られる。
㉖の反応	Fe^{3+} を含む水溶液に塩基水溶液を加えると、 $Fe^{3+} + 3OH^- \longrightarrow Fe(OH)_3$ $Fe(OH)_3$ の [赤褐] 色の沈殿が生じる。
㉗の反応	この反応によって、[血赤] 色の溶液となる。 SCN^- は、S、N のどちらも配位結合する可能性があるイオンだが、Fe^{3+} に対しては N が配位結合する (一般には、配位結合する位置を区別しない)。また、配位数が 1～6 と不定なので、ここで生じる物質は、$[Fe(NCS)_n]^{3-n}$ ($1 \leq n \leq 6$) で表される物質の混合物である。 よって、ここで生じる物質として、$Fe(CNS)_3$ や $[Fe(SCN)_6]^{3-}$ なども紹介されている。
㉘の反応	$[Fe(CN)_6]^{4-}$ が [還元] 剤、Cl_2 が [酸化] 剤として作用する。 $[Fe(CN)_6]^{4-} \longrightarrow [Fe(CN)_6]^{3-} + e^-$ …(e) (e)×2+(a) を行い、両辺に K^+ を 8 つ加えると、㉘となる。

20 銅と銀の化合物

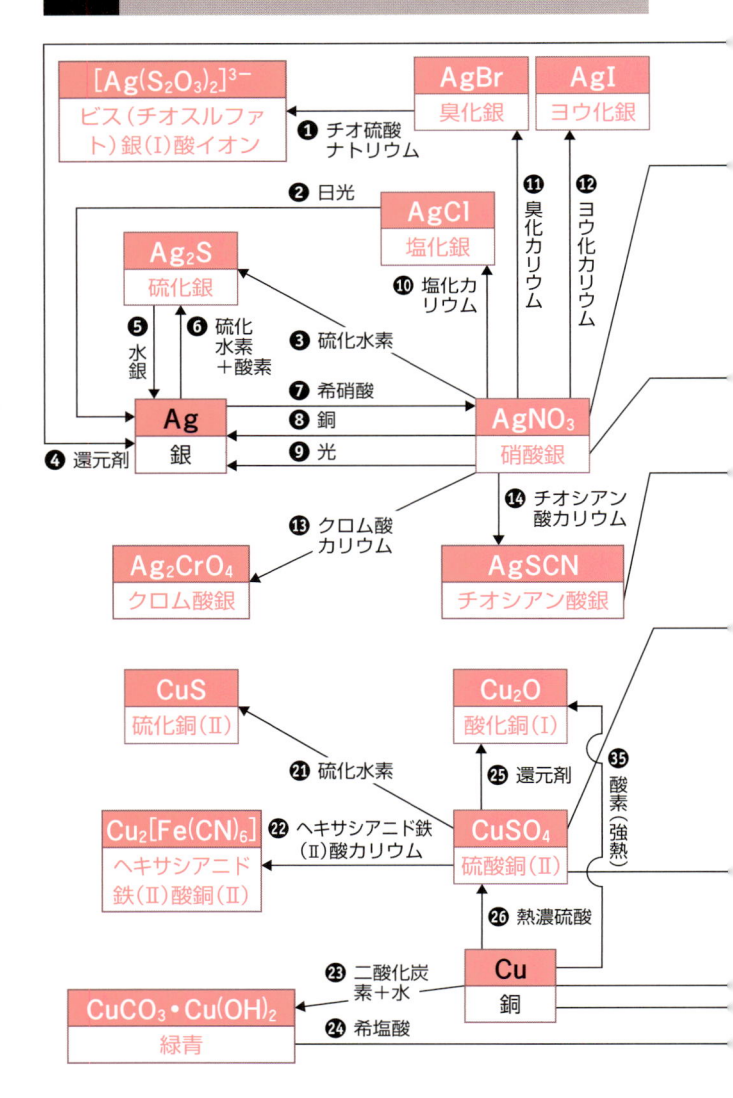

- $[Ag(S_2O_3)_2]^{3-}$ ビス(チオスルファト)銀(I)酸イオン
- $AgBr$ 臭化銀
- AgI ヨウ化銀
- $AgCl$ 塩化銀
- Ag_2S 硫化銀
- Ag 銀
- $AgNO_3$ 硝酸銀
- Ag_2CrO_4 クロム酸銀
- $AgSCN$ チオシアン酸銀
- CuS 硫化銅(II)
- Cu_2O 酸化銅(I)
- $Cu_2[Fe(CN)_6]$ ヘキサシアニド鉄(II)酸銅(II)
- $CuSO_4$ 硫酸銅(II)
- Cu 銅
- $CuCO_3 \cdot Cu(OH)_2$ 緑青

① チオ硫酸ナトリウム
② 日光
③ 硫化水素
④ 還元剤
⑤ 水銀
⑥ 硫化水素＋酸素
⑦ 希硝酸
⑧ 銅
⑨ 光
⑩ 塩化カリウム
⑪ 臭化カリウム
⑫ ヨウ化カリウム
⑬ クロム酸カリウム
⑭ チオシアン酸カリウム
㉑ 硫化水素
㉒ ヘキサシアニド鉄(II)酸カリウム
㉓ 二酸化炭素＋水
㉔ 希塩酸
㉕ 還元剤
㉖ 熱濃硫酸
㉟ 酸素(強熱)

20 銅と銀の化合物

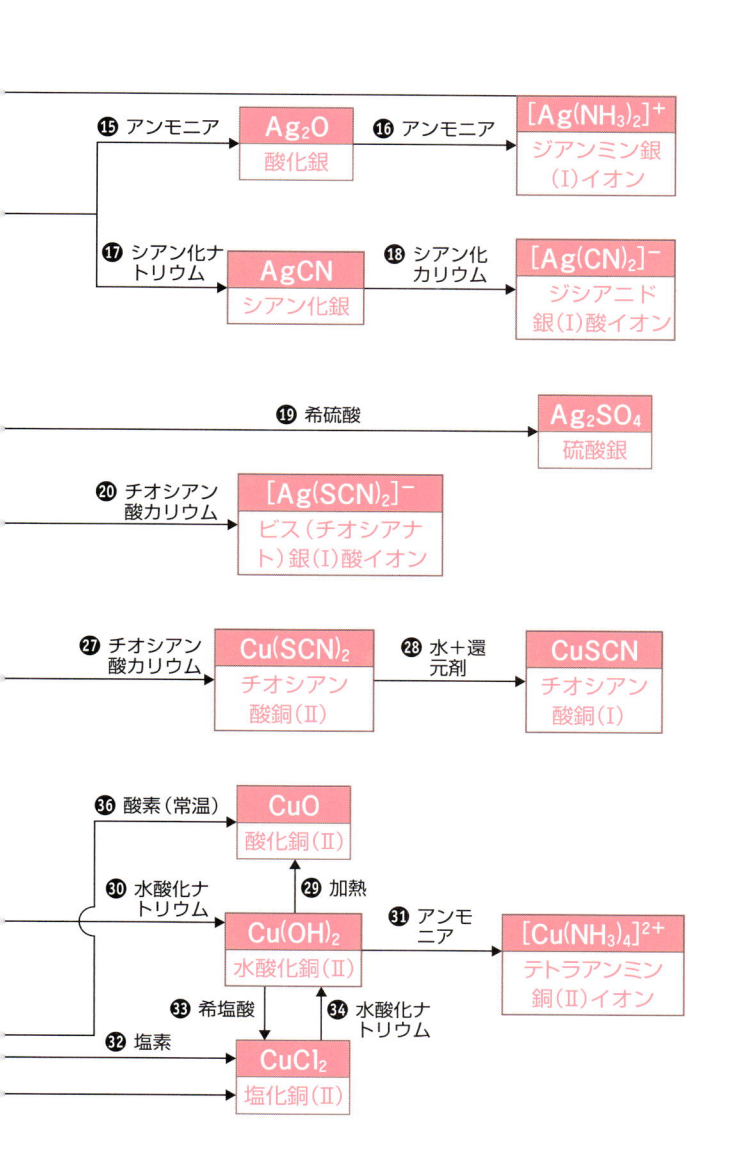

- ⑮ アンモニア → **Ag₂O** 酸化銀
- ⑯ アンモニア → **[Ag(NH₃)₂]⁺** ジアンミン銀(I)イオン
- ⑰ シアン化ナトリウム → **AgCN** シアン化銀
- ⑱ シアン化カリウム → **[Ag(CN)₂]⁻** ジシアニド銀(I)酸イオン
- ⑲ 希硫酸 → **Ag₂SO₄** 硫酸銀
- ⑳ チオシアン酸カリウム → **[Ag(SCN)₂]⁻** ビス(チオシアナト)銀(I)酸イオン
- ㉗ チオシアン酸カリウム → **Cu(SCN)₂** チオシアン酸銅(II)
- ㉘ 水+還元剤 → **CuSCN** チオシアン酸銅(I)
- ㊱ 酸素(常温) → **CuO** 酸化銅(II)
- ㉚ 水酸化ナトリウム → **Cu(OH)₂** 水酸化銅(II)
- ㉙ 加熱
- ㉛ アンモニア → **[Cu(NH₃)₄]²⁺** テトラアンミン銅(II)イオン
- ㉝ 希塩酸
- ㉞ 水酸化ナトリウム
- ㉜ 塩素 → **CuCl₂** 塩化銅(II)

反応式

★	❶ $AgBr + [2]Na_2S_2O_3 \longrightarrow NaBr + Na_3[Ag(S_2O_3)_2]$
★	❷ $[2]AgCl \longrightarrow 2Ag + Cl_2$
	❸ $[2]AgNO_3 + H_2S \longrightarrow Ag_2S + 2HNO_3$
★	❹ $[Ag(NH_3)_2]^+ + 2H_2O + e^- \longrightarrow Ag + 2NH_4^+ + 2OH^-$
★	❺ $Ag_2S + Hg \longrightarrow HgS + 2Ag$
★	❻ $[4]Ag + [2]H_2S + O_2 \longrightarrow 2Ag_2S + 2H_2O$
★	❼ $[3]Ag + [4]HNO_3 \longrightarrow 3AgNO_3 + 2H_2O + NO$
	❽ $[2]AgNO_3 + Cu \longrightarrow Cu(NO_3)_2 + 2Ag$
	❾ $[2]AgNO_3 \longrightarrow 2Ag + 2NO_2 + O_2$
	❿ $AgNO_3 + KCl \longrightarrow AgCl + KNO_3$
	⓫ $AgNO_3 + KBr \longrightarrow AgBr + KNO_3$
	⓬ $AgNO_3 + KI \longrightarrow AgI + KNO_3$
★	⓭ $[2]AgNO_3 + K_2CrO_4 \longrightarrow Ag_2CrO_4 + 2KNO_3$
	⓮ $AgNO_3 + KSCN \longrightarrow AgSCN + KNO_3$
★	⓯ $[2]AgNO_3 + [2]NH_3 + H_2O \longrightarrow Ag_2O + 2NH_4NO_3$
★	⓰ $Ag_2O + [4]NH_3 + H_2O \longrightarrow 2[Ag(NH_3)_2]^+ + 2OH^-$
	⓱ $AgNO_3 + NaCN \longrightarrow AgCN + NaNO_3$
★	⓲ $AgCN + KCN \longrightarrow K[Ag(CN)_2]$
★	⓳ $[2]AgNO_3 + H_2SO_4 \longrightarrow Ag_2SO_4 + 2HNO_3$
	⓴ $AgSCN + KSCN \longrightarrow K[Ag(SCN)_2]$
★	㉑ $CuSO_4 + H_2S \longrightarrow CuS + H_2SO_4$
	㉒ $[2]CuSO_4 + K_4[Fe(CN)_6] \longrightarrow Cu_2[Fe(CN)_6] + 2K_2SO_4$
★	㉓ $[2]Cu + CO_2 + H_2O + O_2 \longrightarrow CuCO_3 \cdot Cu(OH)_2$

20 銅と銀の化合物

㉔ $CuCO_3 \cdot Cu(OH)_2 + [4]HCl \longrightarrow 2CuCl_2 + 3H_2O + CO_2$

㉕ $[2]CuSO_4 + [2]OH^- + [2]e^- \longrightarrow Cu_2O + H_2O + 2SO_4^{2-}$

㉖ $Cu + [2]H_2SO_4 \longrightarrow CuSO_4 + 2H_2O + SO_2$

㉗ $CuSO_4 + [2]KSCN \longrightarrow Cu(SCN)_2 + K_2SO_4$

㉘ $Cu(SCN)_2 + H_2O + e^- \longrightarrow CuSCN + HSCN + OH^-$

㉙ $Cu(OH)_2 \longrightarrow CuO + H_2O$

㉚ $CuSO_4 + [2]NaOH \longrightarrow Cu(OH)_2 + Na_2SO_4$

㉛ $Cu(OH)_2 + [4]NH_3 \longrightarrow [Cu(NH_3)_4]^{2+} + 2OH^-$

㉜ $Cu + Cl_2 \longrightarrow CuCl_2$

㉝ $Cu(OH)_2 + [2]HCl \longrightarrow CuCl_2 + 2H_2O$

㉞ $CuCl_2 + [2]NaOH \longrightarrow Cu(OH)_2 + 2NaCl$

㉟ $[4]Cu + O_2 \longrightarrow 2Cu_2O$

㊱ $[2]Cu + O_2 \longrightarrow 2CuO$

反応のPOINT!

Agには酸化数+1の化合物が，Cuには酸化数+1と+2の化合物がある。

物質の性質

(1) 銀 Ag

 [銀白]色の金属。天然に[自然銀]として単体が産出することもあるが，主鉱石は硫化物の[輝銀鉱]Ag_2Sである。熱や電気の最もよい[導体]である。

(2) 硝酸銀 $AgNO_3$

 [無]色の結晶。銀の化合物中で，水に[可溶]な代表的な塩。強酸から得られる塩だが，水溶液は[中]性である。タンパク質を凝固させる作用のため，皮膚に付くと[黒]変させる。

(3) 硫酸銅(Ⅱ)五水和物 $CuSO_4·5H_2O$

[青]色の結晶。加熱すると，一水和物→無水物([白]色)となる。

$CuSO_4·5H_2O \longrightarrow CuSO_4·H_2O + 4H_2O$ （100℃）
$CuSO_4·H_2O \longrightarrow CuSO_4 + H_2O$ 　　　　（200℃）

逆反応で無水物が[青]色になるのは[水]の検出に利用される。

反応の説明

❶の反応	銀塩写真の定着に利用される反応。$Na_2S_2O_3$ 水溶液を加えると，最初に以下のように反応し，$2AgBr + Na_2S_2O_3 \longrightarrow Ag_2S_2O_3 + 2NaBr$ [白]色のチオ硫酸銀が沈殿し，さらに加えると，$Ag_2S_2O_3 + 3Na_2S_2O_3 \longrightarrow 2Na_3[Ag(S_2O_3)_2]$ と反応して，[無]色の溶液となる。
❷の反応	ハロゲン化銀 AgX（X＝Cl, Br, I）に光を照射すると，以下のように反応して，銀を析出する。$2AgX \longrightarrow 2Ag + X_2$ このような性質を銀の[感光]性という。
❸の反応	酸性状態でも水溶液に H_2S を通じると，以下のように反応して，Ag_2S の[黒]色沈殿が生じる。$2Ag^+ + H_2S \longrightarrow Ag_2S + 2H^+$
❹の反応	[銀鏡]反応と呼ばれ，還元性の物質(アルデヒドなど)の検出に用いられる。
❺の反応	混汞法(汞は水銀を意味する)と呼ばれる輝銀鉱から銀を精錬する反応。
❻の反応	銀は硫黄とも直接反応して Ag_2S を生じる。$2Ag + S \longrightarrow Ag_2S$
❼の反応	濃硝酸とは，以下のように反応する。$Ag + 2HNO_3 \longrightarrow AgNO_3 + NO_2 + H_2O$
❿, ⓫, ⓬の反応	ハロゲン化銀は[AgF]を除いて，水に不溶で，AgCl([白]色)，AgBr([淡黄]色)，AgI([黄]色)

	の沈殿となる。なお，AgCl, AgBr の沈殿は過剰の CN⁻ や NH₃ と反応して溶解する。 $AgCl + 2CN^- \longrightarrow [Ag(CN)_2]^- + Cl^-$ $AgBr + 2NH_3 \longrightarrow [Ag(NH_3)_2]^+ + Br^-$
ⓘの反応	この反応で [赤褐] 色の Ag_2CrO_4 の沈殿が生じる。
ⓘ, ⓘの反応	まず [白] 色の AgSCN の沈殿が生じ，さらに加えると，$[Ag(SCN)_2]^-$ を生じ，無色の溶液になる。
ⓘの反応	以下のように，不安定な AgOH が生じるが， $AgNO_3 + NH_3 + H_2O \longrightarrow AgOH + NH_4NO_3$ すぐ反応して，Ag_2O の [褐] 色沈殿となる。 $2AgOH \longrightarrow Ag_2O + H_2O$
ⓘの反応	酸性状態で，CuS の [黒] 色沈殿が生じる。
ⓘの反応	この反応によって [赤褐] 色の沈殿が生じる。
ⓘの反応	乾いた空気中では，銅は安定だが，湿った空気中では，この反応によって [緑] 色のさび(緑青)，塩基性炭酸銅(Ⅱ)を生じる。
ⓘの反応	[フェーリング] 反応と呼ばれる反応。Cu_2O の [赤] 色沈殿が生じる。
ⓘ, ⓘの反応	$Cu(SCN)_2$ は [黒] 色の沈殿として生じる。過剰に KSCN を加えると，[褐] 色の溶液となる。CuSCN は [白] 色粉末状の物質である。
ⓘの反応	CuO は [黒] 色の粉末状で得られる。
ⓘの反応	ここで生じる $[Cu(NH_3)_4]^{2+}$ 水溶液を [シュワイツァー] 試薬といい，[深青] 色の溶液である。銅は濃いアンモニア水には酸素の作用も受けて， $2Cu + 8NH_3 + 2H_2O + O_2$ $\longrightarrow 2[Cu(NH_3)_4]^{2+} + 4OH^-$ と反応して，溶解していく。
ⓘの反応	$Cu(OH)_2$ は純粋なら [白] 色だが，この反応のように水溶液中で生じると [青白] 色となる。

21 クロムとマンガンの化合物

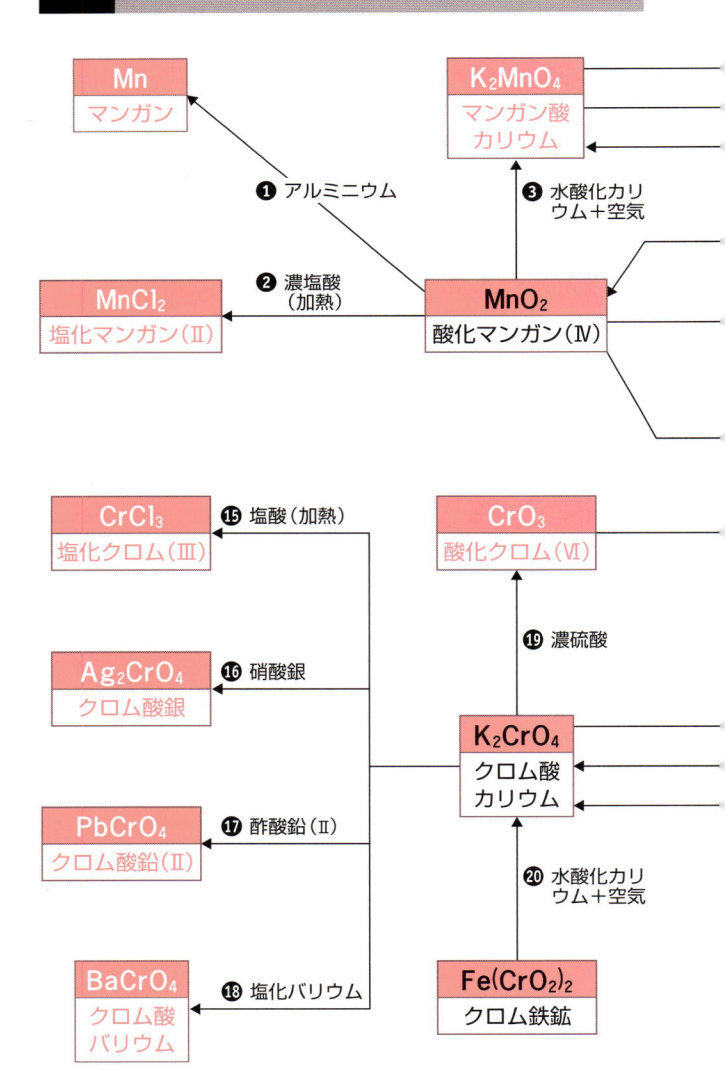

Mn マンガン

K₂MnO₄ マンガン酸カリウム

MnCl₂ 塩化マンガン(Ⅱ)

MnO₂ 酸化マンガン(Ⅳ)

❶ アルミニウム
❷ 濃塩酸（加熱）
❸ 水酸化カリウム＋空気

CrCl₃ 塩化クロム(Ⅲ)

CrO₃ 酸化クロム(Ⅵ)

Ag₂CrO₄ クロム酸銀

K₂CrO₄ クロム酸カリウム

PbCrO₄ クロム酸鉛(Ⅱ)

BaCrO₄ クロム酸バリウム

Fe(CrO₂)₂ クロム鉄鉱

⓯ 塩酸（加熱）
⓰ 硝酸銀
⓱ 酢酸鉛(Ⅱ)
⓲ 塩化バリウム
⓳ 濃硫酸
⓴ 水酸化カリウム＋空気

21 クロムとマンガンの化合物

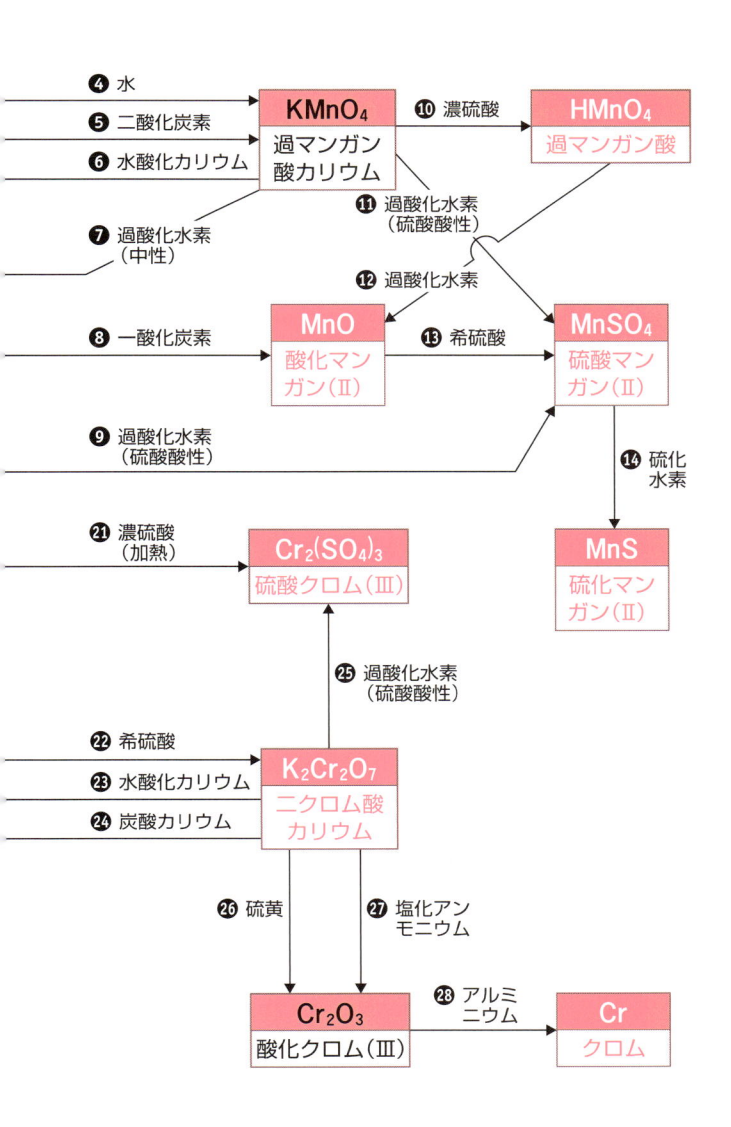

- ❹ 水
- ❺ 二酸化炭素
- ❻ 水酸化カリウム

KMnO₄
過マンガン酸カリウム

❿ 濃硫酸 →

HMnO₄
過マンガン酸

- ❼ 過酸化水素（中性）
- ⓫ 過酸化水素（硫酸酸性）
- ⓬ 過酸化水素

- ❽ 一酸化炭素

MnO
酸化マンガン(Ⅱ)

⓭ 希硫酸 →

MnSO₄
硫酸マンガン(Ⅱ)

- ❾ 過酸化水素（硫酸酸性）

⓮ 硫化水素

MnS
硫化マンガン(Ⅱ)

- ㉑ 濃硫酸（加熱）

Cr₂(SO₄)₃
硫酸クロム(Ⅲ)

㉕ 過酸化水素（硫酸酸性）

- ㉒ 希硫酸
- ㉓ 水酸化カリウム
- ㉔ 炭酸カリウム

K₂Cr₂O₇
二クロム酸カリウム

- ㉖ 硫黄
- ㉗ 塩化アンモニウム

Cr₂O₃
酸化クロム(Ⅲ)

㉘ アルミニウム →

Cr
クロム

反応式

★ **❶** $[3]MnO_2 + [4]Al \longrightarrow 2Al_2O_3 + 3Mn$

★ **❷** $MnO_2 + [4]HCl \longrightarrow MnCl_2 + Cl_2 + 2H_2O$

❸ $[2]MnO_2 + [4]KOH + O_2 \longrightarrow 2K_2MnO_4 + 2H_2O$

❹ $[3]K_2MnO_4 + [2]H_2O$
$\longrightarrow MnO_2 + 2KMnO_4 + 4KOH$

❺ $[3]K_2MnO_4 + [2]CO_2$
$\longrightarrow 2K_2CO_3 + MnO_2 + 2KMnO_4$

❻ $[4]KMnO_4 + [4]KOH$
$\longrightarrow 4K_2MnO_4 + 2H_2O + O_2$

★ **❼** $[2]KMnO_4 + [3]H_2O_2$
$\longrightarrow 2KOH + 2MnO_2 + 3O_2 + 2H_2O$

❽ $MnO_2 + CO \longrightarrow MnO + CO_2$

★ **❾** $MnO_2 + H_2O_2 + H_2SO_4$
$\longrightarrow MnSO_4 + 2H_2O + O_2$

❿ $[2]KMnO_4 + H_2SO_4 \longrightarrow K_2SO_4 + 2HMnO_4$

★ **⓫** $[2]KMnO_4 + [5]H_2O_2 + [3]H_2SO_4$
$\longrightarrow K_2SO_4 + 2MnSO_4 + 5O_2 + 8H_2O$

⓬ $[2]HMnO_4 + [5]H_2O_2$
$\longrightarrow 2MnO + 6H_2O + 5O_2$

★ **⓭** $MnO + H_2SO_4 \longrightarrow MnSO_4 + H_2O$

⓮ $MnSO_4 + H_2S \longrightarrow MnS + H_2SO_4$

★ **⓯** $[2]K_2CrO_4 + [16]HCl$
$\longrightarrow 2CrCl_3 + 4KCl + 3Cl_2 + 8H_2O$

★ **⓰** $[2]AgNO_3 + K_2CrO_4 \longrightarrow Ag_2CrO_4 + 2KNO_3$

★ **⓱** $(CH_3COO)_2Pb + K_2CrO_4$
$\longrightarrow PbCrO_4 + 2CH_3COOK$

★ **⓲** $BaCl_2 + K_2CrO_4 \longrightarrow BaCrO_4 + 2KCl$

⓳ $K_2CrO_4 + H_2SO_4 \longrightarrow CrO_3 + K_2SO_4 + H_2O$

21 クロムとマンガンの化合物

⑳ [4]Fe(CrO$_2$)$_2$ + [16]KOH + [7]O$_2$
   $\longrightarrow$ 2Fe$_2$O$_3$ + 8H$_2$O + 8K$_2$CrO$_4$

㉑ [4]CrO$_3$ + [6]H$_2$SO$_4$ $\longrightarrow$ 2Cr$_2$(SO$_4$)$_3$ + 6H$_2$O + 3O$_2$

★ ㉒ [2]K$_2$CrO$_4$ + H$_2$SO$_4$ $\longrightarrow$ K$_2$Cr$_2$O$_7$ + K$_2$SO$_4$ + H$_2$O

★ ㉓ K$_2$Cr$_2$O$_7$ + [2]KOH $\longrightarrow$ 2K$_2$CrO$_4$ + H$_2$O

㉔ K$_2$Cr$_2$O$_7$ + K$_2$CO$_3$ $\longrightarrow$ 2K$_2$CrO$_4$ + CO$_2$

★ ㉕ K$_2$Cr$_2$O$_7$ + [3]H$_2$O$_2$ + [4]H$_2$SO$_4$
   $\longrightarrow$ K$_2$SO$_4$ + Cr$_2$(SO$_4$)$_3$ + 3O$_2$ + 7H$_2$O

㉖ K$_2$Cr$_2$O$_7$ + S $\longrightarrow$ K$_2$SO$_4$ + Cr$_2$O$_3$

㉗ K$_2$Cr$_2$O$_7$ + [2]NH$_4$Cl
   $\longrightarrow$ 2KCl + Cr$_2$O$_3$ + N$_2$ + 4H$_2$O

★ ㉘ Cr$_2$O$_3$ + [2]Al $\longrightarrow$ Al$_2$O$_3$ + 2Cr

反応のPOiNT!

MnO$_2$, KMnO$_4$, K$_2$Cr$_2$O$_7$ は代表的な酸化剤。
K$_2$CrO$_4$ は金属イオンの検出に用いる。

物質の性質

(1) 酸化マンガン(IV) MnO$_2$

[灰黒]色の粉末。H$_2$O$_2$ や KClO$_3$ から酸素が発生する反応の[触媒]。他のマンガン酸化物には，MnO(暗緑色)，Mn$_3$O$_4$(黒色)，Mn$_2$O$_3$(黒色)，Mn$_2$O$_7$(緑色)がある。

(2) 過マンガン酸カリウム KMnO$_4$

[黒紫(濃い赤紫)]色の結晶。水に溶解して[赤紫]色の水溶液となる。水溶液の液性により，酸化剤としての作用が異なる。

(酸性)　　MnO$_4^-$ + 8H$^+$ + 5e$^-$ $\longrightarrow$ Mn^{2+} + 4H$_2$O 　…(a)

(中性)　　MnO$_4^-$ + 2H$_2$O + 3e$^-$ $\longrightarrow$ MnO$_2$ + 4OH$^-$ 　…(b)

(塩基性)　MnO$_4^-$ 　　　　+ e$^-$ $\longrightarrow$ MnO$_4^{2-}$ 　…(c)

酸性条件下では，ほぼ[無]色の溶液に，中性では[黒]色の沈殿が生じ，塩基性では[緑]色の溶液になる。

(3) 二クロム酸カリウム $K_2Cr_2O_7$
 [橙赤]色の結晶。酸性状態では強い酸化剤として作用する。
(4) クロム酸カリウム K_2CrO_4
 [黄]色の結晶。水によく溶けて,同じ色の溶液になる。

反応の説明

❶, ㉘の反応	[ゴールドシュミット]法と呼ばれるAlの還元力を利用した金属の還元。
❷の反応	塩素の実験室での製法。[加熱]する必要がある。MnO_2 は[酸化]剤,HClは[還元]剤として作用する。 $MnO_2 + 4H^+ + 2e^- \longrightarrow Mn^{2+} + 2H_2O$ …(d) $2Cl^- \longrightarrow Cl_2 + 2e^-$ …(e) (d)+(e)を行い,両辺に Cl^- を2つ加えると,❷となる。
❸の反応	MnO_2 は[還元]剤,O_2 は[酸化]剤として作用する。 $MnO_2 + 2OH^- \longrightarrow MnO_4^{2-} + 2H^+ + 2e^-$ …(f) $O_2 + 2H_2O + 4e^- \longrightarrow 4OH^-$ …(g) (f)×2+(g)より, $2MnO_2 + 4OH^- + O_2 \longrightarrow 2MnO_4^{2-} + 2H_2O$ 両辺に K^+ を4つ加えると,❸となる。
❹, ❺の反応	MnO_4^{2-} が酸化剤としても還元剤としても作用する。このような反応を不均化反応と呼ぶ。 $MnO_4^{2-} + 2H^+ + 2e^- \longrightarrow MnO_2 + 2OH^-$ …(h) $MnO_4^{2-} \longrightarrow MnO_4^- + e^-$ …(i) (h)+(i)×2を行い,両辺に K^+ を6つ,OH^- を2つ加えると,❹となる。同様に(h)+(i)×2を行い,両辺に K^+ を6つ,H^+ を2つ,CO_3^{2-} を2つ加えると,次のようになる。 $3K_2MnO_4 + 2H_2CO_3$ $\longrightarrow 2K_2CO_3 + MnO_2 + 2KMnO_4 + 2H_2O$ この両辺から H_2O を2つ取り去ると,❺となる。

21 クロムとマンガンの化合物

❻の反応	KOH が [還元] 剤として作用する。 $4OH^- \longrightarrow O_2 + 2H_2O + 4e^-$ …(j) (c)×4+(j)を行い,両辺に K^+ を 8 つ加えると,全反応式になる。
❼の反応	H_2O_2 が [還元] 剤として作用する。 $H_2O_2 \longrightarrow 2H^+ + O_2 + 2e^-$ …(k) (b)×2+(k)×3 を行い,両辺に K^+ を 2 つ加えて整理すると,❼となる。
⓫の反応	酸性状態なので,(a)×2+(k)×5 を行い,両辺に K^+ を 2 つ,SO_4^{2-} を 3 つ加えると,⓫となる。
⓬の反応	$HMnO_4$ が [酸化] 剤として作用する。 $MnO_4^- + 6H^+ + 5e^- \longrightarrow MnO + 3H_2O$ …(l) (l)×2+(k)×5 を行うと,⓬が得られる。
⓮の反応	塩基性状態で H_2S を通じると,MnS の [淡赤] 色の沈殿が生じる。
⓰, ⓱, ⓲の反応	Ag_2CrO_4([赤褐]色),$PbCrO_4$([黄]色),$BaCrO_4$([黄]色)の特徴的な沈殿が生じる。
㉒, ㉓の反応	CrO_4^{2-} と $Cr_2O_7^{2-}$ には以下のような平衡が成り立つ。ルシャトリエの平衡移動の原理から $2CrO_4^{2-} + 2H^+ \rightleftharpoons Cr_2O_7^{2-} + H_2O$ [酸] 性にすると $Cr_2O_7^{2-}$ が増加することがわかる。
㉕の反応	$K_2Cr_2O_7$ が [酸化] 剤として作用する。 $Cr_2O_7^{2-} + 14H^+ + 6e^- \longrightarrow 2Cr^{3+} + 7H_2O$ …(m) (m)+(k)×3 を行い,両辺に K^+ を 2 つ,SO_4^{2-} を 4 つ加えると,㉕となる。Cr^{3+} が生じて [緑] 色となるが,濃い H_2O_2 を $K_2Cr_2O_7$ の硫酸酸性溶液に加えた瞬間は Cr^{2+} が生じ,[青] 色になる。
㉖の反応	$S + 4H_2O \longrightarrow SO_4^{2-} + 8H^+ + 6e^-$ …(n) $Cr_2O_7^{2-} + 8H^+ + 6e^- \longrightarrow Cr_2O_3 + 4H_2O$ …(o) (n)+(o)を行い,両辺に K^+ を 2 つ加えると,㉖となる。

22 気体の発生(a)

(1) 弱酸の塩＋強酸 → 強酸の塩＋弱酸（気体）

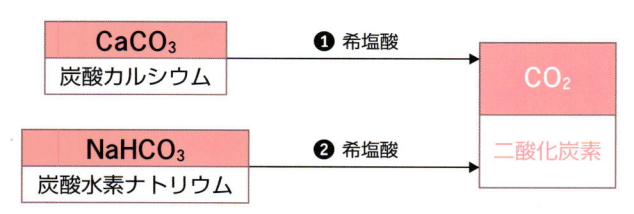

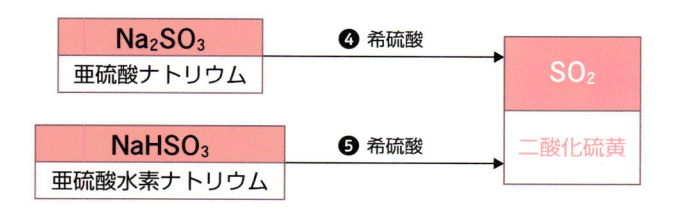

- CaCO₃ 炭酸カルシウム —❶ 希塩酸→ CO₂ 二酸化炭素
- NaHCO₃ 炭酸水素ナトリウム —❷ 希塩酸→ CO₂ 二酸化炭素
- FeS 硫化鉄(Ⅱ) —❸ 希硫酸→ H₂S 硫化水素
- Na₂SO₃ 亜硫酸ナトリウム —❹ 希硫酸→ SO₂ 二酸化硫黄
- NaHSO₃ 亜硫酸水素ナトリウム —❺ 希硫酸→ SO₂ 二酸化硫黄

反応式

★ ❶ $CaCO_3 + [2]HCl \longrightarrow CaCl_2 + H_2O + CO_2$

★ ❷ $NaHCO_3 + HCl \longrightarrow NaCl + H_2O + CO_2$

★ ❸ $FeS + H_2SO_4 \longrightarrow FeSO_4 + H_2S$

★ ❹ $Na_2SO_3 + H_2SO_4 \longrightarrow Na_2SO_4 + H_2O + SO_2$

★ ❺ $[2]NaHSO_3 + H_2SO_4 \longrightarrow Na_2SO_4 + 2H_2O + 2SO_2$

★ ❻ $[2]NH_4Cl + Ca(OH)_2 \longrightarrow CaCl_2 + 2H_2O + 2NH_3$

(2) 弱塩基の塩＋強塩基→強塩基の塩＋弱塩基（気体）

| NH₄Cl 塩化アンモニウム | ❻ 水酸化カルシウム（加熱） | NH₃ アンモニア |

(3) 揮発性の酸の塩＋不揮発性の酸
　　　　　　→不揮発性の酸の塩＋揮発性の酸（気体）

| NaCl 塩化ナトリウム | ❼ 濃硫酸（加熱） | HCl 塩化水素 |

| NaNO₃ 硝酸ナトリウム | ❽ 濃硫酸（加熱） | HNO₃ 硝酸 |

(4) 濃硫酸の脱水作用を利用

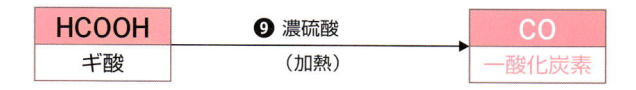

| HCOOH ギ酸 | ❾ 濃硫酸（加熱） | CO 一酸化炭素 |

★ ❼ $NaCl + H_2SO_4 \longrightarrow NaHSO_4 + HCl$
★ ❽ $NaNO_3 + H_2SO_4 \longrightarrow NaHSO_4 + HNO_3$
★ ❾ $HCOOH \longrightarrow H_2O + CO$

注意点
❶ 希硫酸は使用しない。（$CaSO_4$ が水に難溶なため）
❼ 高温では，$[2]NaCl + H_2SO_4 \longrightarrow Na_2SO_4 + 2HCl$
❽ 高温では，$[2]NaNO_3 + H_2SO_4 \longrightarrow Na_2SO_4 + 2HNO_3$

23 気体の発生(b)

(5) 酸化還元反応

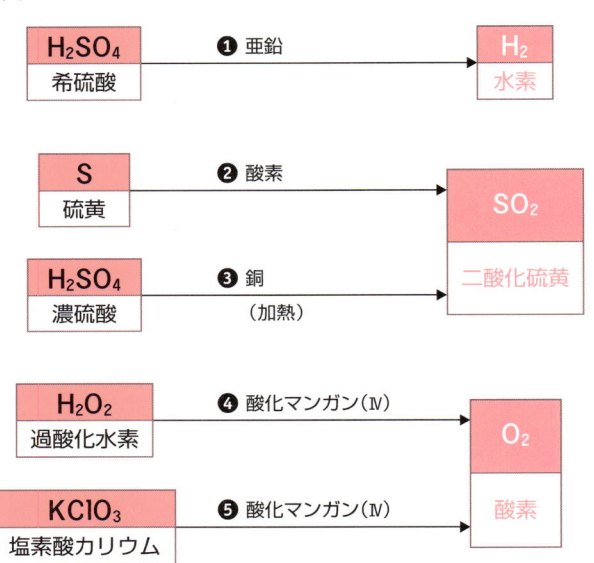

| H₂SO₄ 希硫酸 | ❶ 亜鉛 → | H₂ 水素 |

| S 硫黄 | ❷ 酸素 → | SO₂ 二酸化硫黄 |
| H₂SO₄ 濃硫酸 | ❸ 銅（加熱）→ | |

| H₂O₂ 過酸化水素 | ❹ 酸化マンガン(Ⅳ) → | O₂ 酸素 |
| KClO₃ 塩素酸カリウム | ❺ 酸化マンガン(Ⅳ) → | |

反応式

★ ❶ $Zn + H_2SO_4 \longrightarrow ZnSO_4 + H_2$

★ ❷ $S + O_2 \longrightarrow SO_2$

★ ❸ $Cu + [2]H_2SO_4 \longrightarrow CuSO_4 + 2H_2O + SO_2$

★ ❹ $[2]H_2O_2 \longrightarrow 2H_2O + O_2$

★ ❺ $[2]KClO_3 \longrightarrow 2KCl + 3O_2$

★ ❻ $[3]Cu + [8]HNO_3$
$\longrightarrow 3Cu(NO_3)_2 + 4H_2O + 2NO$

★ ❼ $Cu + [4]HNO_3$
$\longrightarrow Cu(NO_3)_2 + 2H_2O + 2NO_2$

23 気体の発生(b)

| HNO₃ 希硝酸 | ❻ 銅 → | NO 一酸化窒素 |

| HNO₃ 濃硝酸 | ❼ 銅 → | NO₂ 二酸化窒素 |

| HCl 濃塩酸 | ❽ 酸化マンガン(Ⅳ)（加熱） → ❾ サラシ粉 → | Cl₂ 塩素 |

| NH₄NO₂ 亜硝酸アンモニウム | ❿ 熱分解 → | N₂ 窒素 |

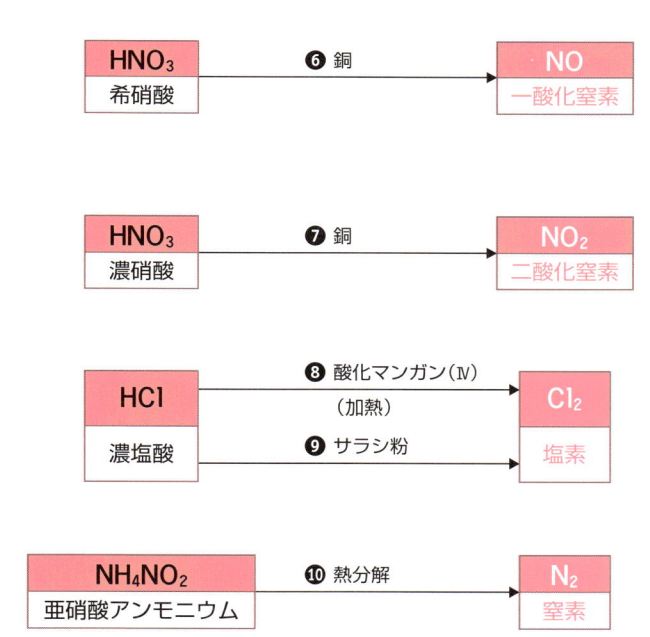

★ ❽ $MnO_2 + [4]HCl \longrightarrow MnCl_2 + 2H_2O + Cl_2$
★ ❾ $CaCl(ClO) \cdot H_2O + [2]HCl \longrightarrow CaCl_2 + 2H_2O + Cl_2$
★ ❿ $NH_4NO_2 \longrightarrow 2H_2O + N_2$

注意点

❶ Pb よりもイオン化傾向が大きい金属を利用。
❹, ❺ 酸化マンガン(Ⅳ)は触媒。塩素酸カリウムは、加熱するだけで O_2 を発生する。
❽ 酸化マンガン(Ⅳ)は酸化剤。発生する気体は HCl と水蒸気を含む。これを取り除く方法に注意。

24 陽イオンの系統分析

反応のPOiNT!

どのような順で系統立てて分析していくか，金属によって，反応がどのように異なるかを確認する。

物質の性質

陽イオンの分類

分類 (属)	含まれる金属イオン	特徴	H_2S との反応
第1属	Hg_2^{2+}, Ag^+, Pb^{2+}	[塩化物]が水に溶けにくい。	[酸性]状態で H_2S を通すと，[硫化物]が沈殿する。
第2属	Cu^{2+}, Cd^{2+}, Hg^{2+}, Sn^{2+}		
第3属	Fe^{3+}, Al^{3+}, Cr^{3+}	NH_3 過剰で[水酸化物]が沈殿する。	[塩基性]状態で H_2S を通すと，[硫化物]が沈殿する。 注意 Al^{3+} からは $[Al(OH)_3]$ が沈殿する。
第4属	Co^{2+}, Ni^{2+}, Zn^{2+}, Mn^{2+}		
第5属	Ca^{2+}, Sr^{2+}, Ba^{2+}	[炭酸塩]が水に溶けにくい。	どのような[液性]でも[硫化物]が沈殿しない。
第6属	Mg^{2+}, K^+, Na^+	K^+, Na^+ は沈殿させにくい。	

反応の説明

❶の反応 塩酸を過剰に加えると，$[AgCl_2]^-$ となって沈殿が溶解する。濃塩酸を用いても同様。

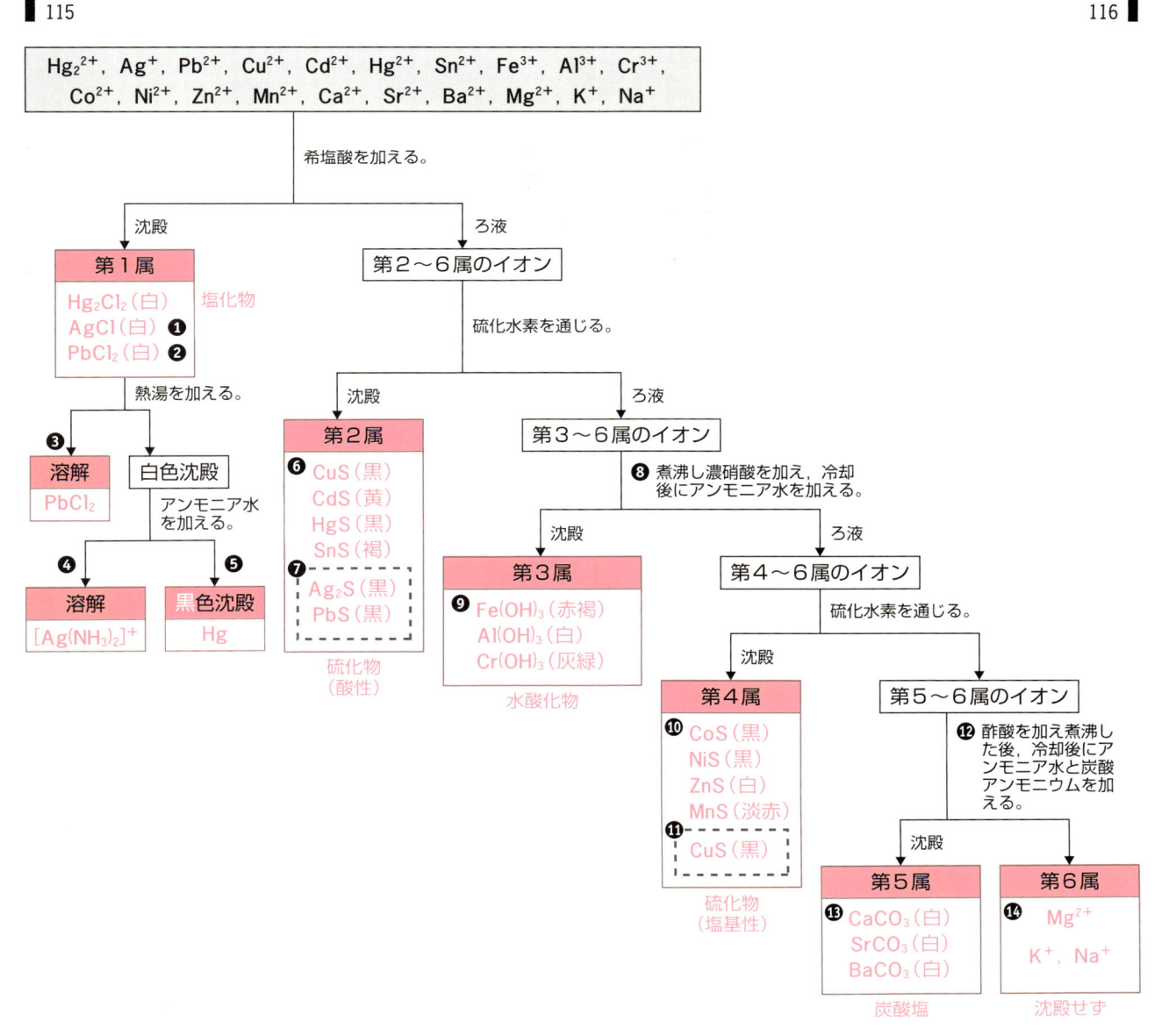

Hg_2^{2+}, Ag^+, Pb^{2+}, Cu^{2+}, Cd^{2+}, Hg^{2+}, Sn^{2+}, Fe^{3+}, Al^{3+}, Cr^{3+}, Co^{2+}, Ni^{2+}, Zn^{2+}, Mn^{2+}, Ca^{2+}, Sr^{2+}, Ba^{2+}, Mg^{2+}, K^+, Na^+

希塩酸を加える。

沈殿 → 第1属（塩化物）
- Hg_2Cl_2（白）
- $AgCl$（白） ❶
- $PbCl_2$（白） ❷

熱湯を加える。
- ❸ 溶解：$PbCl_2$
- 白色沈殿 → アンモニア水を加える。
  - ❹ 溶解：$[Ag(NH_3)_2]^+$
  - ❺ 黒色沈殿：Hg

ろ液 → 第2～6属のイオン

硫化水素を通じる。

沈殿 → 第2属（硫化物（酸性））
- ❻ CuS（黒）, CdS（黄）, HgS（黒）, SnS（褐）
- ❼ Ag_2S（黒）, PbS（黒）

ろ液 → 第3～6属のイオン

❽ 煮沸し濃硝酸を加え、冷却後にアンモニア水を加える。

沈殿 → 第3属（水酸化物）
- ❾ $Fe(OH)_3$（赤褐）, $Al(OH)_3$（白）, $Cr(OH)_3$（灰緑）

ろ液 → 第4～6属のイオン

硫化水素を通じる。

沈殿 → 第4属（硫化物（塩基性））
- ❿ CoS（黒）, NiS（黒）, ZnS（白）, MnS（淡赤）
- ⓫ CuS（黒）

ろ液 → 第5～6属のイオン

⓬ 酢酸を加え煮沸した後、冷却後にアンモニア水と炭酸アンモニウムを加える。

沈殿 → 第5属（炭酸塩）
- ⓭ $CaCO_3$（白）, $SrCO_3$（白）, $BaCO_3$（白）

第6属（沈殿せず）
- ⓮ Mg^{2+}, K^+, Na^+

❷の反応	塩酸を過剰に加えると，$[PbCl_4]^{2-}$ となって沈殿が溶解する。濃塩酸を用いても同様。 $PbCl_2 + 2HCl \longrightarrow 2H^+ + [PbCl_4]^{2-}$
❸の反応	温水に溶解した $PbCl_2$ を確認するには，[K_2CrO_4] 水溶液を加える。 $PbCl_2 \longrightarrow Pb^{2+} + 2Cl^-$（溶解すれば電離する。） $Pb^{2+} + CrO_4^{2-} \longrightarrow PbCrO_4$（黄色沈殿）
❹の反応	以下のような平衡が成り立っている状態に， $Ag^+ + Cl^- \rightleftarrows AgCl\downarrow$ ⋯(a) NH_3 を加えると，以下のような平衡が新たに加わる。 $Ag^+ + 2NH_3 \rightleftarrows [Ag(NH_3)_2]^+$ ⋯(b) (b)の平衡反応によって水溶液中の Ag^+ の濃度が [減少] するから，(a)の平衡は [左] に移動し，沈殿は [溶解] し，[無] 色の溶液となる。その溶液中では， $NH_3 + H_2O \rightleftarrows NH_4^+ + OH^-$ ⋯(c) という平衡も成り立っており，この水溶液に硝酸のような酸を加えると，以下の反応が進行し， $H^+ + OH^- \longrightarrow H_2O$ ⋯(d) OH^- の濃度が [減少] するから，(c)の平衡は [右] に移動し，NH_3 の濃度が [減少] し，(b)の平衡は [左] に移動し，Ag^+ の濃度が [増加] する。よって，(a)の平衡が [右] に移動し，[AgCl] の沈殿が生じる。
❺の反応	以下のように反応して，Hg の細かな粒子が生じるので，[黒] 色となる。 $Hg_2Cl_2 + 2NH_3 \longrightarrow Hg(NH_2)Cl + Hg + NH_4Cl$
❻, ❼の反応	Hg^{2+} は，最初に希塩酸を加えたとき，$HgCl_2$ として沈殿（溶解度：25℃で 7.3 g / 100 g H_2O）することもある。前記したように，第1属の Ag^+，Pb^{2+} が残留し，ここで硫化物として沈殿する可

能性がある。この操作で生じた沈殿に，希硝酸を加えて煮沸（HgS は溶解せず）し，このろ液に硫酸を過剰に加え，[白]色沈殿（Ag_2SO_4, $PbSO_4$）が生じれば，Ag^+, Pb^{2+} が存在する。この沈殿をろ別して得られるろ液に NH_3 を過剰に加えて，[青]色になれば，Cu^{2+} が存在する。

Sn^{2+} の存在は，以下の反応で，

$SnS + (NH_4)_2S_2 \longrightarrow (NH_4)_2SnS_3$

$(NH_4)_2SnS_3 + 2HCl \longrightarrow SnS_2 + 2NH_4Cl + H_2S$

SnS_2 の[黄]色沈殿生成の有無によって判断する。

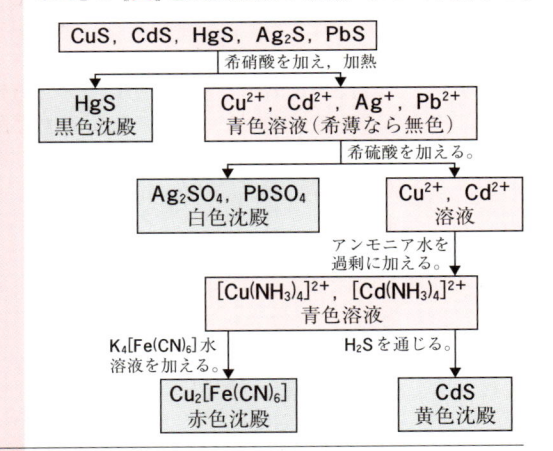

```
       CuS, CdS, HgS, Ag₂S, PbS
                │ 希硝酸を加え，加熱
       ┌────────┴────────┐
      HgS         Cu²⁺, Cd²⁺, Ag⁺, Pb²⁺
     黒色沈殿      青色溶液（希薄なら無色）
                         │ 希硫酸を加える。
                ┌────────┴────────┐
          Ag₂SO₄, PbSO₄       Cu²⁺, Cd²⁺
           白色沈殿              溶液
                               │ アンモニア水を
                               │ 過剰に加える。
                      [Cu(NH₃)₄]²⁺, [Cd(NH₃)₄]²⁺
                              青色溶液
              K₄[Fe(CN)₆]水        H₂Sを通じる。
              溶液を加える。
              ┌────────────┬────────────┐
         Cu₂[Fe(CN)₆]              CdS
           赤色沈殿                黄色沈殿
```

❽の反応	H_2S により，Fe^{3+} が Fe^{2+} に還元されると，$Fe(OH)_2$ の溶解度積は比較的大きいので，ここで鉄を水酸化物として沈殿させにくいので，Fe^{2+} を酸化（濃硝酸の酸化作用）する。
❾の反応	後述。
❿, ⓫の反応	酸性状態で H_2S を通じる操作が不十分だと，この時点で CuS が沈殿する。これらの硫化物沈殿から，含まれる金属イオンを特定する実験操作は複雑なので，各硫化物の特徴的な色を記憶しておきたい。

24 陽イオンの系統分析

⓬の反応 ここで酢酸を加えて酸性にすると，
$CO_3^{2-} + H^+ \rightleftharpoons HCO_3^-$
という平衡が右に偏り，水溶液中の CO_3^{2-} の濃度が減少し，$MgCO_3$ の沈殿が生じるのを妨げることができる。

⓭の反応 これらの炭酸塩にどのような金属イオンが含まれるかを特定する実験操作はさまざまだが，最終的には，炎色反応を用いる。Ca^{2+}（[橙]色），Sr^{2+}（[紅]色），Ba^{2+}（[緑]色）である。

⓮の反応 Na^+，K^+ の存在を確認するのは炎色反応である。Na^+（[黄]色），K^+（[紫]色）である。Mg^{2+} の存在は NaOH 水溶液を加えて，$Mg(OH)_2$ のコロイド状の[白]色沈殿が生じるかどうかで確認。

❾の反応 第3属の水酸化物の特定は，以下のように行う。

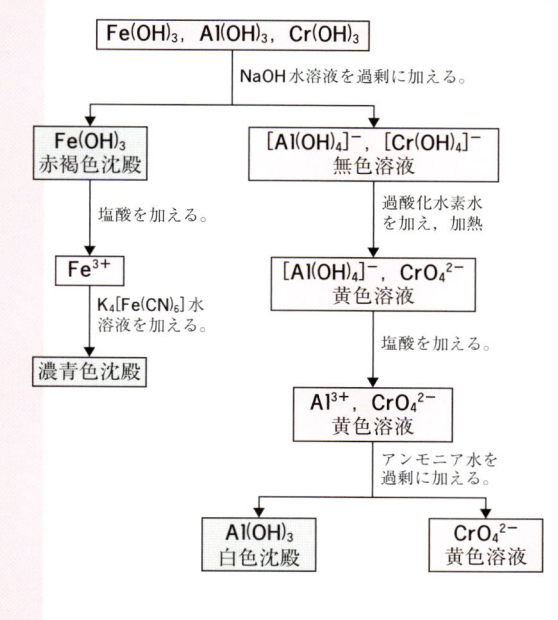

```
   Fe(OH)₃, Al(OH)₃, Cr(OH)₃
           │
           │ NaOH水溶液を過剰に加える。
       ┌───┴────────────────┐
   Fe(OH)₃            [Al(OH)₄]⁻, [Cr(OH)₄]⁻
   赤褐色沈殿              無色溶液
       │                    │
       │ 塩酸を加える。      │ 過酸化水素水
       │                    │ を加え，加熱
      Fe³⁺              [Al(OH)₄]⁻, CrO₄²⁻
       │                    黄色溶液
       │ K₄[Fe(CN)₆]水        │
       │ 溶液を加える。       │ 塩酸を加える。
       │                    │
   濃青色沈殿            Al³⁺, CrO₄²⁻
                           黄色溶液
                            │
                            │ アンモニア水を
                            │ 過剰に加える。
                       ┌────┴────┐
                   Al(OH)₃      CrO₄²⁻
                   白色沈殿      黄色溶液
```

有機化合物編

有機化合物の分類と掲載ページ

脂肪族（鎖式化合物）
炭化水素

アルカン	アルケン	アルキン
124	128	134

酸素を含む化合物

アルコール	エーテル	アルデヒド
138, 142	138	146
ケトン	カルボン酸	エステル
150	154, 158	158

油脂・セッケン・合成洗剤	鎖式化合物のまとめ
168	164

芳香族（ベンゼン環をもつ化合物）

ベンゼン	フェノール	芳香族カルボン酸
172	176	180
サリチル酸	アニリン	芳香族化合物のまとめ
184	188	198

有機化合物の分類と掲載ページ | 123

構造式決定　194
芳香族化合物の分離　204

合成高分子化合物

付加重合生成物	縮合重合生成物	付加縮合生成物
208	212	216

合成ゴム	イオン交換樹脂
220	224

天然高分子化合物

天然ゴム	単糖類	多糖類と二糖類
220	228	232

セルロース誘導体	アミノ酸とタンパク質
236	240

酵素
244

25 メタン

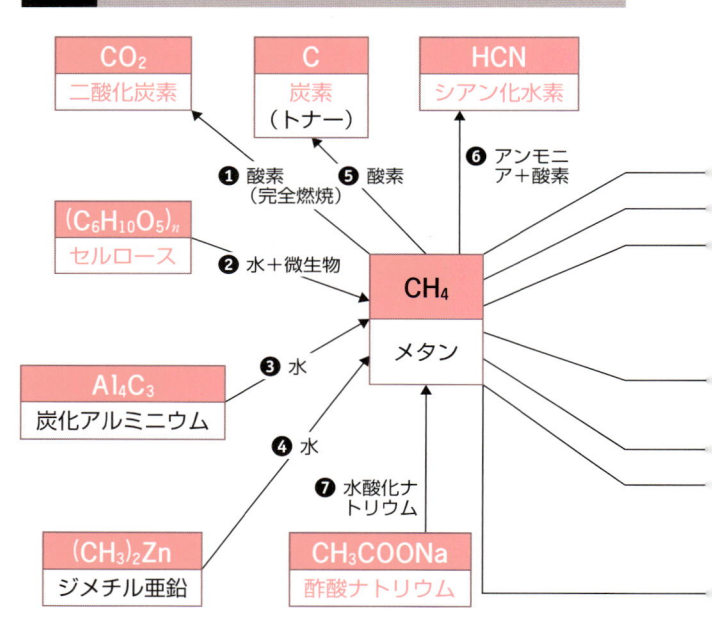

→ p.164

- **CO_2** 二酸化炭素 ← ❶ 酸素（完全燃焼）
- **C** 炭素（トナー）← ❺ 酸素
- **HCN** シアン化水素 ← ❻ アンモニア＋酸素
- **$(C_6H_{10}O_5)_n$** セルロース → ❷ 水＋微生物
- **Al_4C_3** 炭化アルミニウム → ❸ 水
- **$(CH_3)_2Zn$** ジメチル亜鉛 → ❹ 水
- **CH_3COONa** 酢酸ナトリウム → ❼ 水酸化ナトリウム

中央: **CH_4** メタン

反応式

★	❶ $CH_4 + [2]O_2$	$\to CO_2 + 2H_2O$
★	❷ $(C_6H_{10}O_5)_n + [n]H_2O$	$\to 3nCH_4 + 3nCO_2$
	❸ $Al_4C_3 + [12]H_2O$	$\to 3CH_4 + 4Al(OH)_3$
	❹ $(CH_3)_2Zn + [2]H_2O$	$\to 2CH_4 + Zn(OH)_2$
★	❺ $CH_4 + O_2$	$\to C + 2H_2O$
★	❻ $[2]CH_4 + [2]NH_3 + [3]O_2$	$\to 2HCN + 6H_2O$
★	❼ $CH_3COONa + NaOH$	$\to CH_4 + Na_2CO_3$
★	❽ $CH_4 + Br_2$	$\to CH_3Br + HBr$
★	❾ $[2]CH_4$	$\to C_2H_2 + 3H_2$

25 メタン

```
                    CH₃Br
       ❽ 臭素       ブロモメタン                                  塩素置換体
                                     ❺ 塩酸      CH₃Cl
                                     ❻ 塩素      クロロメタン
       ❾ 熱分解     HC≡CH
                    アセチレン                        ❼ 塩素
       ❿ 酸素
         (部分酸化)                                 CH₂Cl₂
                                                  ジクロロメタン
                    CH₃OH
                    メタノール                       ⓲ 塩素
       ⓫ 酸素
         (部分酸化,
         1500℃)                                   CHCl₃
       ⓬ 水                                        クロロホルム
                         ⓮ 水素
       ⓭ 水+              CO                      ⓳ 塩素
         二酸化炭素
                    一酸化炭素                      CCl₄
                                                  四塩化炭素
```

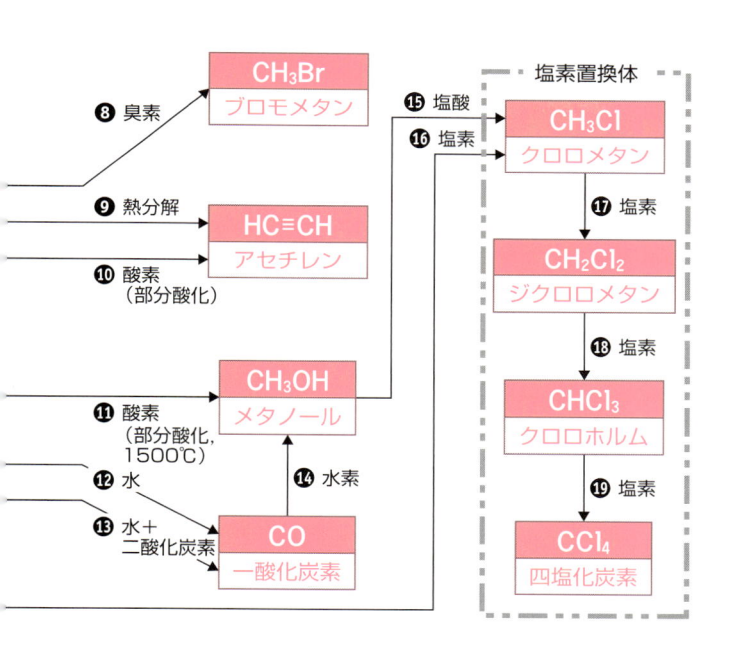

★	❿ [6]$CH_4 + O_2$	$\longrightarrow 2C_2H_2 + 2CO + 10H_2$
★	⓫ [2]$CH_4 + O_2$	$\longrightarrow 2CH_3OH$
★	⓬ $CH_4 + H_2O$	$\longrightarrow CO + 3H_2$
★	⓭ [3]$CH_4 + [2]H_2O + CO_2$	$\longrightarrow 4CO + 8H_2$
★	⓮ $CO + [2]H_2$	$\longrightarrow CH_3OH$
★	⓯ $CH_3OH + HCl$	$\longrightarrow CH_3Cl + H_2O$
★	⓰ $CH_4 + Cl_2$	$\longrightarrow CH_3Cl + HCl$
★	⓱ $CH_3Cl + Cl_2$	$\longrightarrow CH_2Cl_2 + HCl$
★	⓲ $CH_2Cl_2 + Cl_2$	$\longrightarrow CHCl_3 + HCl$
★	⓳ $CHCl_3 + Cl_2$	$\longrightarrow CCl_4 + HCl$

反応のPOINT！

アルカンは，ハロゲン単体と置換反応する。

物質の性質

(1) メタン CH_4
[無]色，[無]臭の[気]体。鎖式飽和炭化水素(別名[アルカン])に分類される化合物で最も分子量が小さい。炭素を中心とした[正四面体]構造なので，極性がなく水に[難溶]。[天然ガス]の主成分で，引火性でよく燃焼し，発熱量が大きい。

$CH_4 + 2O_2 = CO_2 + 2H_2O$ (液体) $+ 890 kJ$

(2) メタンのハロゲン置換体 $CH_{4-n}X_n$
すべて[無]色の物質。物質名は以下のことからも理解できる。

㋐置換数を表す数詞
  1…モノ　2…ジ　3…トリ　4…テトラ

㋑置換するハロゲン
  F…フルオロ　Cl…クロロ　Br…ブロモ　I…ヨード

CH_2Cl_2 は2つの塩素がメタンの水素と置換した構造なので，[ジクロロメタン]となる。とすれば，CH_3Br は，1つの臭素がメタンの水素と置換した構造だから，モノブロモメタンとなるはずだが，「モノ」は省略され，ブロモメタンと呼ばれる。この考えから，$CHCl_3$ は[トリクロロメタン]，CCl_4 は[テトラクロロメタン]と命名されるが，$CHCl_3$ はギ酸 $HCOOH$ (formic acid)と関連付けて[クロロホルム]，CCl_4 は日本名である[四塩化炭素]とも呼ばれる。また，これらをアルキル基とハロゲンの化合物と考えて，CH_3Br を[臭化メチル]，CH_3Cl を[塩化メチル]と呼ぶ場合もある。このような物質名の付け方は，特に $C_nH_{2n+1}X$ の一般式をもつハロゲン化アルキルの場合は，多く見られる。有機化合物の物質名の付け方は，その観点をしっかり理解しておく必要がある。

反応の説明

❶の反応	完全燃焼する場合の反応式。不完全燃焼では、$CH_4 + \dfrac{3}{2} O_2 \longrightarrow CO + 2H_2O$
❷の反応	水中などで植物が腐敗してメタンが発生するときの反応。メタン菌と呼ばれる微生物が関与する。
❺の反応	コピー用のトナー(黒色の粉)として炭素の微粒子を得るときの反応。
❼の反応	実験室でメタンを得るときに行う反応。ソーダ石灰を用いても同様な反応となる。
❽, ⓰の反応	ハロゲンの反応性は $F_2 > Cl_2 > Br_2 > I_2$ で、Cl_2, Br_2 はメタンと混合して[光を照射]するか加熱すると反応するが、I_2 は全く反応しない。F_2 は最も反応性が強く、暗所・室温でも反応する。
❾, ❿の反応	ともに工業的なアセチレンの製法で、高温で、触媒を用いる反応である。
⓬, ⓭の反応	生じる気体は CO と H_2 の混合物だから、[水性ガス]。
⓰〜⓳の反応	メタンと塩素の混合気体に光を照射すると、まず塩素分子が光エネルギーを吸収して、$Cl_2 \longrightarrow 2(Cl)$ と反応する。(Cl)は解離した塩素原子で、エネルギーを多くもった粒子であり、塩素ラジカルと呼ぶ。これがメタン分子と反応して、$CH_4 + (Cl) \longrightarrow CH_3Cl + (H)$ 水素ラジカル(H)を生じ、これが塩素分子と $Cl_2 + (H) \longrightarrow HCl + (Cl)$ と反応する。この一連の反応は非常に複雑で、連鎖的に反応するので、どの物質がどれだけ生じるかわからない。

26 エチレンとプロペン

→ p.164

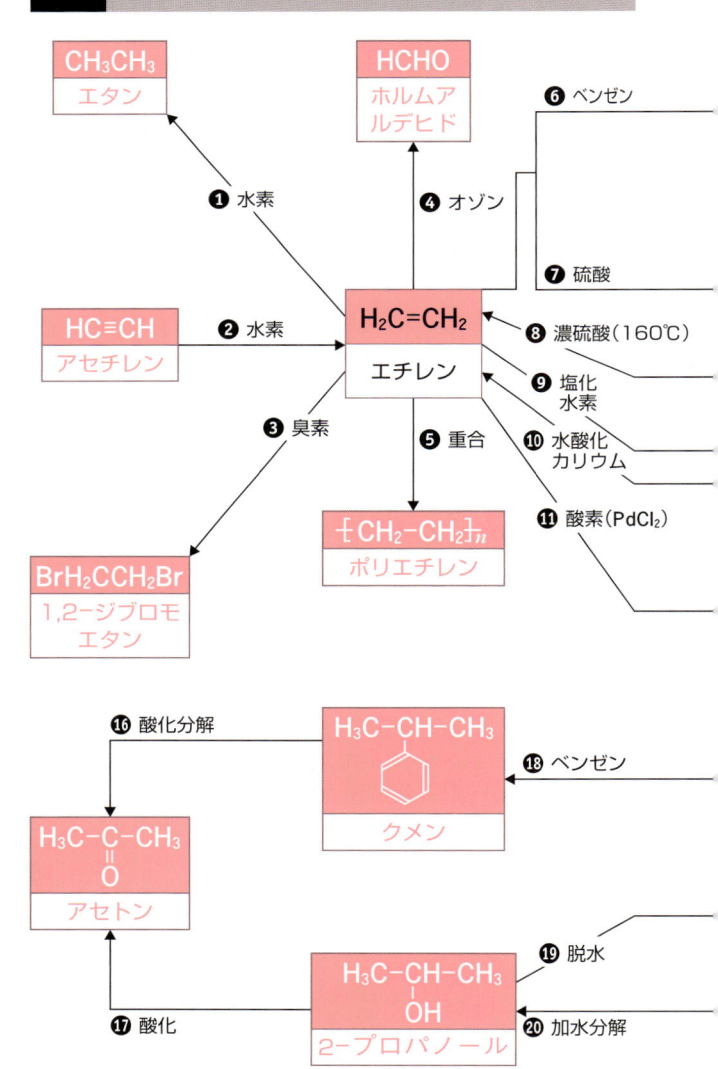

- CH₃CH₃ エタン
- HCHO ホルムアルデヒド
- ❶ 水素
- ❷ 水素 — HC≡CH アセチレン
- ❸ 臭素
- ❹ オゾン
- ❺ 重合
- ❻ ベンゼン
- ❼ 硫酸
- ❽ 濃硫酸(160℃)
- ❾ 塩化水素
- ❿ 水酸化カリウム
- ⓫ 酸素(PdCl₂)

H₂C=CH₂ エチレン

BrH₂CCH₂Br 1,2-ジブロモエタン

⁅CH₂-CH₂⁆ₙ ポリエチレン

- ⓰ 酸化分解
- ⓲ ベンゼン

H₃C-CH-CH₃ (ベンゼン環) クメン

H₃C-C-CH₃
‖
O
アセトン

- ⓱ 酸化
- ⓳ 脱水
- ⓴ 加水分解

H₃C-CH-CH₃
|
OH
2-プロパノール

26 エチレンとプロペン

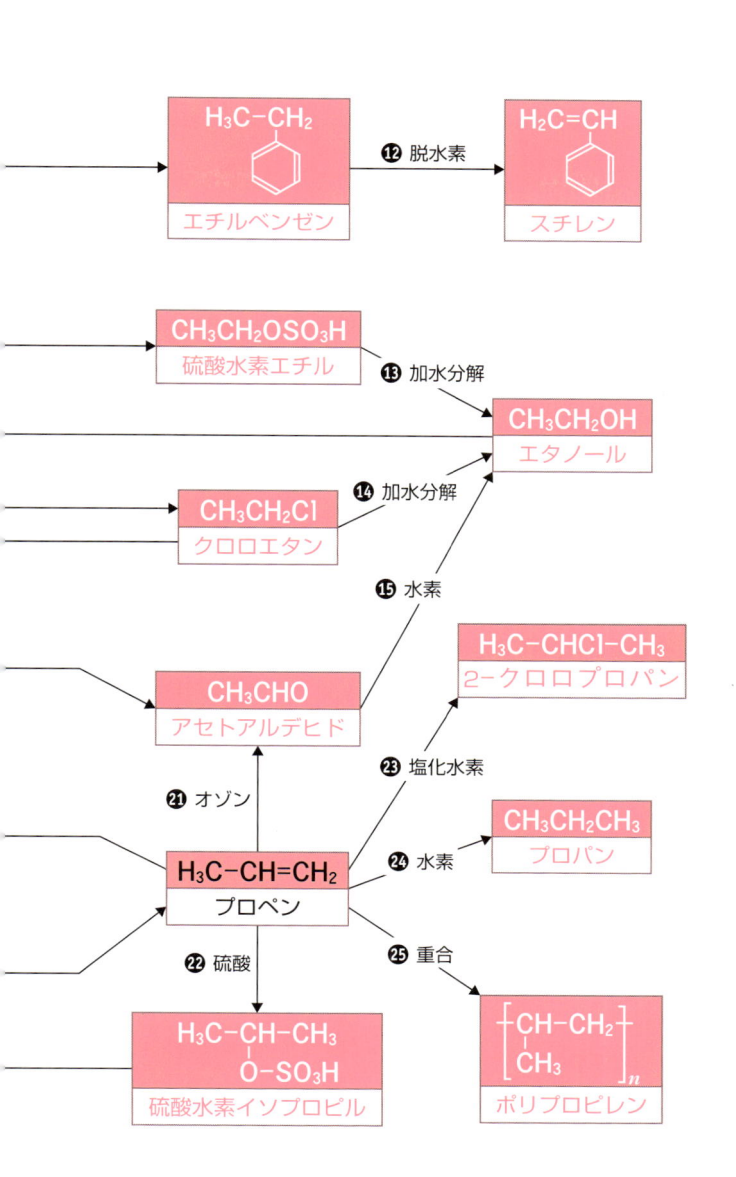

- **エチルベンゼン** $H_3C-CH_2-C_6H_5$ →⑫ 脱水素→ **スチレン** $H_2C=CH-C_6H_5$

- **硫酸水素エチル** $CH_3CH_2OSO_3H$ →⑬ 加水分解→ **エタノール** CH_3CH_2OH
- **クロロエタン** CH_3CH_2Cl →⑭ 加水分解→ **エタノール** CH_3CH_2OH
- ⑮ 水素 → **エタノール** CH_3CH_2OH

- **アセトアルデヒド** CH_3CHO

- **プロペン** $H_3C-CH=CH_2$
  - ㉑ オゾン → **アセトアルデヒド** CH_3CHO
  - ㉓ 塩化水素 → **2-クロロプロパン** $H_3C-CHCl-CH_3$
  - ㉔ 水素 → **プロパン** $CH_3CH_2CH_3$
  - ㉒ 硫酸 → **硫酸水素イソプロピル** $H_3C-CH(O-SO_3H)-CH_3$
  - ㉕ 重合 → **ポリプロピレン** $[CH(CH_3)-CH_2]_n$

反応式

★ ❶ $C_2H_4 + H_2 \longrightarrow C_2H_6$

★ ❷ $C_2H_2 + H_2 \longrightarrow C_2H_4$

❸ $C_2H_4 + Br_2 \longrightarrow BrH_2CCH_2Br$

❹ $C_2H_4 + O_3 \longrightarrow H_2C\underset{O-O}{\overset{O}{\diamond}}CH_2$

$H_2C\underset{O-O}{\overset{O}{\diamond}}CH_2 + [2](H) \longrightarrow 2\,HCHO + H_2O$

★ ❺ $[n]C_2H_4 \longrightarrow \!+\!CH_2\!-\!CH_2\!\!+\!\!{}_n$

★ ❻ $C_2H_4 + C_6H_6 \longrightarrow CH_3CH_2C_6H_5$

★ ❼ $C_2H_4 + H_2SO_4 \longrightarrow CH_3CH_2OSO_3H$

★ ❽ $C_2H_5OH \longrightarrow C_2H_4 + H_2O$

★ ❾ $C_2H_4 + HCl \longrightarrow CH_3CH_2Cl$

★ ❿ $CH_3CH_2Cl + KOH \longrightarrow C_2H_4 + KCl + H_2O$

★ ⓫ $[2]C_2H_4 + O_2 \longrightarrow 2\,CH_3CHO$

★ ⓬ $CH_3CH_2C_6H_5 \longrightarrow C_6H_5CH=CH_2 + H_2$

★ ⓭ $CH_3CH_2OSO_3H + H_2O \longrightarrow C_2H_5OH + H_2SO_4$

★ ⓮ $CH_3CH_2Cl + H_2O \longrightarrow C_2H_5OH + HCl$

★ ⓯ $CH_3CHO + H_2 \longrightarrow C_2H_5OH$

★ ⓰ $(CH_3)_2CHC_6H_5 + O_2 \longrightarrow C_6H_5OH + (CH_3)_2CO$

★ ⓱ $[2](CH_3)_2CHOH + O_2 \longrightarrow 2(CH_3)_2CO + 2\,H_2O$

★ ⓲ $H_3CCH=CH_2 + C_6H_6 \longrightarrow (CH_3)_2CHC_6H_5$

★ ⓳ $(CH_3)_2CHOH \longrightarrow H_3CCH=CH_2 + H_2O$

★ ⓴ $(CH_3)_2CHOSO_3H + H_2O \longrightarrow (CH_3)_2CHOH + H_2SO_4$

★ ㉑ $H_3CCH=CH_2 + O_3 + [2](H) \longrightarrow CH_3CHO + HCHO + H_2O$

★ ㉒ $H_3CCH=CH_2 + H_2SO_4 \longrightarrow (CH_3)_2CHOSO_3H$

26 エチレンとプロペン

★ ㉓ $H_3CCH=CH_2 + HCl \longrightarrow$ (CH$_3$)$_2$CHCl
★ ㉔ $H_3CCH=CH_2 + H_2 \longrightarrow$ C$_3$H$_8$
★ ㉕ $[n]H_3CCH=CH_2 \longrightarrow$ ┤CH(CH$_3$)–CH$_2$├$_n$

反応のPOiNT!

アルケンは,二重結合への付加反応が主な反応。

物質の性質

(1) エチレン C_2H_4

[無]色で,水にほとんど溶けない[気]体。炭素数が2のアルケンなので[エテン]とも呼ばれ,甘い匂いがする。結合している6つの原子はすべて1つの平面上に存在する([平面]構造)。植物ホルモンの一種で,リンゴやバナナの[成熟]を促進する。引火しやすく,酸化剤とは反応しやすく,過酸化水素や過マンガン酸カリウム水溶液で酸化すると,エチレンオキシドを経由して[エチレングリコール(1,2-エタンジオール)]HOCH$_2$CH$_2$OH が生じる。

$$C_2H_4 + H_2O_2 \longrightarrow \underset{\text{エチレンオキシド}}{H_2C\overset{O}{\frown}CH_2} + H_2O \longrightarrow HOCH_2CH_2OH$$

(2) プロペン C_3H_6

[無]色の[気]体。[プロピレン]とも呼ばれる引火性の物質。酸化すると[アクロレイン]H$_2$C=CH–CHO が生じる。

$$H_2C=CH–CH_3 + O_2 \longrightarrow H_2C=CH–CHO + H_2O$$

また,アンモニア,酸素と反応させると[アクリロニトリル]H$_2$C=CH–CN を生じる。

$$2H_2C=CH–CH_3 + 2NH_3 + 3O_2 \\ \longrightarrow 2H_2C=CH–CN + 6H_2O$$

アクロレイン(酸化してアクリル酸 H$_2$C=CH–COOH として利用することが多い),アクリロニトリルはともに付加重合によって高分子化合物を与えるので,プロペンはこれらの合成原料といえる。

反応の説明

❶, ❸, ❻, ❼, ❾の反応	エチレンの二重結合に, 付加反応する反応。❸では, Br_2 の [褐] 色が消失する。
❹の反応	ハリースオゾン分解と呼ばれ, オゾンによって, 炭素-炭素間の二重結合を酸化分解し, 分解生成物から元のアルケンの二重結合の位置などを推定するために行われる反応である。反応では次のように, 2つのカルボニル化合物が生じる(R, R′, R″：アルキル基)。$$\begin{matrix}H\\R\end{matrix}C=C\begin{matrix}R'\\R''\end{matrix} + O_3 + 2(H) \longrightarrow \begin{matrix}H\\R\end{matrix}C=O + O=C\begin{matrix}R'\\R''\end{matrix} + H_2O$$ $KMnO_4$ のような強い酸化剤を用いると, $$\begin{matrix}H\\R\end{matrix}C=C\begin{matrix}R'\\R''\end{matrix} + 3(O) \longrightarrow \begin{matrix}H-O\\R\end{matrix}C=O + O=C\begin{matrix}R'\\R''\end{matrix}$$ 生成物がより酸化された状態になる。
❺の反応	付加反応によって, 単量体([モノマー])が多数結合([重合])するので, [付加重合] 反応という。重合によって生じる物質は重合体(ポリマー)と呼ぶ。
❽の反応	エタノールに濃硫酸を加え, 加熱すると, 温度によって生成物が異なる。$$2C_2H_5OH \longrightarrow C_2H_5OC_2H_5 + H_2O \quad (130 \sim 140℃)$$ $$C_2H_5OH \longrightarrow C_2H_4 + H_2O \quad (160 \sim 170℃)$$ P_4O_{10} を用いても同様な反応が起こる。
⓫の反応	[$PdCl_2$] の水溶液を触媒として, C_2H_4 を空気酸化し直接 CH_3CHO を工業的に得る反応。ヘキストワッカー法と呼ばれ, $H_3CCH=CH_2$ を同じ条件で反応させると, [アセトン] が生じる(p.150参照)。

⓮の反応	一般に塩基性状態で，この反応は行われる。一般式 $C_nH_{2n+1}X$ で表されるハロゲン化アルキルは加水分解して，アルコールを生じやすい。
⓰, ⓲の反応	この一連の反応は，ベンゼンからフェノールを得る [クメン] 法と呼ばれる合成反応である(p.172, 176 参照)。
㉑の反応	前ページの❹の反応について述べた内容を応用してみる。$R=CH_3$，$R'=R''=H$ だから $$H_3C\text{-}C=C\text{-}H + O_3 + 2(H)$$ $$\longrightarrow H_3C\text{-}C=O + O=C\text{-}H + H_2O$$
㉒, ㉓の反応	[マルコフニコフ] 則により，枝分かれが多い炭素原子(この場合は，2番目の炭素原子)に電子吸引性の原子(酸素やハロゲン)が結合した物質が主生成物となる。これは，アルケンの二重結合を形成する電子雲(当然負電荷を帯びている)に対して，正電荷を帯びた反応物質が結合して，以下のように2種のカルボニウムイオンが生じる可能性があるが，左に記した構造の方が安定に存在するために $$H_3C\text{-}C=C\text{-}H \quad H^{\delta+}\text{-}Cl^{\delta-}$$ $$\downarrow$$ $$H_3C\text{-}\overset{+}{C}\text{-}CH_3 \text{ または } H_3C\text{-}CH_2\text{-}\overset{+}{C}\text{-}H + Cl^-$$ ㉓では 2-クロロプロパンが主生成物となり，1-クロロプロパンは副生成物となる。㉒の場合も 2位の炭素原子に硫酸水素イオンの酸素原子が結合したものが主生成物となる。

27 アセチレン

→ p.164

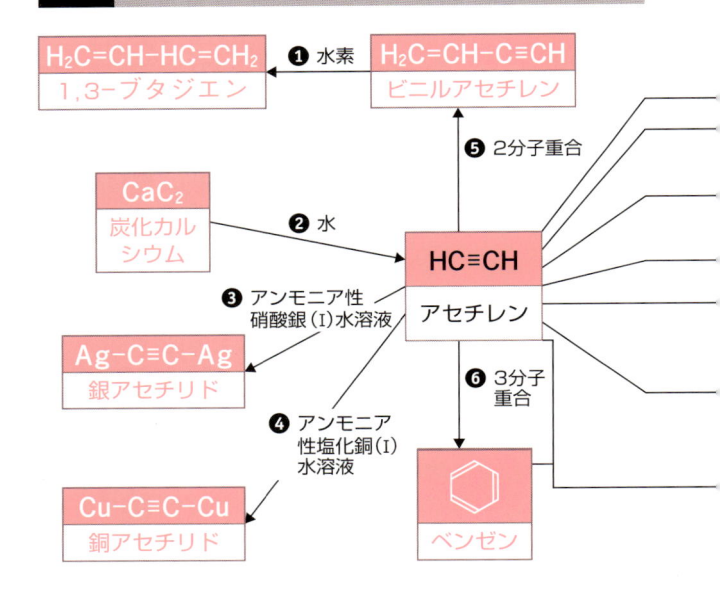

H₂C=CH-HC=CH₂ ← ❶ 水素 ― H₂C=CH-C≡CH
1,3-ブタジエン / ビニルアセチレン

CaC₂ / 炭化カルシウム ― ❷ 水 → HC≡CH / アセチレン

❸ アンモニア性硝酸銀(I)水溶液
Ag-C≡C-Ag / 銀アセチリド

❹ アンモニア性塩化銅(I)水溶液
Cu-C≡C-Cu / 銅アセチリド

❺ 2分子重合

❻ 3分子重合 → ベンゼン

反応式

★	❶ $H_2C=CH-C≡CH + H_2 \longrightarrow H_2C=CH-HC=CH_2$
★	❷ $CaC_2 + [2]H_2O \longrightarrow Ca(OH)_2 + C_2H_2$
★	❸ $C_2H_2 + [2][Ag(NH_3)_2]^+ \longrightarrow Ag-C≡C-Ag + 2NH_4^+ + 2NH_3$
	❹ $C_2H_2 + [2][Cu(NH_3)_2]^+ \longrightarrow Cu-C≡C-Cu + 2NH_4^+ + 2NH_3$
★	❺ $[2]C_2H_2 \longrightarrow H_2C=CH-C≡CH$
★	❻ $[3]C_2H_2 \longrightarrow C_6H_6$
★	❼ $C_2H_2 + HCl \longrightarrow H_2C=CHCl$

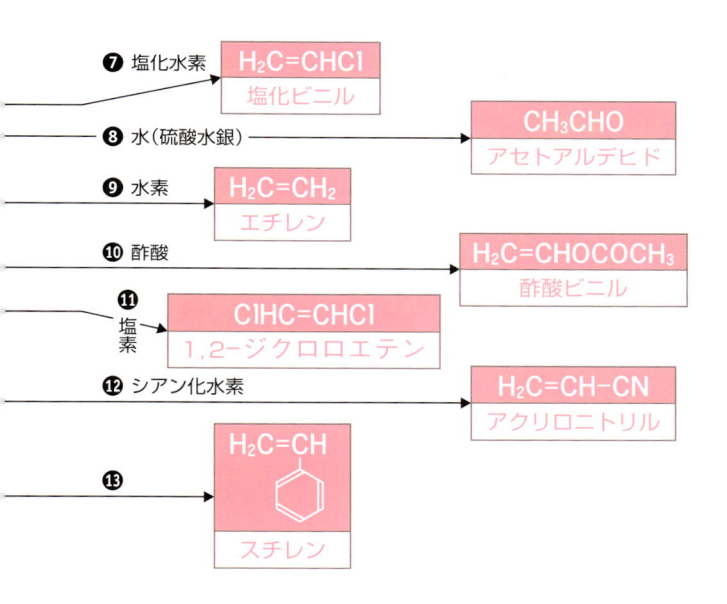

❼ 塩化水素 → H₂C=CHCl 塩化ビニル

❽ 水(硫酸水銀) → CH₃CHO アセトアルデヒド

❾ 水素 → H₂C=CH₂ エチレン

❿ 酢酸 → H₂C=CHOCOCH₃ 酢酸ビニル

⓫ 塩素 → ClHC=CHCl 1,2-ジクロロエテン

⓬ シアン化水素 → H₂C=CH−CN アクリロニトリル

⓭ → H₂C=CH−C₆H₅ スチレン

★	❽ $C_2H_2 + H_2O$	→ CH_3CHO
★	❾ $C_2H_2 + H_2$	→ $H_2C=CH_2$
★	❿ $C_2H_2 + CH_3COOH$	→ $H_2C=CHOCOCH_3$
	⓫ $C_2H_2 + Cl_2$	→ $ClHC=CHCl$
★	⓬ $C_2H_2 + HCN$	→ $H_2C=CHCN$
★	⓭ $C_2H_2 + C_6H_6$	→ $C_6H_5CH=CH_2$

参考

右のような構造をビニル基と呼び,これに塩素が結合すれば塩化ビニル,酢酸イオンが結合すれば酢酸ビニルとなる。

反応のPOiNT!

C₂H₂ は三重結合をもつので，エチレンなどよりも付加反応を起こしやすい。

物質の性質

● アセチレン C_2H_2

[無]色の気体。分子を構成する4つの原子はすべて同一[直線]上に位置する([直線]構造)。酸素と混合して燃焼すると高温が得られるので，[酸素アセチレン炎]として金属溶接などに用いられる。

$$2C_2H_2 + 5O_2 \longrightarrow 4CO_2 + 2H_2O$$

なお，エタン C_2H_6，エチレン C_2H_4，アセチレン C_2H_2 の燃焼熱を比較すると，1560 kJ/mol，1411 kJ/mol，1309 kJ/mol とアセチレンが最も低い値であるが，燃焼によって生じる水は[比熱]が大きいので，水の発生量が最も少ないアセチレンの燃焼[温度]が最も高くなるため，溶接などに用いる。

反応の説明

❶の反応	二重結合よりも三重結合の方が付加反応しやすいために，水素を付加させると，まず1,3-ブタジエンが生じる。この1,3-ブタジエンは[合成ゴム]の主要原料である。
❸，❹の反応	三重結合している炭素原子に結合する水素原子は，重金属イオンに[置換]されて，[アセチリド]の沈殿を生じる。銀アセチリドは[白]色，銅アセチリドは[赤褐]色の沈殿で，炭素鎖の末端に三重結合がある物質の検出に使用される反応。なお，❸の反応後の溶液は爆発性の銀の窒化物を含む可能性があるので，処理するときに注意する。

❺, ❻の反応	最近まで、アセチレンはアルケンのようには多分子による重合反応をせず、このように2分子重合や3分子重合、多くとも4分子重合(シクロオクタテトラエン C_8H_8 が生じる)しかしないと思われていた。 $4C_2H_2 \longrightarrow C_8H_8$ しかし、条件を整えれば、以下のような $nC_2H_2 \longrightarrow \text{\{HC=CH\}}_n$ 重合反応を起こさせることが可能であることがわかった。この物質は、[ポリアセチレン]と呼ばれ、有機化合物には珍しく[電気伝導性]がある物質である。
❽の反応	水を付加すると、以下のようにビニルアルコールが生じるが、 $HC≡CH + H_2O \longrightarrow H_2C=CHOH$ [ケト・エノール互変異性]のため、このビニルアルコールはすぐに、アセトアルデヒドへ[異性化]する。 $H_2C=CHOH \longrightarrow CH_3CHO$
⓫の反応	1,2-ジクロロエテンには、[幾何異性体(シス・トランス異性体)]が存在する。この反応のように、固体触媒なしに反応させた場合は、トランス体が多く生成する。
❼, ❾, ❿, ⓭の反応	これらの反応で得られた二重結合をもつ物質は、高分子化合物の原料となる。 $nH_2C=CHCl \longrightarrow \text{\{H_2C-CHCl\}}_n$ [塩化ビニル]　　　　[ポリ塩化ビニル] $nH_2C=CH_2 \longrightarrow \text{\{H_2C-CH_2\}}_n$ [エチレン]　　　　[ポリエチレン] $nH_2C=CHOCOCH_3 \longrightarrow \text{\{H_2C-CH(OCOCH_3)\}}_n$ [酢酸ビニル]　　　　[ポリ酢酸ビニル] $nH_2C=CHC_6H_5 \longrightarrow \text{\{H_2C-CH(C_6H_5)\}}_n$ [スチレン]　　　　[ポリスチレン]

28 エタノールとエーテル類 → p.164

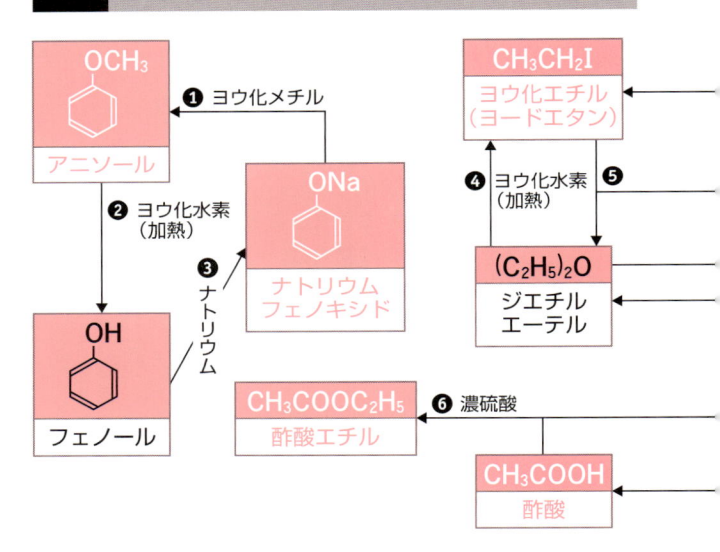

反応式

	❶ $C_6H_5ONa + CH_3I$	$\rightarrow C_6H_5OCH_3 + NaI$
★	❷ $C_6H_5OCH_3 + HI$	$\rightarrow C_6H_5OH + CH_3I$
★	❸ $[2]C_6H_5OH + [2]Na$	$\rightarrow 2C_6H_5ONa + H_2$
	❹ $(C_2H_5)_2O + [2]HI$	$\rightarrow 2C_2H_5I + H_2O$
★	❺ $C_2H_5I + C_2H_5ONa$	$\rightarrow (C_2H_5)_2O + NaI$
★	❻ $C_2H_5OH + CH_3COOH$	$\rightarrow CH_3COOC_2H_5 + H_2O$
★	❼ $[3]C_2H_5OH + PI_3$	$\rightarrow 3C_2H_5I + H_2PHO_3$
	❽ $(C_2H_5)_2O + HI$	$\rightarrow C_2H_5OH + C_2H_5I$
★	❾ $[2]C_2H_5OH$	$\rightarrow (C_2H_5)_2O + H_2O$
★	❿ $[2]C_2H_5OH + [2]Na$	$\rightarrow 2C_2H_5ONa + H_2$

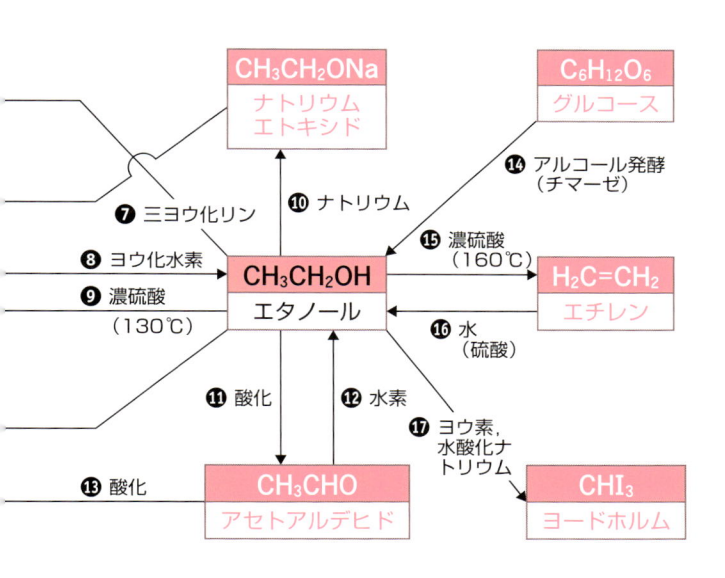

28 エタノールとエーテル類

CH₃CH₂ONa ナトリウムエトキシド

C₆H₁₂O₆ グルコース

❼ 三ヨウ化リン
❿ ナトリウム
⓮ アルコール発酵（チマーゼ）
❽ ヨウ化水素
⓯ 濃硫酸（160℃）
❾ 濃硫酸（130℃）

CH₃CH₂OH エタノール

H₂C=CH₂ エチレン

⓰ 水（硫酸）
⓫ 酸化
⓬ 水素
⓱ ヨウ素, 水酸化ナトリウム
⓭ 酸化

CH₃CHO アセトアルデヒド

CHI₃ ヨードホルム

★	⓫ $C_2H_5OH + (O)$ → $CH_3CHO + H_2O$
★	⓬ $CH_3CHO + H_2$ → C_2H_5OH
★	⓭ $CH_3CHO + (O)$ → CH_3COOH
★	⓮ $C_6H_{12}O_6$ → $2C_2H_5OH + 2CO_2$
★	⓯ C_2H_5OH → $C_2H_4 + H_2O$
★	⓰ $C_2H_4 + H_2O$ → C_2H_5OH
★	⓱ $C_2H_5OH + [4]I_2 + [6]NaOH$ → $HCOONa + 5NaI + 5H_2O + CHI_3$

注意

❹と❽，❾と⓯のように，同じ反応物質の組合せでも，反応温度によって生成物質が異なる。

反応のPOiNT!

アルコール類は，エステル化，脱水，Na との反応など，種々の反応に関連。
エーテル類は，それよりも安定。

物質の性質

(1) エタノール C_2H_5OH
　[無]色透明の液体。特有の[香り]をもち，[麻酔性]がある。水とは[任意の割合]で混ざる。種々の有機化合物もよく溶かすので，溶媒としてよく利用される。タンパク質を変性するので，[消毒]にも利用される。一般にアルコールといえばエタノールのことをいう。

(2) ジエチルエーテル $(C_2H_5)_2O$
　[無]色の[揮発しやすい]液体。特有の臭気があり，引火しやすい。[エタノール]とは任意の割合で混ざり，水には少し溶ける。有機化合物の[無極]性溶媒として有用である。エタノールとの混合物は[麻酔剤]となる。

反応の説明

❶の反応	アニソールは，R–O–R′ の構造をもつので，エーテル類である。エーテル類を合成する反応として，R–ONa と R′–I を， R–ONa + R′–I ⟶ R–O–R′ + NaI と反応させることがある。
❷の反応	❶の逆反応と関連して考えることができる。
❸の反応	フェノールは，酸性を示す物質なので，水酸化ナトリウムを用いて，以下のように反応させて， $C_6H_5OH + NaOH \longrightarrow C_6H_5ONa + H_2O$ ナトリウムフェノキシドを得ることもできる。

❹, ❽の反応	温度によって反応が異なる。 ❹：$(C_2H_5)_2O + [2]HI \longrightarrow 2C_2H_5I + H_2O$ (加熱) ❽：$(C_2H_5)_2O + HI \longrightarrow C_2H_5OH + C_2H_5I$ (冷時)
❺の反応	❶の反応についての説明を参照。
❻の反応	[エステル化]反応である。カルボン酸 RCOOH とアルコール類 R'OH は，酸[触媒]（通常は[濃硫酸]を用いる）の下で，脱水縮合する。 $RCOOH + R'OH \longrightarrow RCOOR' + H_2O$ 生じる RCOOR' を一般に[エステル]と呼び，その物質名は， 　[カルボン酸]の名称＋[アルキル基]の名称 である。したがって，ここで生じる物質は，酢酸エチルと呼ばれる。
❼の反応	塩化水素を作用させると，塩化エチルが生じる。 $C_2H_5OH + HCl \longrightarrow C_2H_5Cl + H_2O$
❾, ⓯の反応	p.132 にも記したが，低温では[分子間]で脱水反応が起こり，[エーテル]が生じ，高温では[分子内]で脱水反応が起こり，[アルケン]が生じる。メタノールに濃硫酸を加え，加熱すると， $2CH_3OH \longrightarrow (CH_3)_2O + H_2O$ と反応し，[ジメチルエーテル]が生じる。
⓫, ⓭の反応	エタノールのような第一級アルコールは，酸化すると， 　アルコール→アルデヒド→カルボン酸 となっていく。
⓱の反応	この反応によって，ヨードホルムの[黄]色の特有な[臭い]がある沈殿が生じる。[ヨードホルム反応]と呼ばれ，以下の構造を有する化合物に特有の反応で，構造式決定などに用いられる反応である。($R=H, CH_3-, C_2H_5-, \cdots$) $\mathrm{CH_3-\underset{OH}{CH}-R} \qquad \mathrm{CH_3-\underset{O}{C}-R}$

29 ブチルアルコール

→ p.164

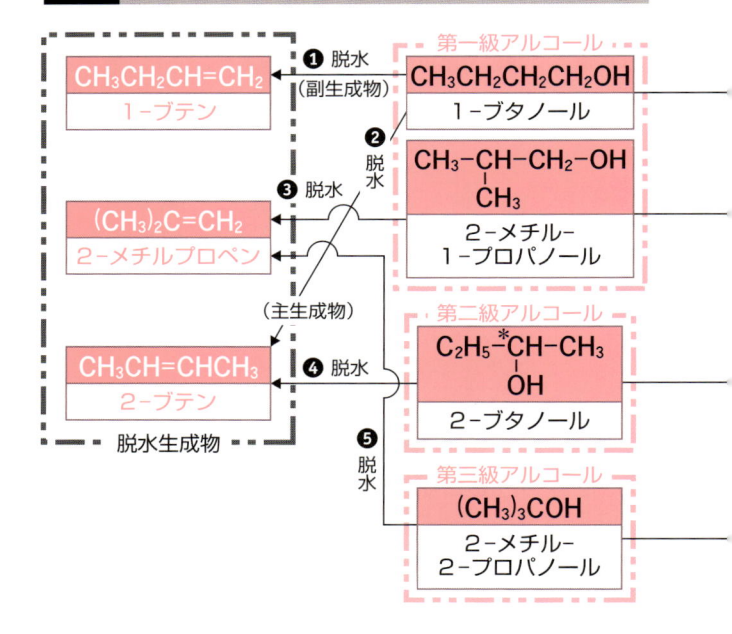

脱水生成物

第一級アルコール
- $CH_3CH_2CH_2CH_2OH$ 1-ブタノール
  - ❶ 脱水（副生成物）→ $CH_3CH_2CH=CH_2$ 1-ブテン
  - ❷ 脱水 →
- $CH_3-CH-CH_2-OH$
  $\quad\quad |$
  $\quad\ CH_3$
  2-メチル-1-プロパノール
  - ❸ 脱水 → $(CH_3)_2C=CH_2$ 2-メチルプロペン

第二級アルコール
- $C_2H_5-\overset{*}{C}H-CH_3$
  $\quad\quad\ |$
  $\quad\quad OH$
  2-ブタノール
  - ❹ 脱水 → $CH_3CH=CHCH_3$ 2-ブテン（主生成物）

第三級アルコール
- $(CH_3)_3COH$ 2-メチル-2-プロパノール
  - ❺ 脱水 → $(CH_3)_2C=CH_2$

反 応 式

★ ❶ $CH_3(CH_2)_3OH \longrightarrow CH_3CH_2CH=CH_2 + H_2O$

★ ❷ $CH_3(CH_2)_3OH \longrightarrow CH_3CH=CHCH_3 + H_2O$

❸ $(CH_3)_2CHCH_2OH \longrightarrow (CH_3)_2C=CH_2 + H_2O$

★ ❹ $C_2H_5CH(OH)CH_3 \longrightarrow CH_3CH=CHCH_3 + H_2O$

❺ $(CH_3)_3COH \longrightarrow (CH_3)_2C=CH_2 + H_2O$

★ ❻ $CH_3(CH_2)_3OH + (O) \longrightarrow CH_3(CH_2)_2CHO + H_2O$

★ ❼ $CH_3(CH_2)_2CHO + (O) \longrightarrow CH_3(CH_2)_2COOH$

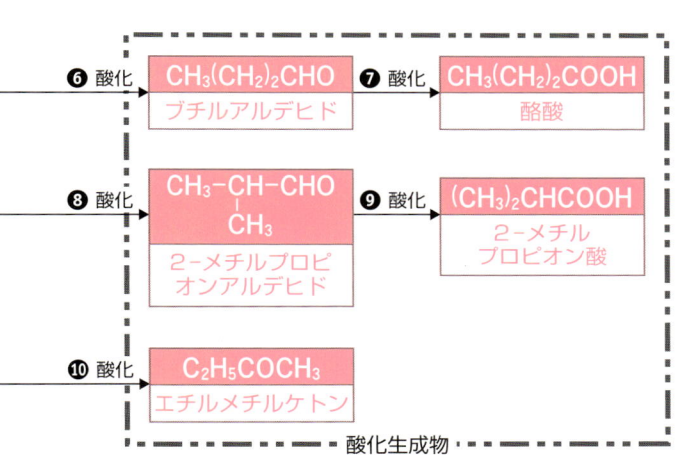

❻ 酸化	CH₃(CH₂)₂CHO ブチルアルデヒド
❼ 酸化	CH₃(CH₂)₂COOH 酪酸
❽ 酸化	CH₃-CH-CHO 　　│ 　　CH₃ 2-メチルプロピオンアルデヒド
❾ 酸化	(CH₃)₂CHCOOH 2-メチルプロピオン酸
❿ 酸化	C₂H₅COCH₃ エチルメチルケトン

‥‥ 酸化生成物

* : 不斉炭素原子

酸化 → 酸化されない

★	❽ $(CH_3)_2CHCH_2OH + (O)$ 　　　　　　→ $(CH_3)_2CHCHO + H_2O$
★	❾ $(CH_3)_2CHCHO + (O) \longrightarrow (CH_3)_2CHCOOH$
★	❿ $C_2H_5CH(OH)CH_3 + (O)$ 　　　　　　→ $C_2H_5COCH_3 + H_2O$

注意 R, R′, R″ が
すべてアルキル基 ⇒ 第三級アルコール,
1つが水素 ⇒ 第二級アルコール,
2つ以上が水素 ⇒ 第一級アルコール。

$$R-\underset{R''}{\overset{R'}{C}}-OH$$

反応のPOiNT!

アルコール類は，ヒドロキシ基が結合している炭素原子の結合状態によって，第一級〜第三級アルコールに分類され，それぞれ反応性が異なる。

物質の性質

● 分子式 $C_4H_{10}O$ の異性体

$C_nH_{2n+2}O$ の一般式に当てはまるから，単結合しか含まない [鎖式] 有機化合物とわかる。C_4H_{10} には，以下のような 2 つの構造が考えられる。

したがって，以下の図の → を施した箇所に酸素が結合した物質が異性体として考えられる。

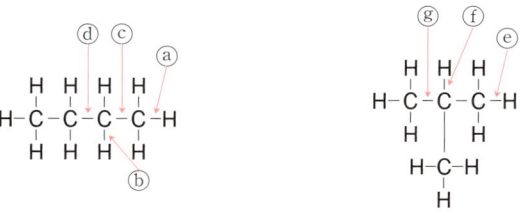

ⓒ, ⓓ, ⓖ に酸素が結合した物質はエーテルである。ⓐ, ⓔ に酸素が結合したものは第一級アルコール，ⓑ に酸素が結合したものは第二級アルコール，ⓕ に酸素が結合したものは第三級アルコールで，沸点は ⓐ：117.3℃，ⓔ：108℃，ⓑ：98.5℃，ⓕ：83.5℃ と，分子の構造に枝分かれが多く，ひと塊になった方が低くなる傾向がある。

反応の説明

❶, ❷の反応	反応によって二重結合が生じる場合, [ザイツェフ則] と呼ばれる原則によって, 二重結合している炭素原子に [アルキル基] が多く結合した物質が主生成物になる。なお, 2-ブテンには幾何異性体(シス・トランス異性体)が存在するが, ここでは, そのうちのトランス体が多く生じる。
❹の反応	ここでも, 1-ブテンが生じる可能性があるが, [ザイツェフ則] のために主生成物は 2-ブテンになる。
❻, ❼, ❽, ❾の反応	第一級アルコールは酸化すると, 　アルコール→[アルデヒド]→[カルボン酸] となる。硫酸酸性下で $KMnO_4$ 水溶液などの強力な酸化剤を用いると, アルデヒドを経ずにカルボン酸となる場合もある。硫酸酸性の $K_2Cr_2O_7$ を用いた❻の反応を考えると, $Cr_2O_7^{2-} + 14H^+ + 6e^- \longrightarrow 2Cr^{3+} + 7H_2O$ 　　　　　　　　　　　　　　　　…(a) $CH_3(CH_2)_3OH$ $\longrightarrow CH_3(CH_2)_2CHO + 2H^+ + 2e^-$　…(b) とそれぞれ反応するので, (a)+(b)×3 を行い, 両辺に K^+ を2つ, SO_4^{2-} を4つ加える。 $K_2Cr_2O_7 + 3CH_3(CH_2)_3OH + 4H_2SO_4$ $\longrightarrow K_2SO_4 + Cr_2(SO_4)_3 + 3CH_3(CH_2)_2CHO$ 　　　　　　　　　　　　　　　　$+ 7H_2O$
❿の反応	第二級アルコールは酸化すると, 　アルコール→[ケトン] となる。また, 第三級アルコールは酸化されにくい物質である。 アルコールの酸化をまとめると, ヒドロキシ基が結合している炭素原子に直接結合している [水素原子の数] だけ, 酸化されるともいえる。

30 アルデヒド類の反応 → p.164

CH₃CH(OH)NH₂
アセトアルデヒド
アンモニア

❶ アンモニア

CH₃COOH
酢酸

❼ 酸化

❷ 銀鏡反応
CH₃COO⁻
酢酸イオン
❸ フェーリング反応
❹ ギ酸カルシウム

CH₃CHO
アセトアルデヒド

❺ ヨウ素, 水酸化ナトリウム

❽ 酸化 ❾ 水素

CHI₃
ヨードホルム

C₂H₅OH
エタノール

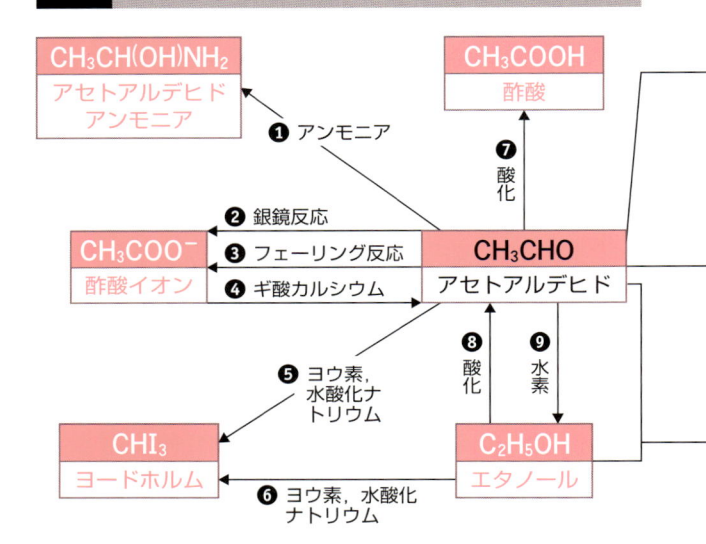

❻ ヨウ素, 水酸化ナトリウム

反応式

❶ $CH_3CHO + NH_3 \longrightarrow CH_3CH(OH)NH_2$

★ ❷ $CH_3CHO + [2][Ag(NH_3)_2]^+ + [2]OH^-$
$\longrightarrow 2Ag + CH_3COO^- + NH_4^+ + 3NH_3 + H_2O$

★ ❸ $CH_3CHO + [2]Cu^{2+} + [5]OH^-$
$\longrightarrow Cu_2O + CH_3COO^- + 3H_2O$

★ ❹ $[2]CH_3COO^- + (HCOO)_2Ca$
$\longrightarrow 2CH_3CHO + CaCO_3 + CO_3^{2-}$

★ ❺ $CH_3CHO + [3]I_2 + [4]NaOH$
$\longrightarrow HCOONa + 3NaI + 3H_2O + CHI_3$

★ ❻ $C_2H_5OH + [4]I_2 + [6]NaOH$
$\longrightarrow HCOONa + 5NaI + 5H_2O + CHI_3$

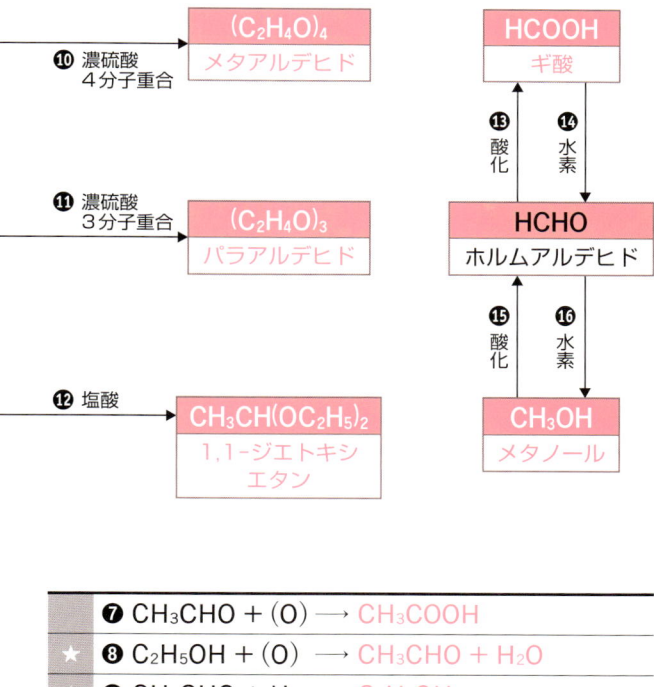

30 アルデヒド類の反応

```
❿ 濃硫酸    →  (C₂H₄O)₄
  4分子重合     メタアルデヒド

⓫ 濃硫酸    →  (C₂H₄O)₃
  3分子重合     パラアルデヒド

⓬ 塩酸      →  CH₃CH(OC₂H₅)₂
              1,1-ジエトキシ
              エタン

HCOOH
ギ酸
  ⓭ 酸化  ⓮ 水素

HCHO
ホルムアルデヒド
  ⓯ 酸化  ⓰ 水素

CH₃OH
メタノール
```

❼	$CH_3CHO + (O) \longrightarrow CH_3COOH$
★ ❽	$C_2H_5OH + (O) \longrightarrow CH_3CHO + H_2O$
★ ❾	$CH_3CHO + H_2 \longrightarrow C_2H_5OH$
❿	$[4]CH_3CHO \longrightarrow (C_2H_4O)_4$
⓫	$[3]CH_3CHO \longrightarrow (C_2H_4O)_3$
⓬	$CH_3CHO + [2]C_2H_5OH$ $\longrightarrow CH_3CH(OC_2H_5)_2 + H_2O$
★ ⓭	$HCHO + (O) \longrightarrow HCOOH$
★ ⓮	$HCOOH + H_2 \longrightarrow HCHO + H_2O$
⓯	$CH_3OH + (O) \longrightarrow HCHO + H_2O$
★ ⓰	$HCHO + H_2 \longrightarrow CH_3OH$

反応のPOiNT!

アルデヒドは還元性があり，銀鏡反応・フェーリング反応に陽性。酸化されて，カルボン酸になる。

物質の性質

(1) アセトアルデヒド CH_3CHO
 [刺激] 臭がある [無] 色の液体。沸点が 20.2℃ なので，[揮発] しやすい。実験室では，C_2H_5OH を $K_2Cr_2O_7$ によって酸化したり，加熱した銅線で C_2H_5OH を酸化して得る。

(2) ホルムアルデヒド $HCHO$
 [刺激] 臭がある無色の [気] 体。実験室では，メタノールの酸化の他に，ギ酸カルシウムの乾留によって得る。
 $(HCOO)_2Ca \longrightarrow HCHO + CaCO_3$
 重合しやすく，無水のものからは，[トリオキサン] $(CH_2O)_3$，水溶液からは，パラホルムアルデヒドの [白] 色沈殿 $HO(CH_2O)_nH$ が生じる。
 $3 HCHO \longrightarrow (CH_2O)_3$
 $n HCHO + H_2O \longrightarrow HO[CH_2-O]_nH$
 この重合反応を抑えるために，メタノールを混合させた状態にするのが一般的で，この溶液を [ホルマリン] という。

反応の説明

❶, ⓬ の反応	カルボニル基($>C=O$)の酸素は強く負に，炭素は正に帯電しているため，アンモニア分子内の窒素(負に帯電している)はカルボニル基の炭素と結合する。エタノール内の酸素も負に帯電しているので，カルボニル基の炭素と結合する。
❷ の反応	アンモニア性硝酸銀(Ⅰ)水溶液を作用させると，アルデヒドの還元性のために [銀白] 色の銀が析出する。

❸の反応	フェーリングA液($CuSO_4$ 水溶液)とB液(酒石酸ナトリウムカリウムと水酸化ナトリウムの混合水溶液)を使用直前に等量混合して，これに試薬(この場合は CH_3CHO)を加えて加熱する。加えた試薬に還元性がある場合は，Cu_2O の[赤]色沈殿が生じる。 なお，酒石酸ナトリウムカリウムは，別名[ロッシェル塩]という。
❹の反応	ギ酸カルシウムと酢酸カルシウムの混合物を乾留してアセトアルデヒドを得る場合がある。 $(HCOO)_2Ca + (CH_3COO)_2Ca$ $\longrightarrow 2CH_3CHO + 2CaCO_3$ これは，酸化還元反応で， $HCOO^- \longrightarrow CO_2 + H^+ + 2e^-$ …(a) $CH_3COO^- + 3H^+ + 2e^- \longrightarrow CH_3CHO + H_2O$ …(b) と反応する。よって，(a)×2+(b)×2を行い，両辺に Ca^{2+} を2つ加え，H^+ を4つ消去(右辺は $CO_2 + H_2O$ によって生じる H_2CO_3 2分子から消去)すると，この反応式が得られる。
❿，⓫の反応	アセトアルデヒドも重合しやすく，常温でアセトアルデヒドに濃硫酸を加えると，激しく反応し，パラアルデヒド([液]体)が生じ，0℃以下で重合させると，メタアルデヒドの[無]色の[針状]結晶が得られる。
⓭の反応	ギ酸はアルデヒド基をもっているので，さらに酸化される。 $HCOOH \longrightarrow CO_2 + 2H^+ + 2e^-$ したがって，ギ酸も銀鏡反応を示すが，フェーリング反応は進行しにくい。

31 アセトン

→ p.164

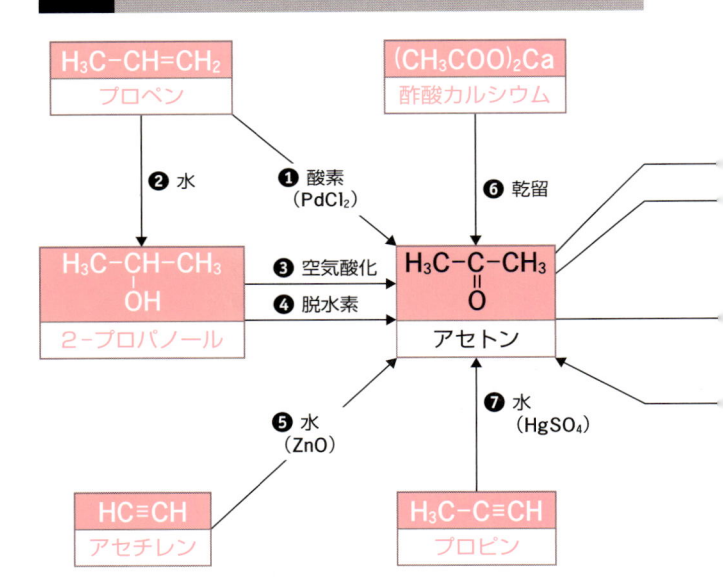

$H_3C-CH=CH_2$ プロペン		$(CH_3COO)_2Ca$ 酢酸カルシウム

- ❶ 酸素 ($PdCl_2$)
- ❷ 水
- ❸ 空気酸化
- ❹ 脱水素
- ❺ 水 (ZnO)
- ❻ 乾留
- ❼ 水 ($HgSO_4$)

$H_3C-CH-CH_3$
  $|$
  OH
2-プロパノール

$H_3C-\underset{\underset{O}{\|}}{C}-CH_3$
アセトン

$HC\equiv CH$
アセチレン

$H_3C-C\equiv CH$
プロピン

反応式

★ ❶ $[2]H_3CCH=CH_2 + O_2 \longrightarrow 2(CH_3)_2CO$

★ ❷ $H_3CCH=CH_2 + H_2O \longrightarrow (CH_3)_2CHOH$

★ ❸ $[2](CH_3)_2CHOH + O_2 \longrightarrow 2(CH_3)_2CO + 2H_2O$

★ ❹ $(CH_3)_2CHOH \longrightarrow (CH_3)_2CO + H_2$

❺ $[2]C_2H_2 + [3]H_2O \longrightarrow (CH_3)_2CO + CO_2 + 2H_2$

★ ❻ $(CH_3COO)_2Ca \longrightarrow CaCO_3 + (CH_3)_2CO$

★ ❼ $H_3CC\equiv CH + H_2O \longrightarrow (CH_3)_2CO$

❽ $(CH_3)_2CO + HCN \longrightarrow (CH_3)_2C(OH)CN$

❾ $(CH_3)_2CO + CH_3MgI + H_2O$
    $\longrightarrow (CH_3)_3COH + Mg^{2+} + I^- + OH^-$

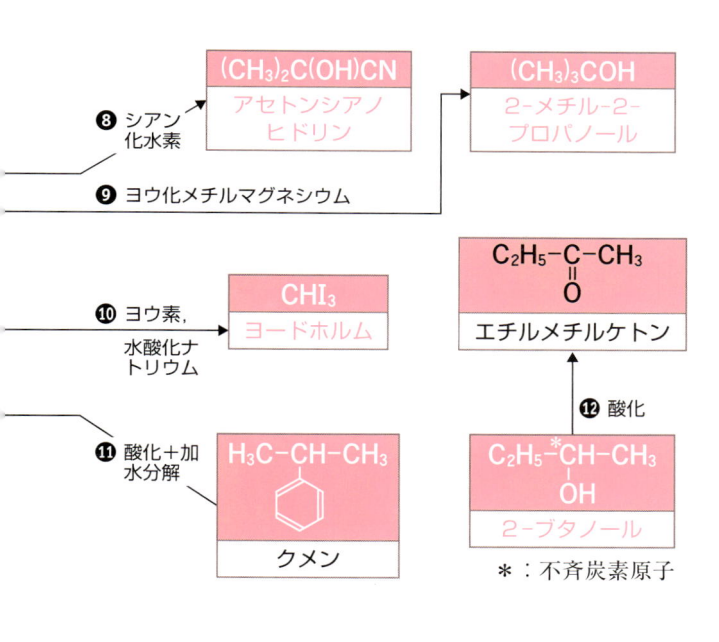

31 アセトン

❽ シアン化水素 → (CH₃)₂C(OH)CN アセトンシアノヒドリン

❾ ヨウ化メチルマグネシウム → (CH₃)₃COH 2-メチル-2-プロパノール

❿ ヨウ素, 水酸化ナトリウム → CHI₃ ヨードホルム

⓫ 酸化+加水分解 → H₃C-CH-CH₃ (フェニル基) クメン

C₂H₅-C-CH₃
         ‖
         O
エチルメチルケトン

⓬ 酸化 ← C₂H₅-*CH-CH₃
              |
              OH
         2-ブタノール

*：不斉炭素原子

★	**❿** $(CH_3)_2CO + [3]I_2 + [4]NaOH$ 　　$\longrightarrow CH_3COONa + 3NaI + CHI_3 + 3H_2O$
★	**⓫** $C_6H_5CH(CH_3)_2 + O_2$ 　　$\longrightarrow C_6H_5OH + (CH_3)_2CO$
★	**⓬** $C_2H_5CH(OH)CH_3 + (O) \longrightarrow C_2H_5COCH_3 + H_2O$

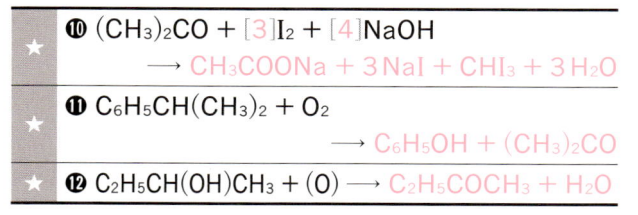

参考 ケトンのIUPAC名は，炭素数の等しいアルカンの名称の語尾の -ne を，-none にすることによってつけられる。アセトンは炭素数3であり，対応するアルカンがプロパン propane なので，IUPAC名ではプロパノン propanone となる。エチルメチルケトンは同様にして，ブタノンとなる。

反応の POiNT!

ケトン類は，第二級アルコールの酸化によって生じ，還元性がない。

物質の性質

(1) アセトン $(CH_3)_2CO$
[特異] 臭がある [無] 色の液体。水，アルコール，エーテルなど，極性物質や無極性物質ともよく溶けあうので，溶媒としてよく用いられる。工業的には，2-プロパノールの脱水素やクメン法によるフェノール合成の副生成物として得ている。また，デンプンにアセトンブタノール菌を作用させると [発酵] し，1-ブタノールとともに生じる。濃硫酸を加えて蒸留すると 1,3,5-トリメチルベンゼン（メシチレン）が得られる。

$$3(CH_3)_2CO \longrightarrow C_6H_3(CH_3)_3 + 3H_2O$$

還元力はないが，強く酸化すると，酢酸とギ酸が生じる。

$$(CH_3)_2CO + 3(O) \longrightarrow CH_3COOH + HCOOH$$

(2) プロピルアルコール C_3H_7OH，$(CH_3)_2CHOH$
1-プロパノール：良い香りがする [無] 色の液体。沸点 97.2℃，水には任意の割合で溶解する。第一級アルコールなので，酸化すると，アルデヒド（プロピオンアルデヒド）を経て，カルボン酸（プロピオン酸）になる。

$$CH_3CH_2CH_2OH + (O) \longrightarrow C_2H_5CHO + H_2O$$
$$C_2H_5CHO + (O) \longrightarrow C_2H_5COOH$$

2-プロパノール：[無] 色の液体。沸点は 82.4℃ なので，比較的揮発しやすい。第二級アルコールなので，酸化するとケトン（アセトン）を生じる。
なお，アルコールの IUPAC 名は，炭素数の等しいアルカンの語尾 -ne を -nol とし，ヒドロキシ基が結合する炭素の位置を数で示す。

反応の説明

❶の反応	p.132 でも述べたヘキストワッカー法である。
❷の反応	[硫酸] を触媒として、プロペンに水を付加させる。1-プロパノールが生成する可能性もあるが、マルコフニコフ則により、2位にヒドロキシ基が結合した2-プロパノールが主生成物となる。
❸, ❹の反応	❸は 400℃〜600℃ で、Cu や Ag を触媒に用いると起こり、❹は加圧下 500℃ 近辺で、Cu を触媒に用いると起こる。
❻の反応	実験室でアセトンを得るために行う反応。
❼の反応	硫酸水銀を触媒として水を付加すると、マルコフニコフ則により、まず2位にヒドロキシ基が結合した、エノールが生じる。 $H_3C-C\equiv CH + H_2O \longrightarrow H_3C-C(OH)=CH_2$ これが、ケト・エノール互変異性のために、 $H_3C-C(OH)=CH_2 \longrightarrow H_3C-CO-CH_3$ と異性化する。
❽の反応	ケトン内のカルボニル基($>C=O$)もアルデヒドと同じように分極しているので、このような付加反応が起こる。
❾の反応	R–MgI のような試薬をグリニャール試薬と呼び、アルキル基を他の化合物に結合させるときに用いられる。
❿の反応	アセトンには、CH_3-CO- の構造があるので、ヨードホルム反応に陽性である。
⓫の反応	クメンを酸化すると、まず以下のように、 $C_6H_5CH(CH_3)_2 + O_2 \longrightarrow C_6H_5C(CH_3)_2OOH$ クメンヒドロペルオキシドが生じる。これを硫酸などを用いて加水分解する(p.176 参照)。 $C_6H_5C(CH_3)_2OOH \longrightarrow C_6H_5OH + (CH_3)_2CO$

32 酢酸とギ酸

⇒ p.164

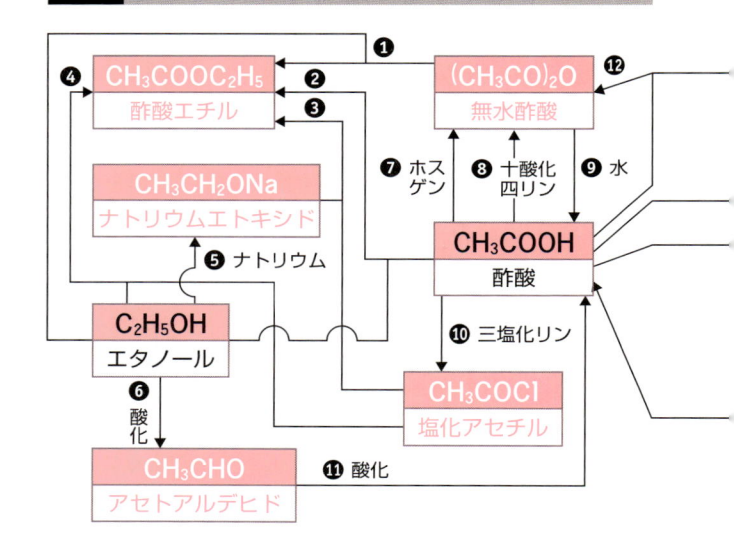

```
         ❶
CH₃COOC₂H₅ ← (CH₃CO)₂O  ❷
酢酸エチル    無水酢酸    ❸
                         ❹
     ❼ ホス  ❽ 十酸化  ❾ 水
     ゲン     四リン
CH₃CH₂ONa            CH₃COOH
ナトリウムエトキシド      酢酸
     ❺ ナトリウム
C₂H₅OH              ❿ 三塩化リン
エタノール
     ❻ 酸化           CH₃COCl
                    塩化アセチル
CH₃CHO    ⓫ 酸化
アセトアルデヒド
```

反 応 式

★	❶ $(CH_3CO)_2O + C_2H_5OH$ $\longrightarrow CH_3COOC_2H_5 + CH_3COOH$
★	❷ $CH_3COOH + C_2H_5OH \longrightarrow CH_3COOC_2H_5 + H_2O$
★	❸ $CH_3COCl + C_2H_5ONa \longrightarrow CH_3COOC_2H_5 + NaCl$
★	❹ $CH_3COCl + C_2H_5OH \longrightarrow CH_3COOC_2H_5 + HCl$
★	❺ $[2]C_2H_5OH + [2]Na \longrightarrow 2\,C_2H_5ONa + H_2$
	❻ $C_2H_5OH + (O) \longrightarrow CH_3CHO + H_2O$
	❼ $[2]CH_3COOH + COCl_2$ $\longrightarrow (CH_3CO)_2O + 2\,HCl + CO_2$
★	❽ $[4]CH_3COOH + P_4O_{10} \longrightarrow 2(CH_3CO)_2O + 4\,HPO_3$
★	❾ $(CH_3CO)_2O + H_2O \longrightarrow 2\,CH_3COOH$

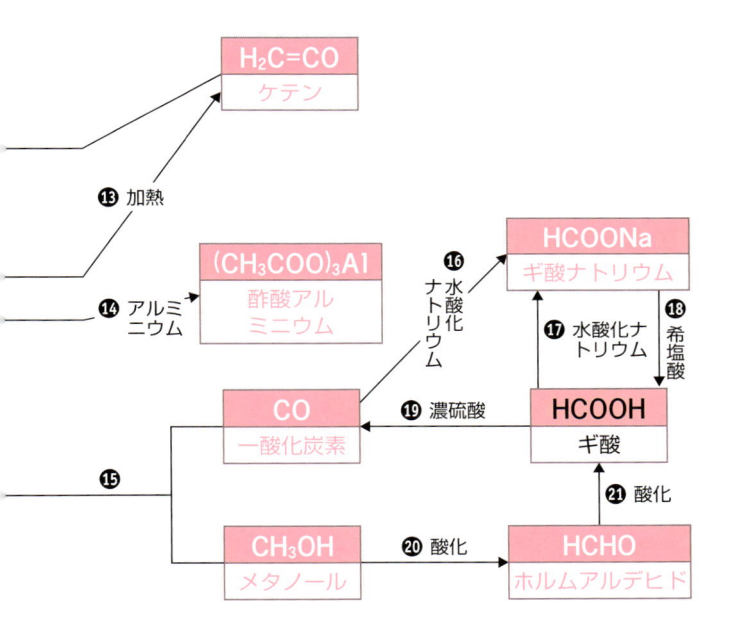

32 酢酸とギ酸

```
          H₂C=CO
          ケテン
            ↑
         ⑬ 加熱
            |
        (CH₃COO)₃Al      ⑯ 水酸化ナトリウム      HCOONa
   ⑭ アルミニウム                                ギ酸ナトリウム
        酢酸アルミニウム                            ↑
                                         ⑰ 水酸化ナトリウム    ⑱ 希塩酸
            CO       ⑲ 濃硫酸       HCOOH
         一酸化炭素                    ギ酸
   ⑮                                   ↑
           CH₃OH     ⑳ 酸化       HCHO
          メタノール              ホルムアルデヒド   ㉑ 酸化
```

★	⑩ [3]$CH_3COOH + PCl_3$	$\rightarrow 3CH_3COCl + H_2PHO_3$
★	⑪ $CH_3CHO + (O)$	$\rightarrow CH_3COOH$
	⑫ $CH_3COOH + H_2C=CO$	$\rightarrow (CH_3CO)_2O$
	⑬ CH_3COOH	$\rightarrow H_2C=CO + H_2O$
★	⑭ [2]$Al + [6]CH_3COOH$	$\rightarrow 2(CH_3COO)_3Al + 3H_2$
★	⑮ $CH_3OH + CO$	$\rightarrow CH_3COOH$
★	⑯ $NaOH + CO$	$\rightarrow HCOONa$
★	⑰ $HCOOH + NaOH$	$\rightarrow HCOONa + H_2O$
★	⑱ $HCOONa + HCl$	$\rightarrow HCOOH + NaCl$
★	⑲ $HCOOH$	$\rightarrow CO + H_2O$
★	⑳ $CH_3OH + (O)$	$\rightarrow HCHO + H_2O$
★	㉑ $HCHO + (O)$	$\rightarrow HCOOH$

反応のPOiNT!

酢酸・ギ酸は1価の弱酸。アルコールと脱水縮合（エステル化）反応して，エステルを生じる。

物質の性質

(1) 酢酸 CH_3COOH

[無]色で，[刺激]臭と[酸味]をもつ液体。融点が16.6℃で，冬季に凝固するので，純度が高いものを[氷酢酸]という。食酢の主成分をなすが，食用の酢は，エタノールを酢酸菌によって[酢酸発酵]させて得る。

$$C_2H_5OH + O_2 \longrightarrow CH_3COOH + H_2O$$

水には任意の割合で溶解し，電離して弱酸性を示すが，エーテルなどの無極性溶媒に溶解した場合は，2分子間で水素結合を生じ，[二量体]（dimer）になる傾向がある。

$$CH_3-C\overset{O\cdots\cdots H-O}{\underset{O-H\cdots\cdots O}{}}C-CH_3 \quad （\cdots\cdotsは，水素結合を示す。）$$

(2) ギ酸 $HCOOH$

[無]色で[刺激]臭がある液体。アリやハチの毒に含まれ，皮膚に触れると水疱が生じる。水に任意の割合で溶解し，酢酸より[強]い酸性を示す。気体状態でも[二量体]となっている。アルデヒド基をもつので，還元性があり，銀鏡反応を示すが，フェーリング反応は生じにくい。酢酸やギ酸のような鎖式1価カルボン酸を総称して[脂肪酸]と呼ぶ。

(3) 無水酢酸 $(CH_3CO)_2O$

[無]色で[刺激]臭をもつ液体。水に[溶けにくい]。塩化アセチルと酢酸からも得られる。

$$CH_3COOH + CH_3COCl \longrightarrow (CH_3CO)_2O + HCl$$

この物質のようにカルボン酸中のカルボキシ基2つから脱水した構造をもつものを[カルボン酸無水物]という。

反応の説明

❶, ❷, ❸, ❹の反応	すべてエステル化反応だが，❷が最も進行しにくく，濃硫酸を加えて加熱する必要がある。エステル化反応をまとめると， $RCOOH + HOR' \longrightarrow RCOOR' + H_2O$ $(RCO)_2O + HOR' \longrightarrow RCOOR' + RCOOH$ $RCOCl + HOR' \longrightarrow RCOOR' + HCl$ $RCOCl + NaOR' \longrightarrow RCOOR' + NaCl$ これらの反応式を見てわかるように，カルボキシ基内のヒドロキシ基部分が，アルコール中のヒドロキシ基中の水素と反応して，水となって脱離する反応である。
❽の反応	十酸化四リンは脱水剤として作用している。過不足なく反応すると，以下のようになる。 $12\,CH_3COOH + P_4O_{10}$ $ \longrightarrow 6(CH_3CO)_2O + 4\,H_3PO_4$ 濃硫酸を用いると，以下のようになる。 $2\,CH_3COOH \longrightarrow (CH_3CO)_2O + H_2O$
❾の反応	酢酸から無水酢酸を生じる反応の逆反応。塩酸などの無機酸が存在するとこの反応は促進される。
⓬の反応	現在，無水酢酸を工業的に得るために行っている反応。
⓮の反応	酢酸の酸性度は低いので，Al，Zn，Mg などのイオン化傾向が比較的[大き]い金属と徐々に反応して水素を発生する。
⓯の反応	現在，工業的に酢酸を得るために行っている反応。Rh(ロジウム)や Ni などの触媒を用いて行う。
⓰, ⓲の反応	ギ酸を工業的に得るために行っている反応。 ⓲の反応は強酸として，通常は硫酸を用いる。

33 2価のカルボン酸とエステルの性質

→ p.164

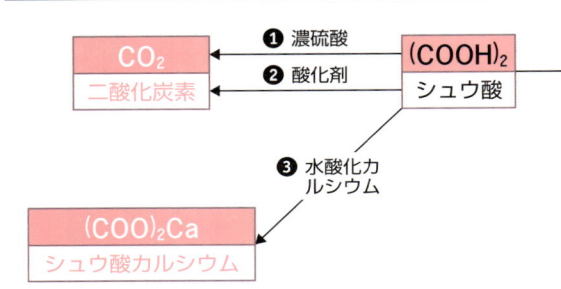

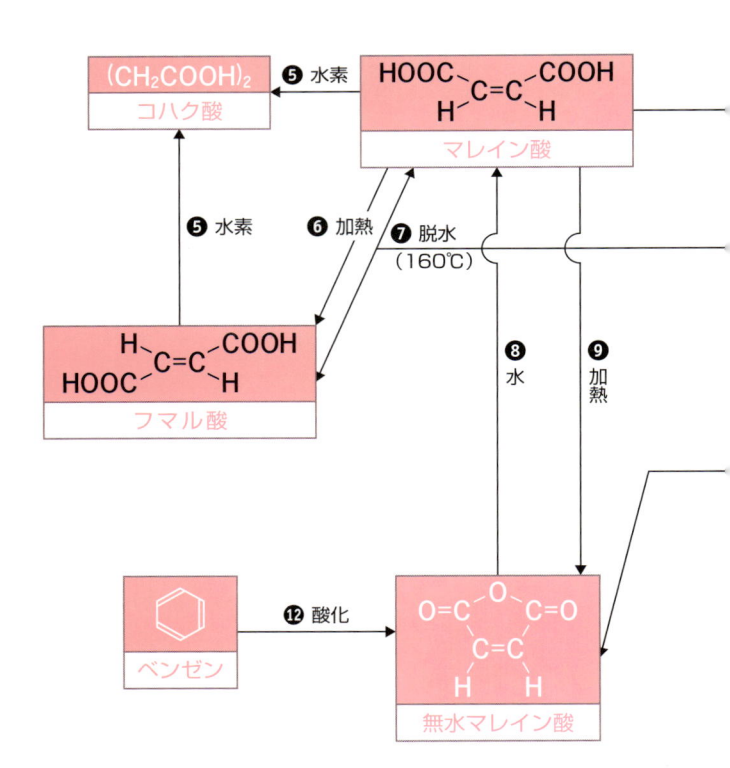

- CO_2 二酸化炭素 ← ❶ 濃硫酸 ― $(COOH)_2$ シュウ酸
- ❷ 酸化剤
- ❸ 水酸化カルシウム → $(COO)_2Ca$ シュウ酸カルシウム

$(CH_2COOH)_2$ コハク酸 ← ❺ 水素 ― HOOC-CH=CH-COOH(シス) マレイン酸

❺ 水素 / ❻ 加熱 / ❼ 脱水(160℃)

HOOC-CH=CH-COOH(トランス) フマル酸

❽ 水 / ❾ 加熱

ベンゼン → ❿ 酸化 → 無水マレイン酸
($O=C-O-C=O$, $CH=CH$ 環状構造)

33 2価のカルボン酸とエステルの性質

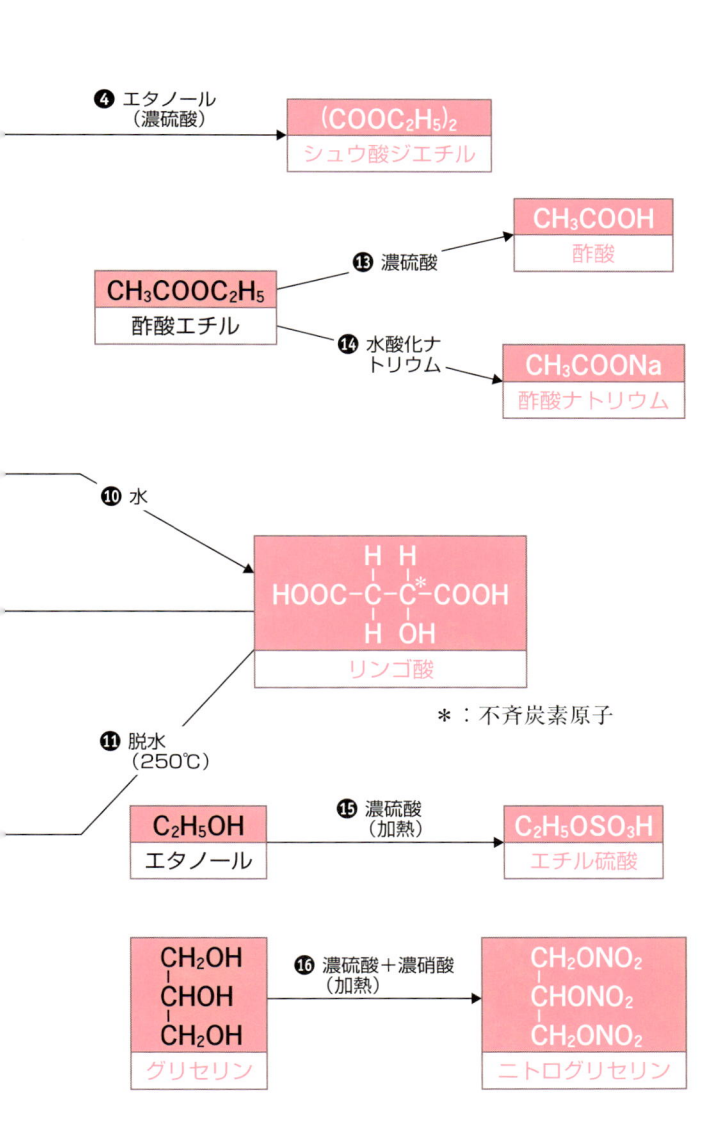

❹ エタノール
（濃硫酸）

$(COOC_2H_5)_2$
シュウ酸ジエチル

$CH_3COOC_2H_5$
酢酸エチル

❸ 濃硫酸 → CH_3COOH 酢酸

❹ 水酸化ナトリウム → CH_3COONa 酢酸ナトリウム

❿ 水

$$HOOC-\underset{H}{\overset{H}{C}}-\underset{OH}{\overset{H}{C^{*}}}-COOH$$

リンゴ酸

＊：不斉炭素原子

⓫ 脱水
（250℃）

C_2H_5OH
エタノール

⓯ 濃硫酸（加熱） → $C_2H_5OSO_3H$ エチル硫酸

$\begin{array}{l}CH_2OH\\CHOH\\CH_2OH\end{array}$
グリセリン

⓰ 濃硫酸＋濃硝酸（加熱） →

$\begin{array}{l}CH_2ONO_2\\CHONO_2\\CH_2ONO_2\end{array}$
ニトログリセリン

反 応 式

★ ❶ $(COOH)_2 \longrightarrow CO_2 + CO + H_2O$

★ ❷ $(COOH)_2 \longrightarrow 2CO_2 + 2H^+ + 2e^-$

★ ❸ $(COOH)_2 + Ca(OH)_2 \longrightarrow (COO)_2Ca + 2H_2O$

★ ❹ $(COOH)_2 + [2]C_2H_5OH \longrightarrow (COOC_2H_5)_2 + 2H_2O$

★ ❺ $HOOCCH=CHCOOH + H_2 \longrightarrow HOOC(CH_2)_2COOH$

★ ❻ $\underset{H}{HOOC}C=C\underset{H}{COOH} \longrightarrow \underset{HOOC}{H}C=C\underset{H}{COOH}$

★ ❼ $HOOCCH_2CH(OH)COOH \longrightarrow HOOCCH=CHCOOH + H_2O$

★ ❽ $(CHCO)_2O + H_2O \longrightarrow \underset{H}{HOOC}C=C\underset{H}{COOH}$

★ ❾ $\underset{H}{HOOC}C=C\underset{H}{COOH} \longrightarrow O=C\underset{H-C=C-H}{\overset{O}{\diagup\ \diagdown}}C=O + H_2O$

★ ❿ $HOOCCH=CHCOOH + H_2O \longrightarrow HOOCCH_2CH(OH)COOH$

★ ⓫ $HOOCCH_2CH(OH)COOH \longrightarrow (CHCO)_2O + 2H_2O$

★ ⓬ $[2]C_6H_6 + [9]O_2 \longrightarrow 2(CHCO)_2O + 4CO_2 + 4H_2O$

★ ⓭ $CH_3COOC_2H_5 + H_2O \longrightarrow CH_3COOH + C_2H_5OH$

★ ⓮ $CH_3COOC_2H_5 + NaOH \longrightarrow CH_3COONa + C_2H_5OH$

★ ⓯ $C_2H_5OH + H_2SO_4 \longrightarrow C_2H_5OSO_3H + H_2O$

★ ⓰ $HOCH_2CH(OH)CH_2OH + [3]HNO_3 \longrightarrow O_2NOCH_2CH(ONO_2)CH_2ONO_2 + 3H_2O$

反応のPOiNT!

シュウ酸には還元性がある。
フマル酸とマレイン酸は幾何異性体で，マレイン酸はシス形なため，分子内で脱水した無水マレイン酸が存在する。
エステルに酸を加えて加熱すると加水分解し，塩基を加えて加熱するとけん化する。

物質の性質

(1) シュウ酸 $(COOH)_2 \cdot 2H_2O$
　[白]色の固体。植物界に広く存在し，カタバミ（oxalis）の細胞中にあるので，oxalic acid という英名がついた。強熱するとギ酸と二酸化炭素になる。
　　$(COOH)_2 \longrightarrow HCOOH + CO_2$
　水に溶けて，かなり[強い]酸性を示す。

(2) フマル酸とマレイン酸 $HOOCCH=CHCOOH$
　ともに[無]色の結晶。融点はフマル酸は約300℃（約200℃で昇華する），マレイン酸は133℃と，圧倒的にフマル酸の方が高い。これは，トランス形のフマル酸が，分子間で緊密な[水素結合]をしているためと考えられている。水溶液はマレイン酸の方が酸性が[強い]が，これも同じ理由で説明される。フマル酸は，植物中に遊離した状態で存在し，発酵などでも生じるので，マレイン酸よりも安定な物質と考えることができる。事実，マレイン酸の燃焼熱に比べて，フマル酸の燃焼熱の方が小さい値を示す。

(3) エステル
　アルコールまたはフェノールが，[オキソ酸]（[オキシ酸]ともいう。硫酸，硝酸などの酸素を含む無機酸）やカルボン酸などの有機酸と，脱水縮合した構造をもつ化合物を，[エステル]という。

$$\text{R-O}\,\text{H} + \text{HO}\,\text{SO}_3\text{H} \longrightarrow \text{R-OSO}_3\text{H} + \text{H}_2\text{O}$$
　　　　　硫酸(H_2SO_4)　　　　硫酸エステル

$$\text{R-O}\,\text{H} + \text{HO}\,\text{NO}_2 \longrightarrow \text{R-ONO}_2 + \text{H}_2\text{O}$$
　　　　　硝酸(HNO_3)　　　　硝酸エステル

$$\text{R-O}\,\text{H} + \text{HO}\,\text{OCR} \longrightarrow \text{R-OOCR} + \text{H}_2\text{O}$$
　　　　　カルボン酸　　　　カルボン酸エステル

なお,硫酸エステルには,以下のような反応で生成する

$$2\,\text{R-O}\,\text{H} + \text{HO}\,\text{SO}_2\,\text{OH} \longrightarrow \text{R-OSO}_2\text{O-R} + 2\,\text{H}_2\text{O}$$

中性エステル(硫酸ジアルキル)も存在し,この中性エステルや他の硝酸エステルやカルボン酸エステルは水に難溶な物質が多い。

反応の説明

❶の反応	濃硫酸の脱水作用のために生じる反応。ギ酸に濃硫酸を作用させる場合などと比較して,記憶しておきたい反応。
❷の反応	シュウ酸は,酸化還元滴定でよく用いられる[還元]剤である。この半反応式はよく理解して記憶する必要がある。シュウ酸は固体の酸なので,中和滴定の[標準]溶液(濃度が正確に知られている溶液=滴定の基準となる)に用いられる場合もある。
❻の反応	この異性化反応は,加熱した場合だけでなく,触媒存在下でも生じる。また,この反応は可逆的で,フマル酸を減圧して加熱すると,$\text{HOOCCH=CHCOOH} \longrightarrow (\text{CHCO})_2\text{O} + \text{H}_2\text{O}$と無水マレイン酸となり,これに加水するとマレイン酸が得られる。
❼の反応	この条件では,フマル酸の方が多く生じる。これは,-COOHどうしの電気的反発や立体的障害で,マレイン酸の方が不安定なためである。

❾の反応	マレイン酸を脱水する反応は，比較的容易に起こる。無水酢酸を加えても生じる反応である。
❿の反応	ヒドロキシ基をもつカルボン酸を，[ヒドロキシ酸]という。ヒドロキシ酸の多くは，不斉炭素原子をもつので，[光学異性体]が存在する。
⓫の反応	このように，強熱する条件だと，無水カルボン酸を生じやすいマレイン酸が優位に生じる。 $HOOCCH_2CH(OH)COOH$ 　　　　　$\longrightarrow HOOCCH=CHCOOH + H_2O$ $HOOCCH=CHCOOH \longrightarrow (CHCO)_2O + H_2O$
⓬の反応	V_2O_5 などの触媒とともに酸化すると，起こる反応。反応途中で，シュウ酸なども生じる。
⓭, ⓮の反応	酸を加えて加熱すると，エステルの[加水分解]が起こる。この加水分解はエステル化反応の逆反応と考えられる。したがって，その触媒はエステル化と同じ[濃硫酸]である。水酸化ナトリウムのような塩基を用いると，加水分解して生じるカルボン酸と塩基が中和して，カルボン酸塩が生じる。このように塩基を用いて加水分解と中和反応が起こる反応を，[けん化]反応という。
⓯の反応	エチル硫酸は反応の途中で生成する。この物質は不安定で，分解して硫酸と C_2H_5OH になる。よって，C_2H_5OH に濃硫酸を加えて加熱した場合の最終生成物は，$H_2C=CH_2$（160℃以上），$(C_2H_5)_2O$（130〜140℃）となる。
⓰の反応	ここで生じるニトログリセリンは，[無]色または[淡黄]色の液体で，爆発性物質。珪藻土に染み込ませると安定化（これがダイナマイト）して，実用可能になる。服用すると[血管を拡張]するので，狭心症の特効薬でもある。グリセリンは，IUPAC名では，1,2,3-プロパントリオールという。

34 鎖式有機化合物の反応経路のまとめ

ほとんどの反応がこれまでに取り上げられた反応である。ここでは,全体としてどのような関係になっているかを把握すること。

反応式

❶ $CH_3COONa + NaOH \longrightarrow CH_4 + Na_2CO_3$

❷ $[2]CH_4 \longrightarrow C_2H_2 + 3H_2$

❸ $[2]CH_4 + O_2 \longrightarrow 2CH_3OH$

❹ $CH_3OH + (O) \longrightarrow HCHO + H_2O$

❺ $HCHO + (O) \longrightarrow HCOOH$

❻ $HCOOH + CH_3OH \longrightarrow HCOOCH_3 + H_2O$

❼ $[n]H_2C{=}CHCl \longrightarrow {\vphantom{\big|}}{-}[CH_2{-}CHCl]{-}{}_n$

❽ $C_2H_2 + HCl \longrightarrow H_2C{=}CHCl$

❾ $CaC_2 + [2]H_2O \longrightarrow Ca(OH)_2 + C_2H_2$

❿ $[3]C_2H_2 \longrightarrow C_6H_6$

⓫ $[2]C_6H_6 + [9]O_2 \longrightarrow$

$$2\,O{=}C\!\!\underset{\underset{H}{C}={}\underset{H}{C}}{\overset{O}{\diagdown\!\!\diagup}}\!\!C{=}O + 4CO_2 + 4H_2O$$

⓬ $O{=}C\!\!\underset{\underset{H}{C}={}\underset{H}{C}}{\overset{O}{\diagdown\!\!\diagup}}\!\!C{=}O + H_2O \longrightarrow$

$$HOOC\underset{\underset{H}{C}={}\underset{H}{C}}{\diagdown\!\!\diagup}COOH$$

⓭ $C_2H_2 + H_2 \longrightarrow H_2C{=}CH_2$

⓮ $C_2H_2 + H_2O \longrightarrow CH_3CHO$

⓯ $[2]C_2H_2 + [3]H_2O \longrightarrow (CH_3)_2CO + CO_2 + 2H_2$

⓰ $[n]C_2H_4 \longrightarrow {\vphantom{\big|}}{-}[CH_2{-}CH_2{-}]{-}{}_n$

⓱ $[2]C_2H_4 + O_2 \longrightarrow 2CH_3CHO$

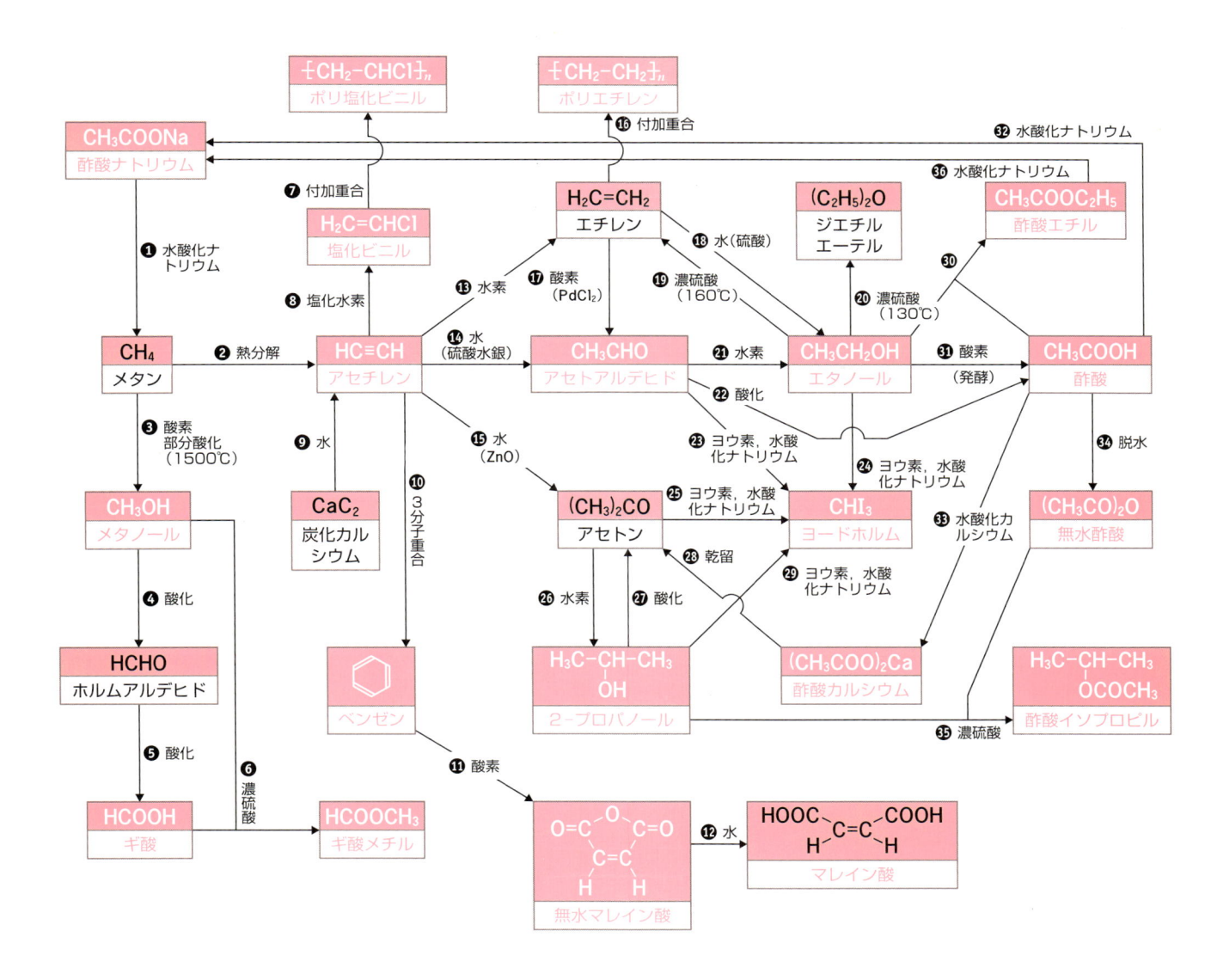

※有機化合物の関係図

- ┤CH₂-CHCl├ₙ ポリ塩化ビニル
- ┤CH₂-CH₂├ₙ ポリエチレン

CH₃COONa 酢酸ナトリウム

❶ 水酸化ナトリウム
❷ 熱分解
❸ 酸素 部分酸化 (1500℃)
❹ 酸化
❺ 酸化
❻ 濃硫酸
❼ 付加重合
❽ 塩化水素
❾ 水
❿ 3分子重合
⓫ 酸素
⓬ 水
⓭ 水素
⓮ 水（硫酸水銀）
⓯ 水 (ZnO)
⓰ 付加重合
⓱ 酸素 (PdCl₂)
⓲ 水（硫酸）
⓳ 濃硫酸 (160℃)
⓴ 濃硫酸 (130℃)
㉑ 水素
㉒ 酸化
㉓ ヨウ素, 水酸化ナトリウム
㉔ ヨウ素, 水酸化ナトリウム
㉕ ヨウ素, 水酸化ナトリウム
㉖ 水素
㉗ 酸化
㉘ 乾留
㉙ ヨウ素, 水酸化ナトリウム
㉚
㉛ 酸素（発酵）
㉜ 水酸化ナトリウム
㉝ 水酸化カルシウム
㉞ 脱水
㉟ 濃硫酸
㊱ 水酸化ナトリウム

- **CH₄** メタン
- **CH₃OH** メタノール
- **HCHO** ホルムアルデヒド
- **HCOOH** ギ酸
- **HCOOCH₃** ギ酸メチル
- **HC≡CH** アセチレン
- **CaC₂** 炭化カルシウム
- **H₂C=CHCl** 塩化ビニル
- **H₂C=CH₂** エチレン
- **CH₃CHO** アセトアルデヒド
- **CH₃CH₂OH** エタノール
- **(C₂H₅)₂O** ジエチルエーテル
- **CH₃COOC₂H₅** 酢酸エチル
- **CH₃COOH** 酢酸
- **(CH₃)₂CO** アセトン
- **CHI₃** ヨードホルム
- ベンゼン
- H₃C-CH-CH₃ / OH 2-プロパノール
- **(CH₃COO)₂Ca** 酢酸カルシウム
- **(CH₃CO)₂O** 無水酢酸
- H₃C-CH-CH₃ / OCOCH₃ 酢酸イソプロピル
- O=C-O-C=O / C=C / H H 無水マレイン酸
- HOOC-C=C-COOH / H H マレイン酸

34 鎖式有機化合物の反応経路のまとめ

★ ⓲ $C_2H_4 + H_2O \longrightarrow C_2H_5OH$

★ ⓳ $C_2H_5OH \longrightarrow C_2H_4 + H_2O$

★ ⓴ $[2]C_2H_5OH \longrightarrow (C_2H_5)_2O + H_2O$

★ ㉑ $CH_3CHO + H_2 \longrightarrow C_2H_5OH$

 ㉒ $CH_3CHO + (O) \longrightarrow CH_3COOH$

 ㉓ $CH_3CHO + [3]I_2 + [4]NaOH$
 $\longrightarrow HCOONa + 3NaI + 3H_2O + CHI_3$

 ㉔ $C_2H_5OH + [4]I_2 + [6]NaOH$
 $\longrightarrow HCOONa + 5NaI + 5H_2O + CHI_3$

 ㉕ $(CH_3)_2CO + [3]I_2 + [4]NaOH$
 $\longrightarrow CH_3COONa + 3NaI + 3H_2O + CHI_3$

★ ㉖ $(CH_3)_2CO + H_2 \longrightarrow (CH_3)_2CHOH$

★ ㉗ $[2](CH_3)_2CHOH + O_2 \longrightarrow 2(CH_3)_2CO + 2H_2O$

★ ㉘ $(CH_3COO)_2Ca \longrightarrow CaCO_3 + (CH_3)_2CO$

 ㉙ $(CH_3)_2CHOH + [4]I_2 + [6]NaOH$
 $\longrightarrow CH_3COONa + 5NaI + 5H_2O + CHI_3$

★ ㉚ $CH_3COOH + C_2H_5OH \longrightarrow CH_3COOC_2H_5 + H_2O$

★ ㉛ $C_2H_5OH + O_2 \longrightarrow CH_3COOH + H_2O$

★ ㉜ $CH_3COOH + NaOH \longrightarrow CH_3COONa + H_2O$

★ ㉝ $[2]CH_3COOH + Ca(OH)_2 \longrightarrow (CH_3COO)_2Ca + 2H_2O$

★ ㉞ $[2]CH_3COOH \longrightarrow (CH_3CO)_2O + H_2O$

★ ㉟ $(CH_3CO)_2O + (CH_3)_2CHOH$
 $\longrightarrow CH_3COOCH(CH_3)_2 + CH_3COOH$

★ ㊱ $CH_3COOC_2H_5 + NaOH \longrightarrow CH_3COONa + C_2H_5OH$

反応の説明

❻の反応 この反応で生じるギ酸メチルは水に溶けるエステルである。

35 油脂, セッケン, 合成洗剤

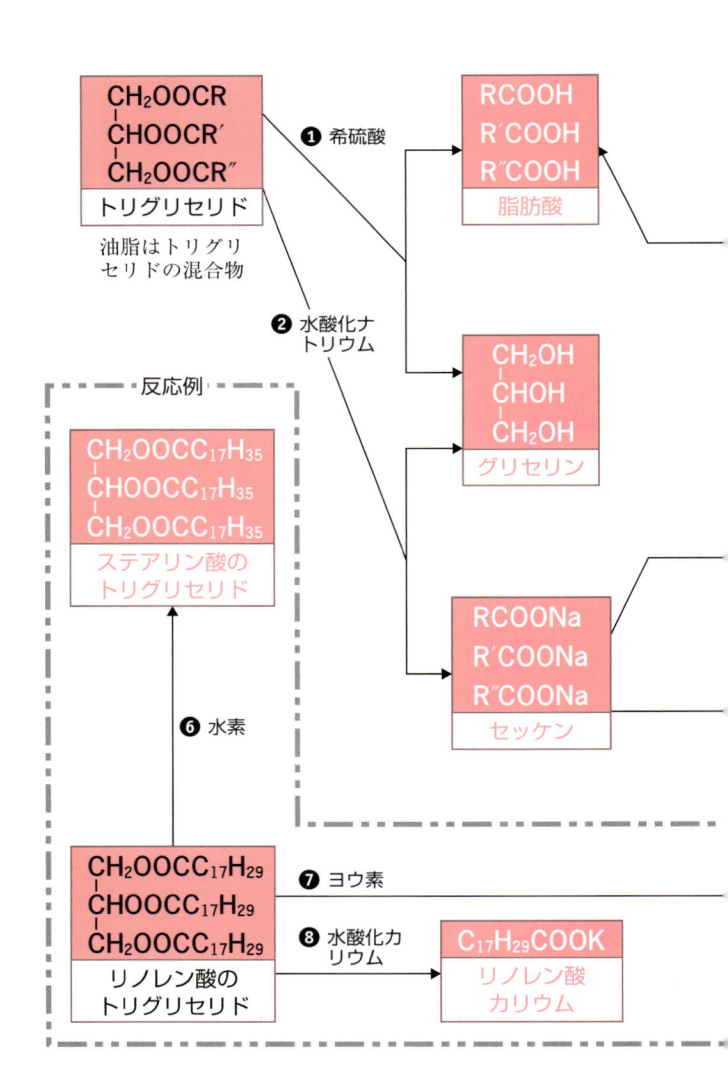

```
CH₂OOCR
CHOOCR'
CH₂OOCR''
```
トリグリセリド

油脂はトリグリセリドの混合物

❶ 希硫酸 →
$RCOOH$
$R'COOH$
$R''COOH$
脂肪酸

❷ 水酸化ナトリウム →
CH_2OH
$CHOH$
CH_2OH
グリセリン

$RCOONa$
$R'COONa$
$R''COONa$
セッケン

―― 反応例 ――

$CH_2OOCC_{17}H_{35}$
$CHOOCC_{17}H_{35}$
$CH_2OOCC_{17}H_{35}$
ステアリン酸のトリグリセリド

❻ 水素 ↑

$CH_2OOCC_{17}H_{29}$
$CHOOCC_{17}H_{29}$
$CH_2OOCC_{17}H_{29}$
リノレン酸のトリグリセリド

❼ ヨウ素

❽ 水酸化カリウム →
$C_{17}H_{29}COOK$
リノレン酸カリウム

ABS洗剤

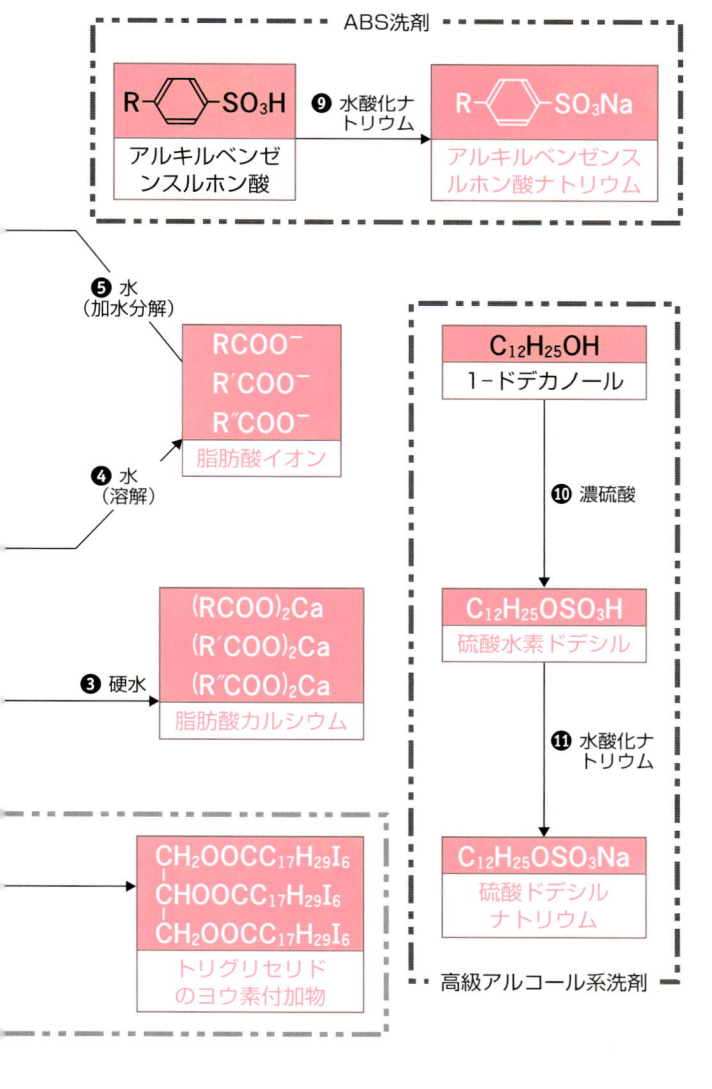

$R\text{-}\underset{}{\bigcirc}\text{-}SO_3H$
アルキルベンゼンスルホン酸

❾ 水酸化ナトリウム →

$R\text{-}\underset{}{\bigcirc}\text{-}SO_3Na$
アルキルベンゼンスルホン酸ナトリウム

❺ 水（加水分解）

RCOO⁻
R'COO⁻
R''COO⁻
脂肪酸イオン

❹ 水（溶解）

❸ 硬水

(RCOO)$_2$Ca
(R'COO)$_2$Ca
(R''COO)$_2$Ca
脂肪酸カルシウム

$\begin{array}{l}CH_2OOCC_{17}H_{29}I_6\\CHOOCC_{17}H_{29}I_6\\CH_2OOCC_{17}H_{29}I_6\end{array}$
トリグリセリドのヨウ素付加物

高級アルコール系洗剤

$C_{12}H_{25}OH$
1-ドデカノール

❿ 濃硫酸 ↓

$C_{12}H_{25}OSO_3H$
硫酸水素ドデシル

⓫ 水酸化ナトリウム ↓

$C_{12}H_{25}OSO_3Na$
硫酸ドデシルナトリウム

反応式

① $C_3H_5O_3(OCR)(OCR')(OCR'') + [3]H_2O$
 $\longrightarrow RCOOH + R'COOH + R''COOH + C_3H_5(OH)_3$

② $C_3H_5O_3(OCR)(OCR')(OCR'') + [3]NaOH$
 $\longrightarrow RCOONa + R'COONa + R''COONa + C_3H_5(OH)_3$

③ $[2]RCOONa + Ca^{2+} \longrightarrow (RCOO)_2Ca + 2Na^+$
 (R', R'' の場合も同様)

④ $RCOONa \longrightarrow RCOO^- + Na^+$
 (R', R'' の場合も同様)

⑤ $RCOO^- + H_2O \longrightarrow RCOOH + OH^-$
 (R', R'' の場合も同様)

⑥ $C_3H_5O_3(OCC_{17}H_{29})_3 + [9]H_2 \longrightarrow C_3H_5O_3(OCC_{17}H_{35})_3$

⑦ $C_3H_5O_3(OCC_{17}H_{29})_3 + [9]I_2$
 $\longrightarrow C_3H_5O_3(OCC_{17}H_{29}I_6)_3$

⑧ $C_3H_5O_3(OCC_{17}H_{29})_3 + [3]KOH$
 $\longrightarrow 3C_{17}H_{29}COOK + C_3H_5(OH)_3$

⑨ $R-C_6H_4-SO_3H + NaOH$
 $\longrightarrow R-C_6H_4-SO_3Na + H_2O$

⑩ $C_{12}H_{25}OH + H_2SO_4 \longrightarrow C_{12}H_{25}OSO_3H + H_2O$

⑪ $C_{12}H_{25}OSO_3H + NaOH \longrightarrow C_{12}H_{25}OSO_3Na + H_2O$

反応のPOiNT!

油脂は、グリセリンと脂肪酸からなるエステルの混合物。セッケンは弱塩基性を示す。

物質の性質

● 油脂 $C_3H_5O_3(OCR)(OCR')(OCR'')$

二重結合をもつ脂肪酸は[不飽和脂肪酸]、二重結合をもたない場合は[飽和脂肪酸]と呼ぶ。飽和脂肪酸を多く含

有する油脂は，一般的に融点が[高]く，常温では[固]体，不飽和脂肪酸を多く含有する油脂は，一般的に融点が[低]く，常温では[液]体である。常温で液体の油脂を[脂肪油]，固体の油脂を[脂肪]という。

反応の説明

❶の反応	油脂はエステルだから，酸を加えて加水分解すると，[脂肪酸]と[グリセリン]が生じる。
❷の反応	塩基を加えて加熱すると，[脂肪酸塩]と[グリセリン]を生じる。この反応を[けん化]という。この脂肪酸塩が炭素数の多い脂肪酸([高級脂肪酸])のナトリウム塩の場合は，これを[セッケン]という。
❸の反応	セッケンは硬水とは，この塩やマグネシウム塩のような水に[難溶な]塩を生じるので，沈殿する。
❹, ❺の反応	セッケン水は，この反応で[弱塩基]性を示す。
❻の反応	このように，油脂中の二重結合に水素を付加する操作を[硬化]と呼び，この硬化によって，油脂を構成する脂肪酸は飽和され，融点が[上昇]する。
❼の反応	100gの油脂に結合するヨウ素の質量(g)を[ヨウ素価]という。この値が大きければ，不飽和脂肪酸の含有量が多いことになる。
❽の反応	1gの油脂をけん化するのに必要な水酸化カリウムの質量(mg)を[けん化価]という。この値が大きいと，含有する脂肪酸の平均分子量が[小さい]ことになる。
❾, ⓫の反応	これらの反応で生じる合成洗剤は，強酸と強塩基から生じた塩なので，水溶液は[中]性。高級(炭素数が多い)アルコールの硫酸エステルは，エチル硫酸などに比べて安定である。

36 ベンゼン

→ p.198

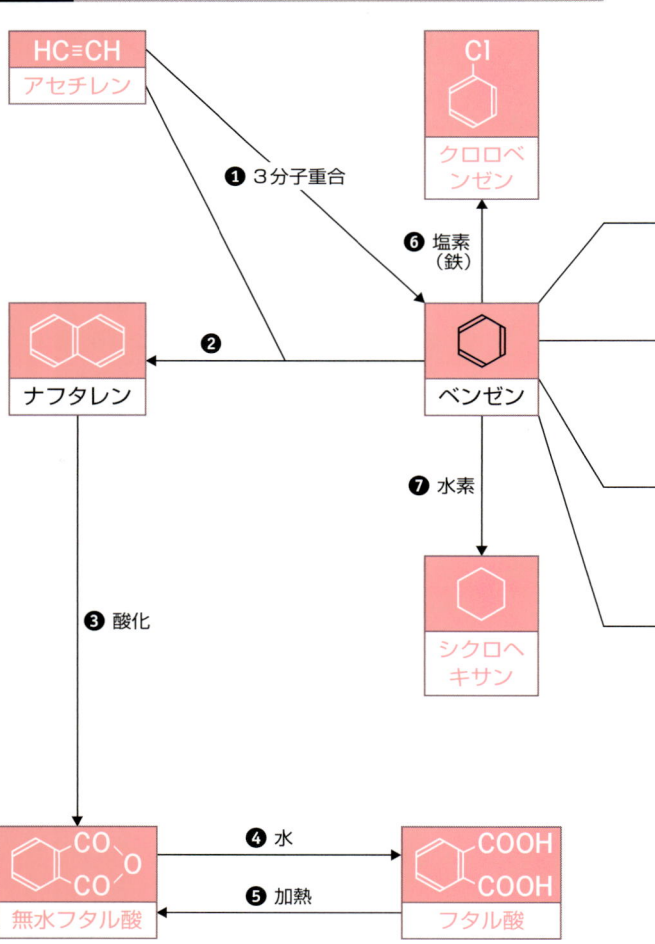

- HC≡CH アセチレン
- ❶ 3分子重合
- ❷ → ナフタレン
- ❸ 酸化
- ❹ 水 → フタル酸
- ❺ 加熱 → 無水フタル酸
- ❻ 塩素（鉄） → クロロベンゼン
- ❼ 水素 → シクロヘキサン

36 ベンゼン

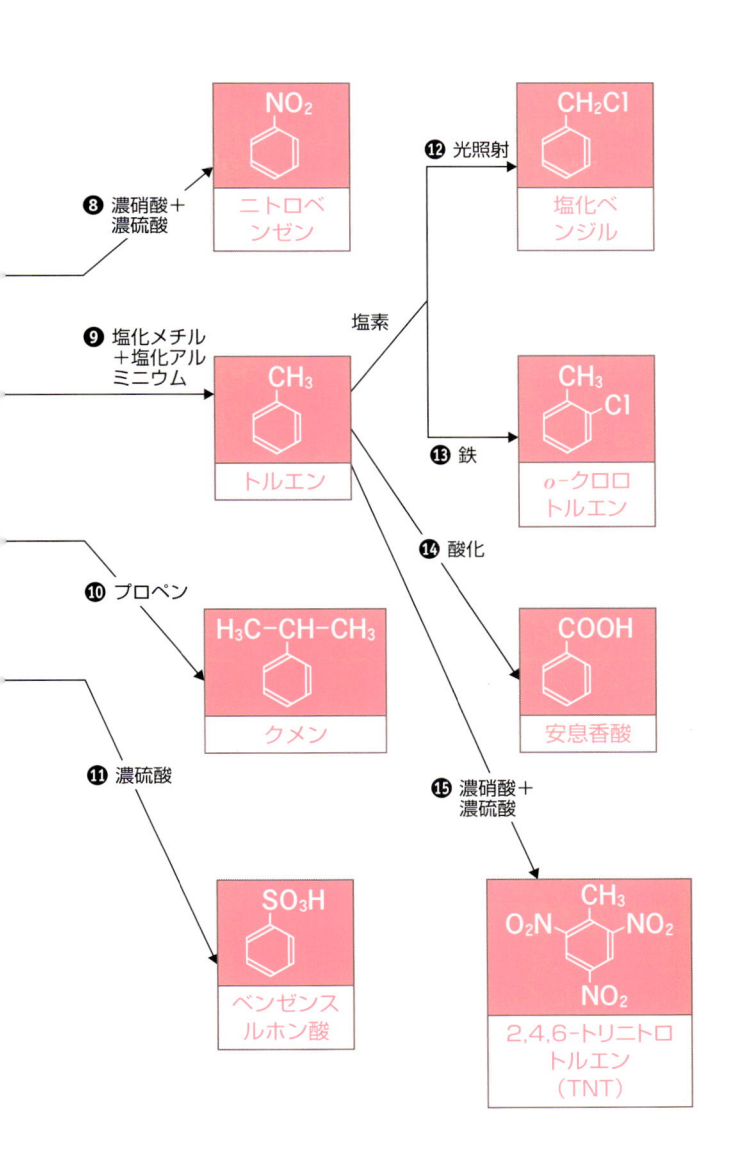

- ❽ 濃硝酸＋濃硫酸 → ニトロベンゼン（NO₂）
- ❾ 塩化メチル＋塩化アルミニウム → トルエン（CH₃）
- ❿ プロペン → クメン（H₃C-CH-CH₃）
- ⓫ 濃硫酸 → ベンゼンスルホン酸（SO₃H）
- ⓬ 光照射（塩素） → 塩化ベンジル（CH₂Cl）
- ⓭ 鉄（塩素） → o-クロロトルエン（CH₃, Cl）
- ⓮ 酸化 → 安息香酸（COOH）
- ⓯ 濃硝酸＋濃硫酸 → 2,4,6-トリニトロトルエン（TNT）

反応式

★	❶ [3]C$_2$H$_2$	⟶ C$_6$H$_6$
★	❷ C$_6$H$_6$ + [2]C$_2$H$_2$	⟶ C$_{10}$H$_8$ + H$_2$
★	❸ C$_{10}$H$_8$ + [9](O)	⟶ C$_6$H$_4$(CO)$_2$O + 2H$_2$O + 2CO$_2$
★	❹ C$_6$H$_4$(CO)$_2$O + H$_2$O	⟶ C$_6$H$_4$(COOH)$_2$
★	❺ C$_6$H$_4$(COOH)$_2$	⟶ C$_6$H$_4$(CO)$_2$O + H$_2$O
★	❻ C$_6$H$_6$ + Cl$_2$	⟶ C$_6$H$_5$Cl + HCl
★	❼ C$_6$H$_6$ + [3]H$_2$	⟶ C$_6$H$_{12}$
★	❽ C$_6$H$_6$ + HNO$_3$	⟶ C$_6$H$_5$NO$_2$ + H$_2$O
★	❾ C$_6$H$_6$ + CH$_3$Cl	⟶ C$_6$H$_5$CH$_3$ + HCl
★	❿ C$_6$H$_6$ + H$_2$C=CH–CH$_3$	⟶ C$_6$H$_5$CH(CH$_3$)$_2$
★	⓫ C$_6$H$_6$ + H$_2$SO$_4$	⟶ C$_6$H$_5$SO$_3$H + H$_2$O
★	⓬ C$_6$H$_5$CH$_3$ + Cl$_2$	⟶ C$_6$H$_5$CH$_2$Cl + HCl
★	⓭ C$_6$H$_5$CH$_3$ + Cl$_2$	⟶ C$_6$H$_4$(CH$_3$)Cl + HCl
★	⓮ C$_6$H$_5$CH$_3$ + [3](O)	⟶ C$_6$H$_5$COOH + H$_2$O
	⓯ C$_6$H$_5$CH$_3$ + [3]HNO$_3$	⟶ C$_6$H$_2$(NO$_2$)$_3$CH$_3$ + 3H$_2$O

反応のPOiNT!

ベンゼンは置換反応しやすいが，付加反応も起こる。

物質の性質

(1) ベンゼン C$_6$H$_6$

[無]色の，水よりも密度の[小さな]液体。極性がないので，無極性物質の溶媒として利用される。二重結合があるので付加反応や酸化反応を起こしやすいと考えられるが，[置換反応]が主な反応で，酸化されにくい。

(2) ナフタレン $C_{10}H_8$
[無]色の[板状]結晶。[昇華]しやすく,特有の臭気がある。このベンゼン環が重なったような構造を縮合環と呼び,ベンゼン環に比べて反応性が強く,酸化反応も起こす。

反応の説明

❸,❹の反応	反応条件によっては,酸化されて直接フタル酸を生じることもある。 $C_{10}H_8 + 9(O) \longrightarrow C_6H_4(COOH)_2 + H_2O + 2CO_2$
❻の反応	光を照射しながら,塩素を作用させると,塩素が付加反応して,ヘキサクロロシクロヘキサン(ベンゼンヘキサクロリド)が生じる。 $C_6H_6 + 3Cl_2 \longrightarrow C_6H_6Cl_6$
❼の反応	触媒として Ni や Pt が必要である。
❽の反応	[ニトロ]化と呼ばれる反応。N と C が直接結合している。
❾の反応	[アルキル]化反応。
⓫の反応	[スルホン]化反応。ベンゼンスルホン酸の水溶液は[強酸]性を示す。
⓬の反応	$C_6H_5CHCl_2$(塩化ベンザル),$C_6H_5CCl_3$(ベンゾトリクロリド)なども生じる。
⓭の反応	メチル基は[オルト・パラ]配向性を示すので, なども生じる。光を照射する場合と,鉄触媒を用いる場合で,置換反応する箇所が異なることに注意。
⓮の反応	ベンゼン環は酸化されにくい。

37 フェノール

→ p.198

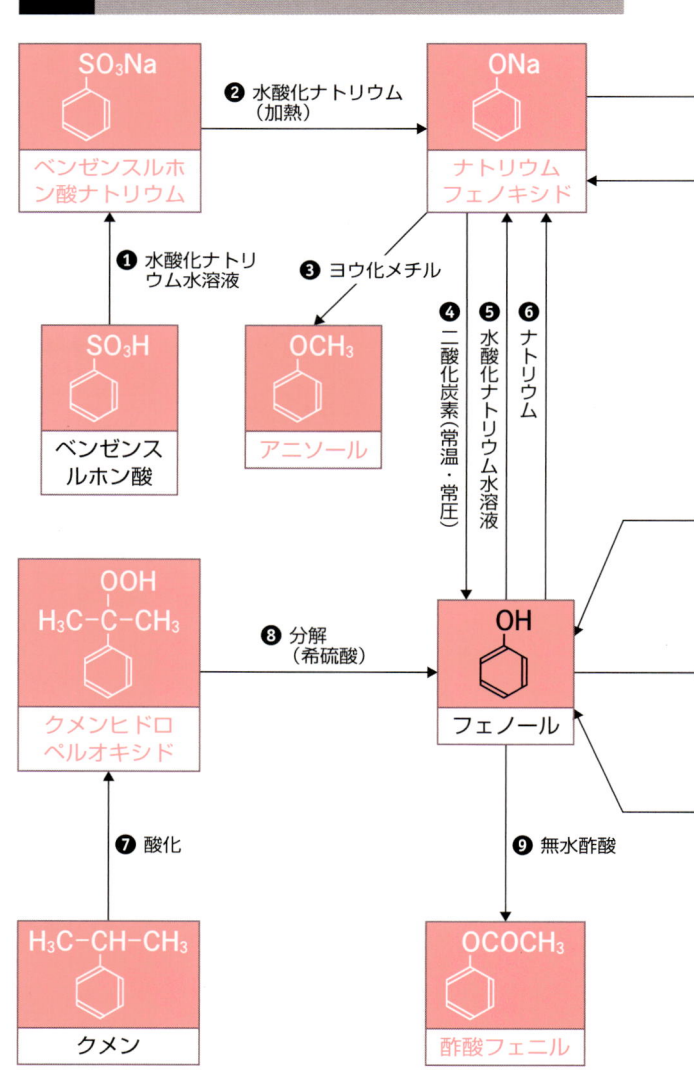

- **ベンゼンスルホン酸ナトリウム** (SO₃Na)
- ❶ 水酸化ナトリウム水溶液
- **ベンゼンスルホン酸** (SO₃H)
- ❷ 水酸化ナトリウム（加熱）
- **ナトリウムフェノキシド** (ONa)
- ❸ ヨウ化メチル
- **アニソール** (OCH₃)
- ❹ 二酸化炭素（常温・常圧）
- ❺ 水酸化ナトリウム水溶液
- ❻ ナトリウム
- **クメンヒドロペルオキシド** (H₃C-C(OOH)-CH₃)
- ❼ 酸化
- **クメン** (H₃C-CH-CH₃)
- ❽ 分解（希硫酸）
- **フェノール** (OH)
- ❾ 無水酢酸
- **酢酸フェニル** (OCOCH₃)

37 フェノール

❿ 二酸化炭素(高温・高圧)

⓫ 水酸化ナトリウム水溶液(加圧・加熱)

クロロベンゼン

サリチル酸ナトリウム (OH, COONa)

⓬ 加熱水蒸気(二酸化ケイ素)

⓯ 希硫酸

サリチル酸 (OH, COOH)

⓭ 濃硝酸＋濃硫酸

ピクリン酸 (O_2N, OH, NO_2, NO_2)

アニリン (NH_2)

⓰ 希塩酸

⓮ 加水分解

塩化ベンゼンジアゾニウム ($^+N \equiv NCl^-$)

⓱ 亜硝酸ナトリウム

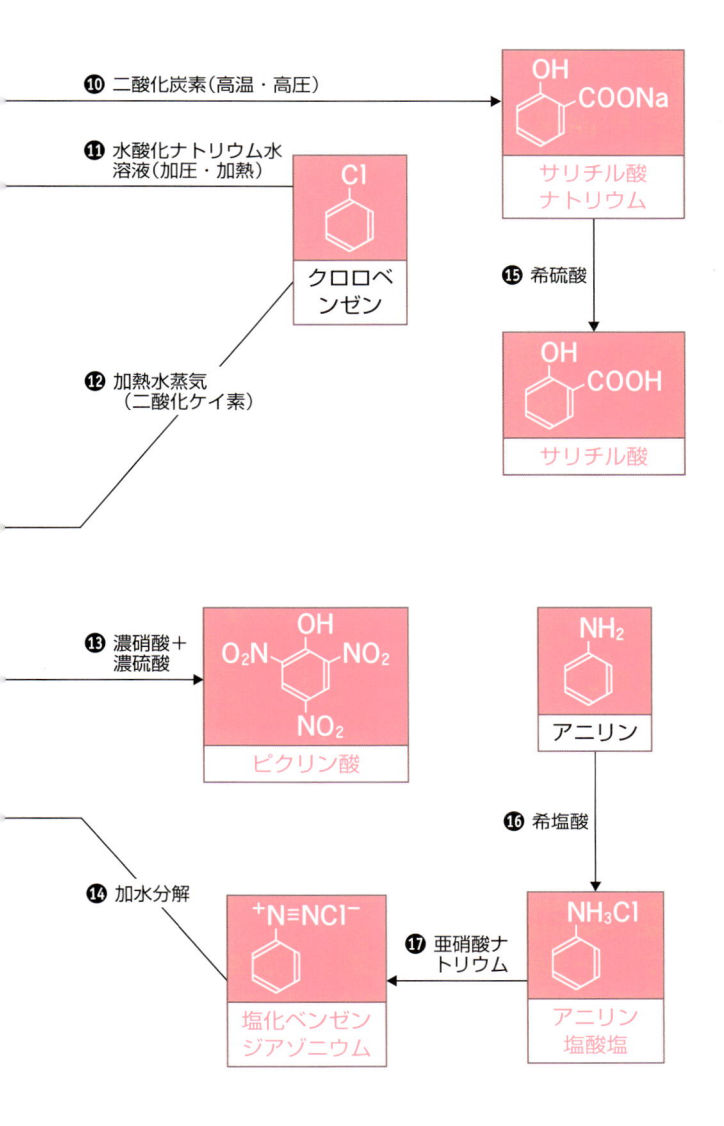

アニリン塩酸塩 (NH_3Cl)

反 応 式

★	❶ $C_6H_5SO_3H + NaOH \longrightarrow C_6H_5SO_3Na + H_2O$
	❷ $C_6H_5SO_3Na + [2]NaOH$ $\longrightarrow C_6H_5ONa + Na_2SO_3 + H_2O$
	❸ $C_6H_5ONa + CH_3I \longrightarrow C_6H_5OCH_3 + NaI$
★	❹ $C_6H_5ONa + CO_2 + H_2O$ $\longrightarrow C_6H_5OH + NaHCO_3$
★	❺ $C_6H_5OH + NaOH \longrightarrow C_6H_5ONa + H_2O$
★	❻ $[2]C_6H_5OH + [2]Na \longrightarrow 2\,C_6H_5ONa + H_2$
★	❼ $C_6H_5CH(CH_3)_2 + O_2 \longrightarrow C_6H_5C(CH_3)_2OOH$
★	❽ $C_6H_5C(CH_3)_2OOH \longrightarrow C_6H_5OH + (CH_3)_2CO$
★	❾ $C_6H_5OH + (CH_3CO)_2O$ $\longrightarrow C_6H_5OCOCH_3 + CH_3COOH$
★	❿ $C_6H_5ONa + CO_2 \longrightarrow C_6H_4(OH)COONa$
★	⓫ $C_6H_5Cl + [2]NaOH \longrightarrow C_6H_5ONa + NaCl + H_2O$
	⓬ $C_6H_5Cl + H_2O \longrightarrow C_6H_5OH + HCl$
★	⓭ $C_6H_5OH + [3]HNO_3 \longrightarrow C_6H_2(NO_2)_3OH + 3\,H_2O$
★	⓮ $C_6H_5N_2Cl + H_2O \longrightarrow C_6H_5OH + HCl + N_2$
	⓯ $C_6H_4(OH)COONa + H_2SO_4$ $\longrightarrow C_6H_4(OH)COOH + NaHSO_4$
★	⓰ $C_6H_5NH_2 + HCl \longrightarrow C_6H_5NH_3Cl$
	⓱ $C_6H_5NH_3Cl + NaNO_2 + HCl$ $\longrightarrow C_6H_5N_2Cl + NaCl + 2\,H_2O$

反応のPOiNT!

フェノール性のヒドロキシ基は，弱酸性を示し，アルコール性のヒドロキシ基と同様にエステル化やNaとの反応も起こす。

物質の性質

● フェノール C_6H_5OH
 [無]色の結晶だが，空気中に放置すると[赤]色を経て[褐]色になる。融点は41℃。特有の臭気をもち，有毒。消毒剤としても利用される。なお，同様にフェノール性のヒドロキシ基を有するクレゾール $C_6H_4(OH)CH_3$ は，より強い消毒作用を示す。フェノール性のヒドロキシ基をもつ物質は，塩化鉄(Ⅲ)水溶液を加えると，特有な呈色反応(フェノールは[紫]色，クレゾールは[青]色)を示す。

反応の説明

❶, ❷, ❹の反応	ベンゼンスルホン酸から，これらの反応でフェノールを合成する。フェノールは[炭酸]よりも弱い酸なので，C_6H_5ONa に CO_2 を吹き込むと，C_6H_5OH が遊離する。
❺, ❻の反応	フェノール性のヒドロキシ基は，弱酸性なので，❺のように NaOH とは[中和]反応し，アルコールと同様な性質もあるので，❻のように金属ナトリウムと反応して，水素を発生する。
❾の反応	[エステル化]反応である。このように酸無水物や酸塩化物のような強いエステル化剤が必要。
❿の反応	❹との条件の違いに注意。オルト位にカルボキシ基が生じる。
⓭の反応	フェノール性のヒドロキシ基は，オルト・パラ配向性を示すので，オルト位，パラ位が[ニトロ化]される。ピクリン酸は[強酸]性である。
⓰の反応	アニリンは塩基性を示す物質なので，酸とは塩を作って溶解するが，[硫酸]とは水に難溶な塩となる。

38 芳香族カルボン酸 → p.198

- トルエン (CH$_3$)
- エチルベンゼン (C$_2$H$_5$)
- 安息香酸ナトリウム (COONa)
- 塩化ベンジル (CH$_2$Cl)
- 安息香酸 (COOH)
- ベンジルアルコール (CH$_2$OH)
- 塩化ベンザル (CHCl$_2$)
- ベンズアルデヒド (CHO)

❶ 塩素（光照射）
❷ 部分酸化
❸ 塩素（光照射）
❹ 酸化
❺ 加水分解
❻ 酸化（過マンガン酸カリウムなど）
❼ 酸化（酸化マンガン(Ⅳ)など）
❽ 酸化（過マンガン酸カリウムなど）
❾ 水酸化カルシウム（加熱）
❿ 酸化
⓫ 水酸化ナトリウム

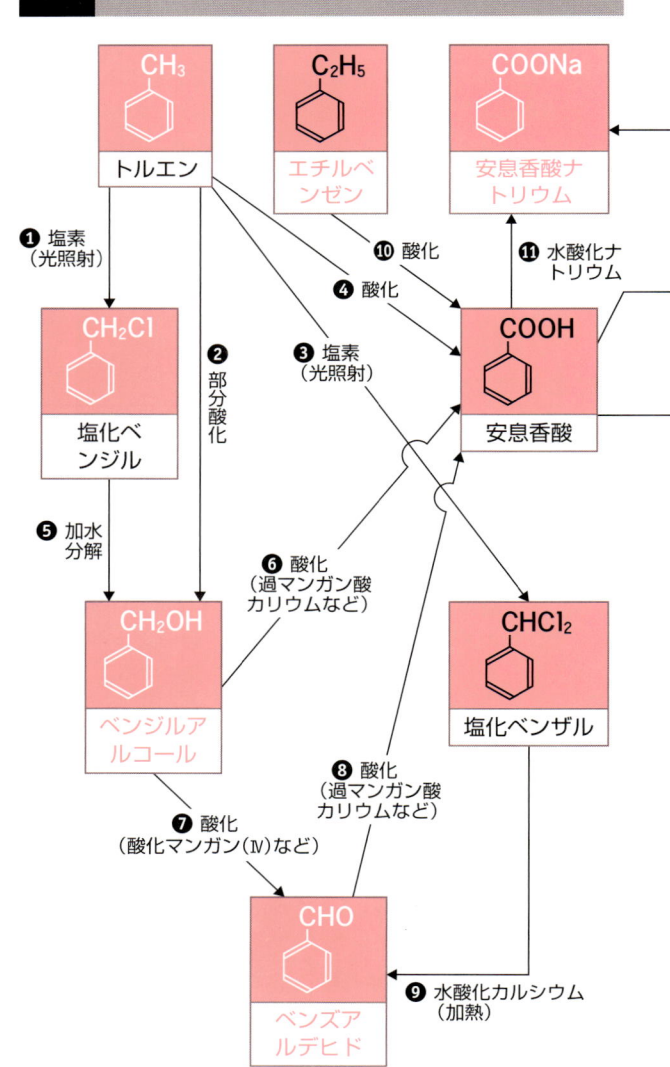

38 芳香族カルボン酸

⑫ 水酸化ナトリウム

COOC₂H₅ — 安息香酸エチル

⑬ エタノール＋濃硫酸

⑮ エタノール

⑭ 五塩化リン

COCl — 塩化ベンゾイル

o-キシレン (CH₃, CH₃) —**⑯ 酸化**→ フタル酸 (COOH, COOH)

m-キシレン (CH₃, CH₃) —**⑯ 酸化**→ イソフタル酸 (COOH, COOH)

p-キシレン (CH₃, CH₃) —**⑯ 酸化**→ テレフタル酸 (COOH, COOH)

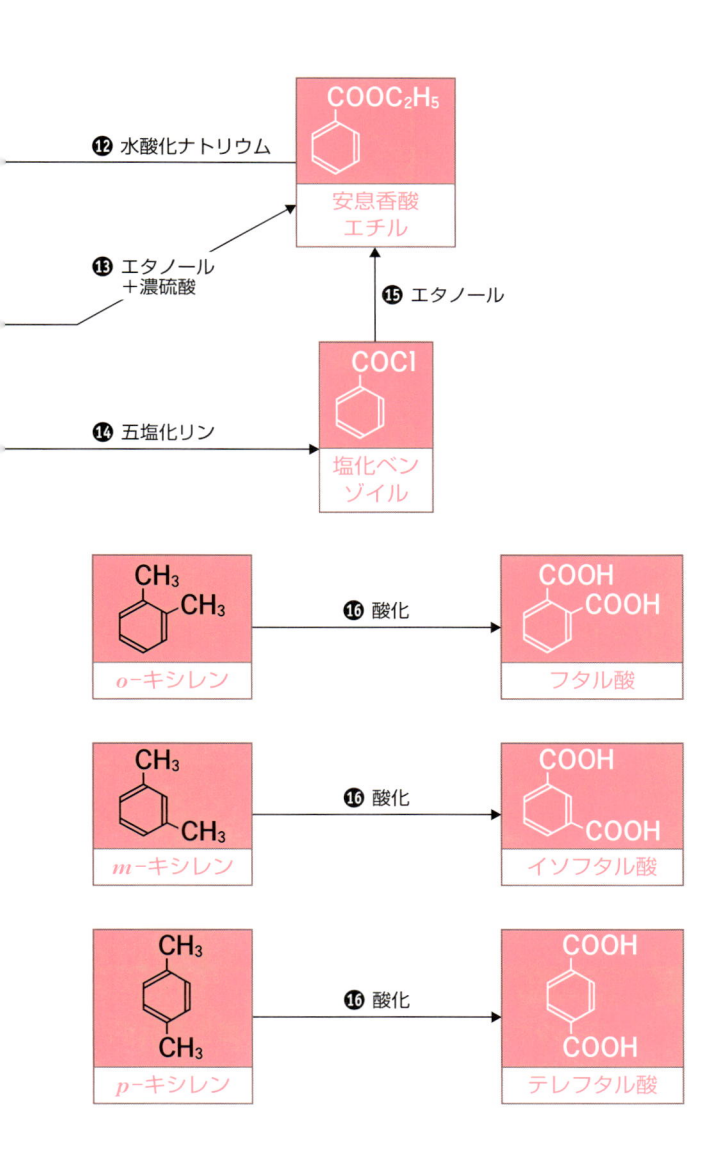

反応式

★	❶ $C_6H_5CH_3 + Cl_2 \longrightarrow C_6H_5CH_2Cl + HCl$
★	❷ $[2]C_6H_5CH_3 + O_2 \longrightarrow 2\,C_6H_5CH_2OH$
★	❸ $C_6H_5CH_3 + [2]Cl_2 \longrightarrow C_6H_5CHCl_2 + 2\,HCl$
★	❹ $C_6H_5CH_3 + [3](O) \longrightarrow C_6H_5COOH + H_2O$
	❺ $C_6H_5CH_2Cl + H_2O \longrightarrow C_6H_5CH_2OH + HCl$
★	❻ $C_6H_5CH_2OH + [2](O) \longrightarrow C_6H_5COOH + H_2O$
	❼ $C_6H_5CH_2OH + (O) \longrightarrow C_6H_5CHO + H_2O$
★	❽ $[2]C_6H_5CHO + O_2 \longrightarrow 2\,C_6H_5COOH$
	❾ $C_6H_5CHCl_2 + Ca(OH)_2 \longrightarrow C_6H_5CHO + CaCl_2 + H_2O$
★	❿ $C_6H_5C_2H_5 + [6](O) \longrightarrow C_6H_5COOH + 2\,H_2O + CO_2$
	⓫ $C_6H_5COOH + NaOH \longrightarrow C_6H_5COONa + H_2O$
★	⓬ $C_6H_5COOC_2H_5 + NaOH \longrightarrow C_6H_5COONa + C_2H_5OH$
★	⓭ $C_6H_5COOH + C_2H_5OH \longrightarrow C_6H_5COOC_2H_5 + H_2O$
	⓮ $[2]C_6H_5COOH + PCl_5 \longrightarrow 2\,C_6H_5COCl + POCl_3 + H_2O$
	⓯ $C_6H_5COCl + C_2H_5OH \longrightarrow C_6H_5COOC_2H_5 + HCl$
★	⓰ $C_6H_4(CH_3)_2 + [6](O) \longrightarrow C_6H_4(COOH)_2 + 2\,H_2O$

反応のPOiNT!

芳香族カルボン酸は，炭酸よりも強い酸性を示す，常温で固体の物質。

38 芳香族カルボン酸

物質の性質

(1) 安息香酸 C_6H_5COOH
　[無]色の[冷水]には難溶な結晶。アルコールやエーテルにはよく溶ける。融点は122.5℃だが，100℃前後で昇華する。

(2) フタル酸 $C_6H_4(COOH)_2$
　[オルト]位にカルボキシ基が結合したものをフタル酸，[メタ]位に結合したものをイソフタル酸，[パラ]位に結合したものをテレフタル酸という。いずれも常温で無色の結晶だが，融点は[フタル酸]が最も低い。

反応の説明

❶, ❸の反応	光照射の条件がないと，ベンゼン環の水素が塩素に置換した構造の物質が生じる可能性がある。
❷, ❹, ❻, ❼, ❽, ❿の反応	側鎖(アルキル基)をもつ芳香族化合物を$KMnO_4$のような[強い]酸化剤で酸化すると，ベンゼン環に直接結合している炭素原子が酸化されて，カルボキシ基になる。$C_6H_5CH_2OH$，C_6H_5CHOを合成するためには，MnO_2などの酸化剤を用いる。
⓫の反応	安息香酸は炭酸よりも強い酸性を示すので，ここで生じるC_6H_5COONaの水溶液にCO_2を通じても，安息香酸にはならない。塩酸のような強酸を加えると，以下のように反応する。 $C_6H_5COONa + HCl \longrightarrow C_6H_5COOH + NaCl$
⓬の反応	[けん化]反応である。
⓰の反応	p.172, 173に記したように，フタル酸は[ナフタレン]の酸化によっても生じる。フタル酸は加熱すると脱水して[無水フタル酸]を生じる。テレフタル酸は，高分子化合物(合成繊維)の原料として多く利用されている。

39 サリチル酸

→ p.198

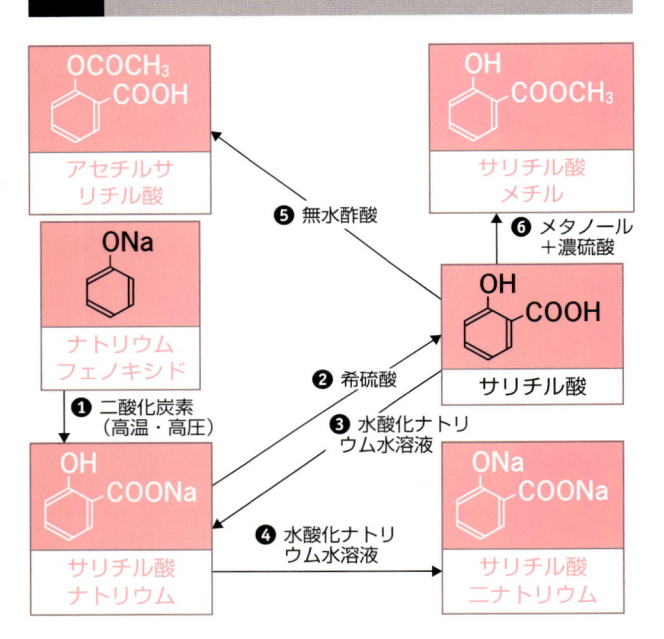

- アセチルサリチル酸: OCOCH₃ / COOH
- ナトリウムフェノキシド: ONa
- サリチル酸メチル: OH / COOCH₃
- サリチル酸: OH / COOH
- サリチル酸ナトリウム: OH / COONa
- サリチル酸ニナトリウム: ONa / COONa

❶ 二酸化炭素（高温・高圧）
❷ 希硫酸
❸ 水酸化ナトリウム水溶液
❹ 水酸化ナトリウム水溶液
❺ 無水酢酸
❻ メタノール＋濃硫酸

反応式

★ ❶ $C_6H_5ONa + CO_2 \longrightarrow C_6H_4(OH)COONa$

★ ❷ $C_6H_4(OH)COONa + H_2SO_4 \longrightarrow C_6H_4(OH)COOH + NaHSO_4$

★ ❸ $C_6H_4(OH)COOH + NaOH \longrightarrow C_6H_4(OH)COONa + H_2O$

★ ❹ $C_6H_4(OH)COONa + NaOH \longrightarrow C_6H_4(ONa)COONa + H_2O$

★ ❺ $C_6H_4(OH)COOH + (CH_3CO)_2O \longrightarrow C_6H_4(OCOCH_3)COOH + CH_3COOH$

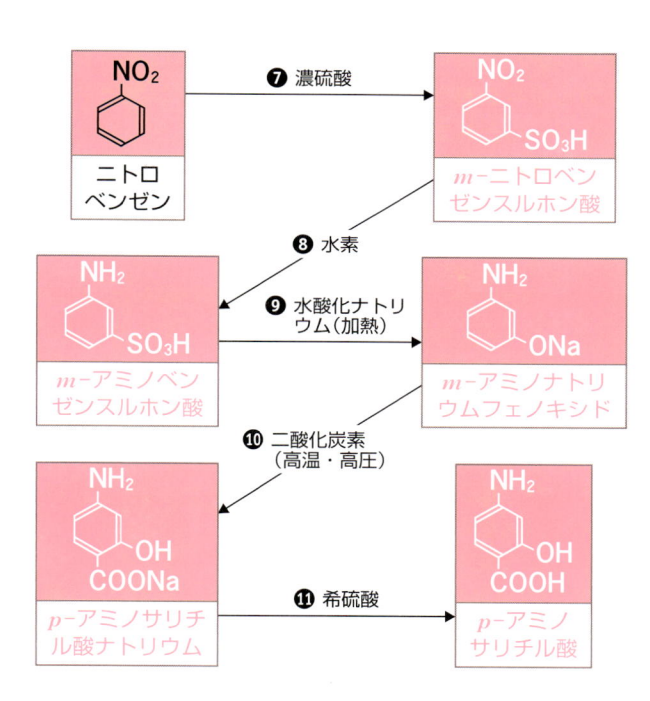

39 サリチル酸

```
         ❼ 濃硫酸
ニトロベンゼン ─────────→ m-ニトロベンゼンスルホン酸
                    │
                    │ ❽ 水素
                    ↓
m-アミノベンゼンスルホン酸 ──❾ 水酸化ナトリウム（加熱）──→ m-アミノナトリウムフェノキシド
                                                │
                                                │ ❿ 二酸化炭素（高温・高圧）
                                                ↓
p-アミノサリチル酸ナトリウム ──⓫ 希硫酸──→ p-アミノサリチル酸
```

★	❻ $C_6H_4(OH)COOH + CH_3OH$ $\longrightarrow C_6H_4(OH)COOCH_3 + H_2O$
	❼ $C_6H_5NO_2 + H_2SO_4 \longrightarrow C_6H_4(NO_2)SO_3H + H_2O$
	❽ $C_6H_4(NO_2)SO_3H + [3]H_2$ $\longrightarrow C_6H_4(NH_2)SO_3H + 2H_2O$
★	❾ $C_6H_4(NH_2)SO_3H + [2]NaOH$ $\longrightarrow C_6H_4(NH_2)ONa + NaHSO_3 + H_2O$
★	❿ $C_6H_4(NH_2)ONa + CO_2 \longrightarrow C_6H_3(NH_2)(OH)COONa$
★	⓫ $C_6H_3(NH_2)(OH)COONa + H_2SO_4$ $\longrightarrow C_6H_3(NH_2)(OH)COOH + NaHSO_4$

反応のPOiNT!

サリチル酸には，フェノール性のヒドロキシ基とカルボキシ基が存在するので，カルボン酸ともアルコールともエステル化する。

物質の性質

(1) サリチル酸 $C_6H_4(OH)COOH$
  [無]色の[針状]結晶。遊離した状態や誘導体は，植物中に存在する。防腐作用があり，アセチルサリチル酸などの誘導体は，医薬品として用いられるものが多い。塩化鉄(Ⅲ)水溶液を加えると，[紫]色を呈する。

(2) アセチルサリチル酸 $C_6H_4(OCOCH_3)COOH$
  [無]色の結晶。[アスピリン]とも呼ばれ，代表的な[解熱鎮痛]剤。経口投与(飲用すること)するが，胃粘膜を刺激する副作用がある。

(3) サリチル酸メチル $C_6H_4(OH)COOCH_3$
  特有の臭気をもつ[無]色の[液]体。[鎮痛用塗布]剤として用いる。

(4) p-アミノサリチル酸 $C_6H_3(NH_2)(OH)COOH$
  [無]色の結晶。略称をPASといい，塩類は抗結核剤として有名。特にカルシウム塩は副作用(下痢・吐き気)が小さいので，有用。

反応の説明

❸, ❹の反応	カルボキシ基とフェノール性のヒドロキシ基では，カルボキシ基の方が電離度が高く，その差が大きいので，水酸化ナトリウム水溶液で中和する場合は，このような段階を追って進行する。
❺の反応	フェノール性のヒドロキシ基と無水酢酸の[エステル化]反応である。-OH中のHは-COCH₃によって置換されたことになる。このように

	−COCH₃ によって置換することを[アセチル化]と呼ぶ。生じるアセチルサリチル酸は,常温では固体なので,[再結晶]によって精製する。
❻の反応	サリチル酸中のカルボキシ基とメタノール中のヒドロキシ基との[エステル化]反応である。
❼の反応	ニトロ基は[メタ]配向性なので,この位置に[スルホ基]が生じる。ベンゼン環にニトロ基のような[電子吸引性]の官能基が結合している場合はメタ配向性を示し,メチル基,ヒドロキシ基のような[電子供与性]の官能基が結合している場合はオルト・パラ配向性を示す。
❾の反応	NaOH による[アルカリ融解]反応である。空気にさらされた状態で加熱するので,アミノ基のような[酸化されやすい]基は,酸化されてニトロ基になってしまう可能性もある。これを防ぐために,無水酢酸でアセチル化して −NHCOCH₃ にしておいてからアルカリ融解し,反応後にこれに水酸化ナトリウム水溶液を反応させ,m-アミノナトリウムフェノキシドにする。 以下に反応式をまとめて示す。 $C_6H_4(NH_2)SO_3H + (CH_3CO)_2O$ 　　$\longrightarrow C_6H_4(NHCOCH_3)SO_3H + CH_3COOH$ $C_6H_4(NHCOCH_3)SO_3H + 2NaOH$ 　$\longrightarrow C_6H_4(NHCOCH_3)ONa + NaHSO_3 + H_2O$ $C_6H_4(NHCOCH_3)ONa + NaOH$ 　　　$\longrightarrow C_6H_4(NH_2)ONa + CH_3COONa$
❿の反応	−ONa 基は[オルト・パラ]配向性を示すから,−ONa とアミノ基の間にカルボキシ基が結合する可能性もあるが,立体障害のために,カルボキシ基とアミノ基がパラ位に位置するこの物質が主生成物となる。

40 アニリン

→ p.198

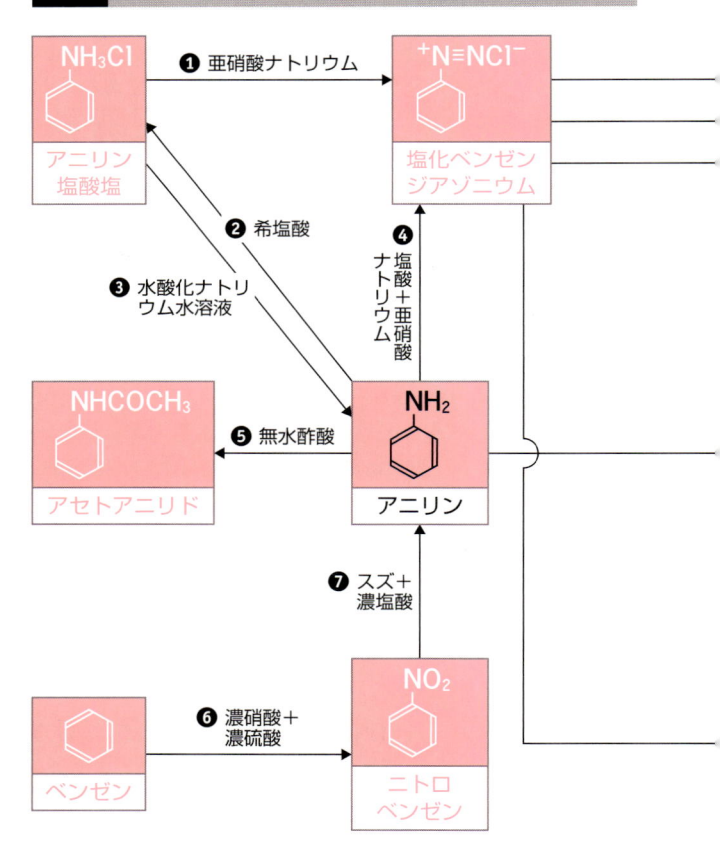

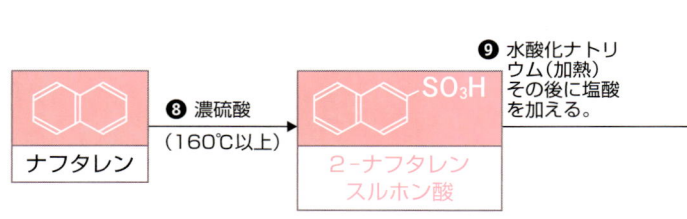

アニリン塩酸塩 (NH₃Cl)
— ❶ 亜硝酸ナトリウム → **塩化ベンゼンジアゾニウム** (⁺N≡NCl⁻)

❷ 希塩酸
❸ 水酸化ナトリウム水溶液
❹ 塩酸 + 亜硝酸ナトリウム

アニリン (NH_2)

❺ 無水酢酸 → **アセトアニリド** ($NHCOCH_3$)

❼ スズ + 濃塩酸

ニトロベンゼン (NO_2)

❻ 濃硝酸 + 濃硫酸

ベンゼン

ナフタレン —❽ 濃硫酸（160℃以上）→ **2-ナフタレンスルホン酸** (SO_3H)

❾ 水酸化ナトリウム（加熱）その後に塩酸を加える。

40 アニリン

❿ 水＋加熱

フェノール (OH)

⓫

p-ヒドロキシアゾベンゼン
（4-フェニルアゾフェノール）
⟨⟩-N=N-⟨⟩-OH

⓬

p-アミノアゾベンゼン
⟨⟩-N=N-⟨⟩-NH₂

⓭

1-フェニルアゾ-2-ナフトール
（オイルオレンジ）

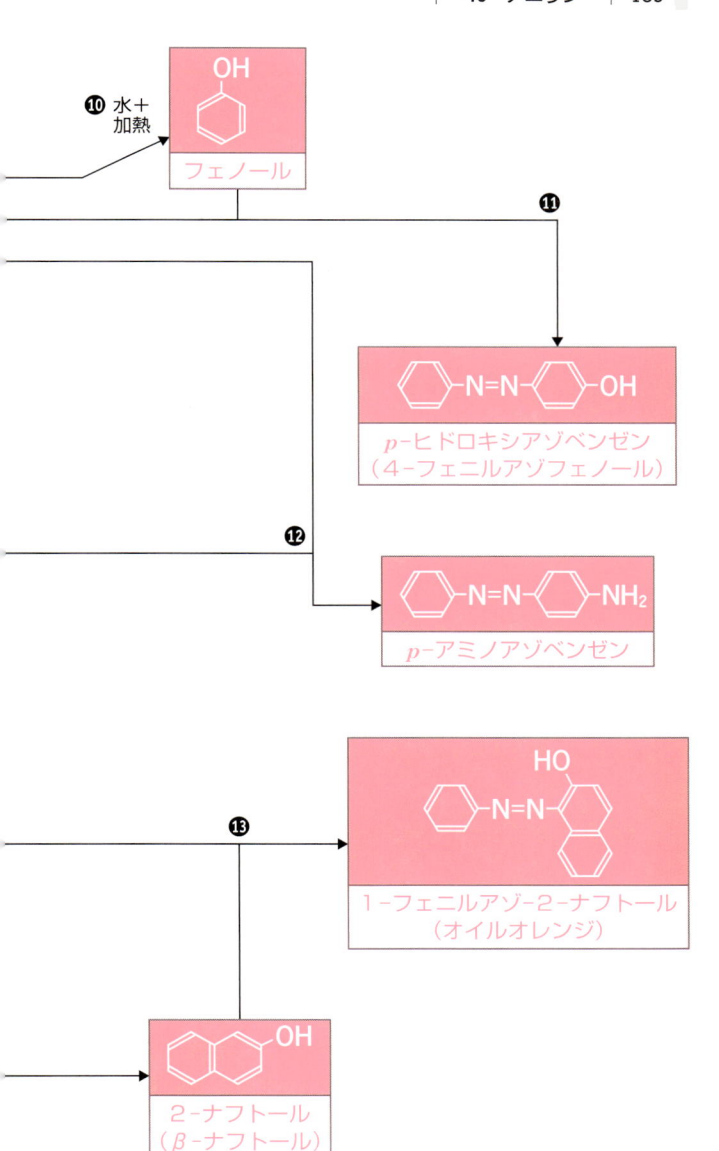

2-ナフトール
（β-ナフトール）

反応式

★ ❶ $C_6H_5NH_3Cl + NaNO_2 + HCl$
    $\longrightarrow C_6H_5N_2Cl + NaCl + 2H_2O$

★ ❷ $C_6H_5NH_2 + HCl \longrightarrow C_6H_5NH_3Cl$

★ ❸ $C_6H_5NH_3Cl + NaOH \longrightarrow C_6H_5NH_2 + NaCl + H_2O$

★ ❹ $C_6H_5NH_2 + NaNO_2 + [2]HCl$
    $\longrightarrow C_6H_5N_2Cl + NaCl + 2H_2O$

★ ❺ $C_6H_5NH_2 + (CH_3CO)_2O$
    $\longrightarrow C_6H_5NHCOCH_3 + CH_3COOH$

★ ❻ $C_6H_6 + HNO_3 \longrightarrow C_6H_5NO_2 + H_2O$

★ ❼ $[2]C_6H_5NO_2 + [3]Sn + [12]HCl$
    $\longrightarrow 2C_6H_5NH_2 + 3SnCl_4 + 4H_2O$

❽ $C_{10}H_8 + H_2SO_4 \longrightarrow C_{10}H_7SO_3H + H_2O$

❾ $C_{10}H_7SO_3H + [2]NaOH$
    $\longrightarrow C_{10}H_7ONa + NaHSO_3 + H_2O$
    $C_{10}H_7ONa + HCl \longrightarrow C_{10}H_7OH + NaCl$

★ ❿ $C_6H_5N_2Cl + H_2O \longrightarrow C_6H_5OH + HCl + N_2$

⓫ $C_6H_5N_2Cl + C_6H_5OH \longrightarrow C_6H_5N_2C_6H_4OH + HCl$

⓬ $C_6H_5N_2Cl + C_6H_5NH_2$
    $\longrightarrow C_6H_5N_2C_6H_4NH_2 + HCl$

★ ⓭ $C_6H_5N_2Cl + C_{10}H_7OH$
    $\longrightarrow C_6H_5N_2C_{10}H_6OH + HCl$

反応のPOiNT!

ニトロベンゼンを還元するとアニリンを生じる。アニリンは塩基性を示す物質なので、塩酸には塩を作って溶ける。アミノ基は、カルボキシ基と脱水縮合して酸アミド結合を生じる。

物質の性質

(1) ニトロベンゼン $C_6H_5NO_2$
　特有な臭気がある[淡黄]色の液体。密度は 1.20 g/cm^3 なので，水より重い。蒸気は[毒]性が強く，[燃焼]熱が大きい。

(2) アニリン $C_6H_5NH_2$
　特異な臭気をもつ[無]色の液体だが，空気中に放置すると，光または空気の作用によって，[黄]色を経て[褐]色～[黒]色となっていく。水にわずかに溶けて[弱塩基]性を示す。サラシ粉水溶液を加えると，[赤紫]色を呈し，この反応はアニリンの検出反応として利用されている。

反応の説明

❶，❷，❹の反応	❶，❹は[ジアゾ化]と呼ばれる反応。❹は❶，❷をまとめたもので，一般に塩酸は，(a)アニリンを塩酸塩として水溶液に溶かし込むため，(b)亜硝酸ナトリウムと以下のように反応し，$NaNO_2 + HCl \longrightarrow HNO_2 + NaCl$ 亜硝酸(HNO_2)を生成させるためという(a)，(b) 2つの役割がある。実際には，ここで発生する亜硝酸が，以下のように反応している。$C_6H_5NH_3Cl + HNO_2 \longrightarrow C_6H_5N_2Cl + 2H_2O$ なお，ここで生じる塩化ベンゼンジアゾニウムは不安定な物質なので，ジアゾ化は[氷温]で行う。
❺の反応	アニリンは，アミノ基をもち，[第一級]アミンに分類される物質である。この反応は，[アセチル化]反応であるが，生じた $-NHCO-$ という結合は[酸アミド]結合と呼ばれ，エステル結合と同様な条件で加水分解などの反応が起こる。なお，アミノ酸間で生じる $-NHCO-$ 結合は[ペプチド]結合という(p.241 参照)。

❻の反応	濃硝酸と濃硫酸の混酸から，ニトロニウムイオン NO_2^+ が生じ，これがベンゼンと以下のように[置換]反応する。 $HNO_3 + H^+ \longrightarrow H_2O + NO_2^+$ $C_6H_6 + NO_2^+ \longrightarrow C_6H_5NO_2 + H^+$
❼の反応	スズと濃塩酸は，以下のように反応し，水素を発生する。 $Sn + 2HCl \longrightarrow SnCl_2 + H_2$ ここで生じる $SnCl_2$ は還元力があるので，$-NO_2$ の還元に関わり，Sn^{4+} になると考えられている。この反応は塩酸を過剰に加えて行うので，アニリンは塩酸塩となっているから，以下のように記す場合もある。 $2C_6H_5NO_2 + 3Sn + 14HCl$ $\quad\longrightarrow 2C_6H_5NH_3Cl + 3SnCl_4 + 4H_2O$
❽の反応	低温(0〜60℃)でこの実験を行うと， と反応し，1-ナフタレンスルホン酸(α-ナフタレンスルホン酸)が生じる。一般に，この位置の方が反応性が高いが，高温にすると，2位(β位)が活性となる。
❾の反応	最初は，固体の水酸化ナトリウムと加熱し，アルカリ融解と呼ばれる反応を起こす。この反応には，スルホ基の[中和]が含まれる。 $C_{10}H_7SO_3H + NaOH \longrightarrow C_{10}H_7SO_3Na + H_2O$ $C_{10}H_7SO_3Na + NaOH \longrightarrow C_{10}H_7ONa + NaHSO_3$ ここで生じるナトリウム2-ナフトキシドは，弱酸から生じる塩に相当するので，強酸である塩酸を加えて，加水分解する。 生成する2-ナフトール(β-ナフトール)は，塩化鉄(Ⅲ)水溶液を加えると[緑]色を呈する。

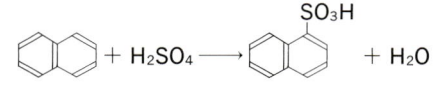

⑩の反応	塩化ベンゼンジアゾニウムは，[無]色の結晶であるが，湿った空気中に放置すると，この反応のように分解して窒素とフェノールが生じる。熱水を加えると，より速やかにこの反応が進行する。
⑪，⑫，⑬の反応	このように[アゾ基]（–N=N–）を介してベンゼン環が2つ結合する反応を[カップリング反応]という。⑪の場合は，反応するフェノールを溶解させるために水酸化ナトリウムのような塩基を加えて反応させるので， $C_6H_5N_2Cl + C_6H_5OH + NaOH$ $\longrightarrow C_6H_5N_2C_6H_4OH + NaCl + H_2O$ と記す場合もある。 ヒドロキシ基，アミノ基はいずれもオルト・パラ配向性を示すが，アゾ基が結合したベンゼン環は立体的に大きな領域を占めるので，このような官能基は，特にパラ位に結合する。2-ナフトールの場合は，ヒドロキシ基のパラ位に当たる炭素に水素が結合していないので，オルト位にカップリング反応することになる。 これらの反応で生じる，p-ヒドロキシアゾベンゼン，p-アミノアゾベンゼンはいずれも[橙]色沈殿，1-フェニルアゾ-2-ナフトールは[赤橙]色沈殿というように着色しており，[アゾ染料]としてこの色を利用している。 ⑬を実際に実験する場合は，水酸化ナトリウムのような強塩基中に2-ナフトールを加えて溶解させ，その上澄みにサラシなどの木綿を浸し加熱して木綿にしっかり2-ナフトールを染み込ませ，それを絞って乾かす。これに別に調製しておいた塩化ベンゼンジアゾニウム水溶液を加えると，木綿上でカップリング反応が起こり，木綿が[赤橙]色に染まる。

41 構造式決定(a)

分子式からの構造式決定

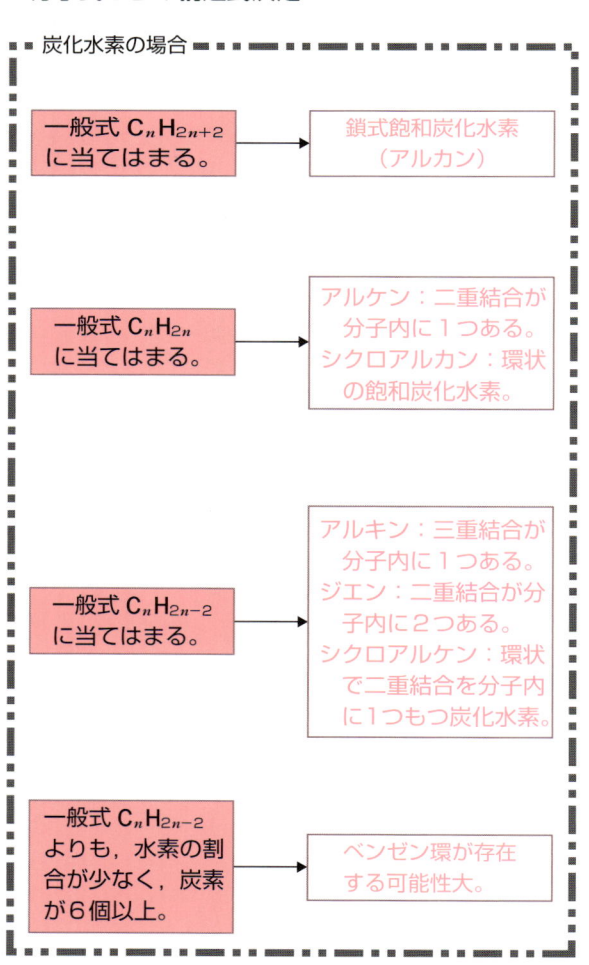

炭化水素の場合

- 一般式 C_nH_{2n+2} に当てはまる。 → 鎖式飽和炭化水素（アルカン）

- 一般式 C_nH_{2n} に当てはまる。 → アルケン：二重結合が分子内に1つある。シクロアルカン：環状の飽和炭化水素。

- 一般式 C_nH_{2n-2} に当てはまる。 → アルキン：三重結合が分子内に1つある。ジエン：二重結合が分子内に2つある。シクロアルケン：環状で二重結合を分子内に1つもつ炭化水素。

- 一般式 C_nH_{2n-2} よりも，水素の割合が少なく，炭素が6個以上。 → ベンゼン環が存在する可能性大。

酸素を含む場合

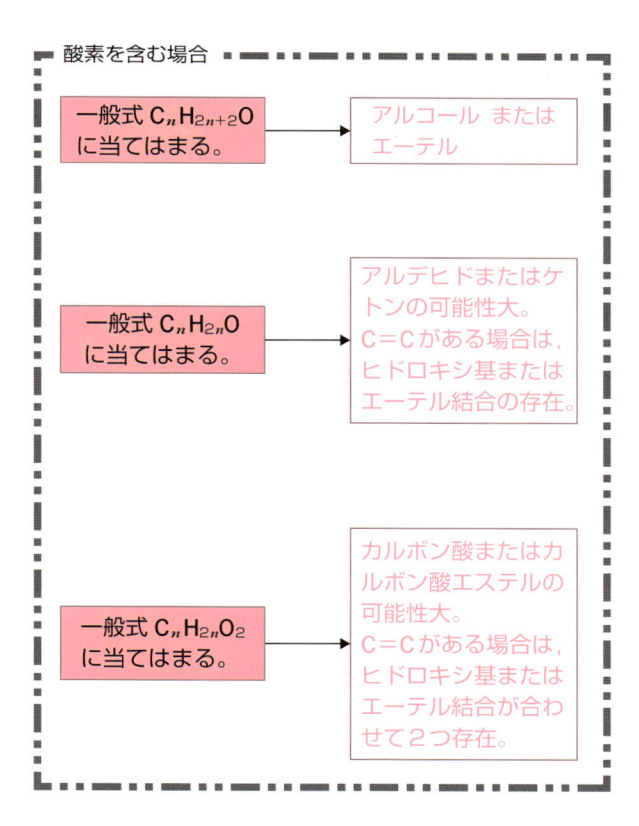

| 一般式 $C_nH_{2n+2}O$ に当てはまる。 | → | アルコール または エーテル |

| 一般式 $C_nH_{2n}O$ に当てはまる。 | → | アルデヒドまたはケトンの可能性大。C=Cがある場合は、ヒドロキシ基またはエーテル結合の存在。 |

| 一般式 $C_nH_{2n}O_2$ に当てはまる。 | → | カルボン酸またはカルボン酸エステルの可能性大。C=Cがある場合は、ヒドロキシ基またはエーテル結合が合わせて2つ存在。 |

| 成分元素がC,HまたはC,H,Oの場合。 | → | 分子式上の水素の数は偶数。 |

42 構造式決定(b)

おさえておきたい特徴的な反応と構造の関係

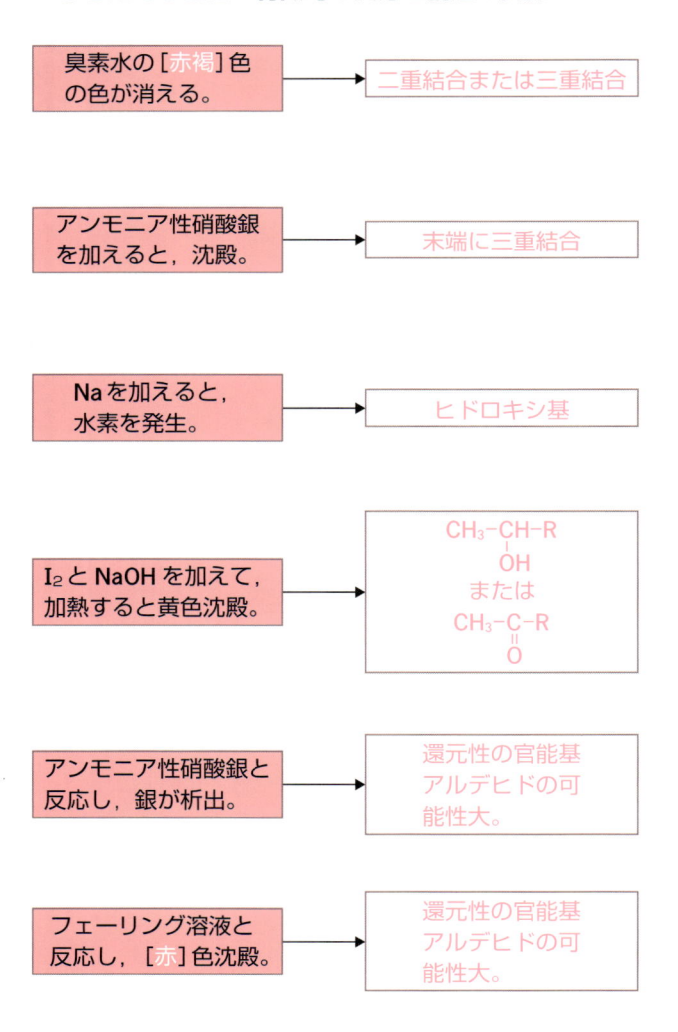

反応	構造
臭素水の[赤褐]色の色が消える。	二重結合または三重結合
アンモニア性硝酸銀を加えると, 沈殿。	末端に三重結合
Na を加えると, 水素を発生。	ヒドロキシ基
I_2 と NaOH を加えて, 加熱すると黄色沈殿。	CH_3-CH-R 　　$\mid$ 　　OH または CH_3-C-R 　　$\parallel$ 　　O
アンモニア性硝酸銀と反応し, 銀が析出。	還元性の官能基アルデヒドの可能性大。
フェーリング溶液と反応し, [赤]色沈殿。	還元性の官能基アルデヒドの可能性大。

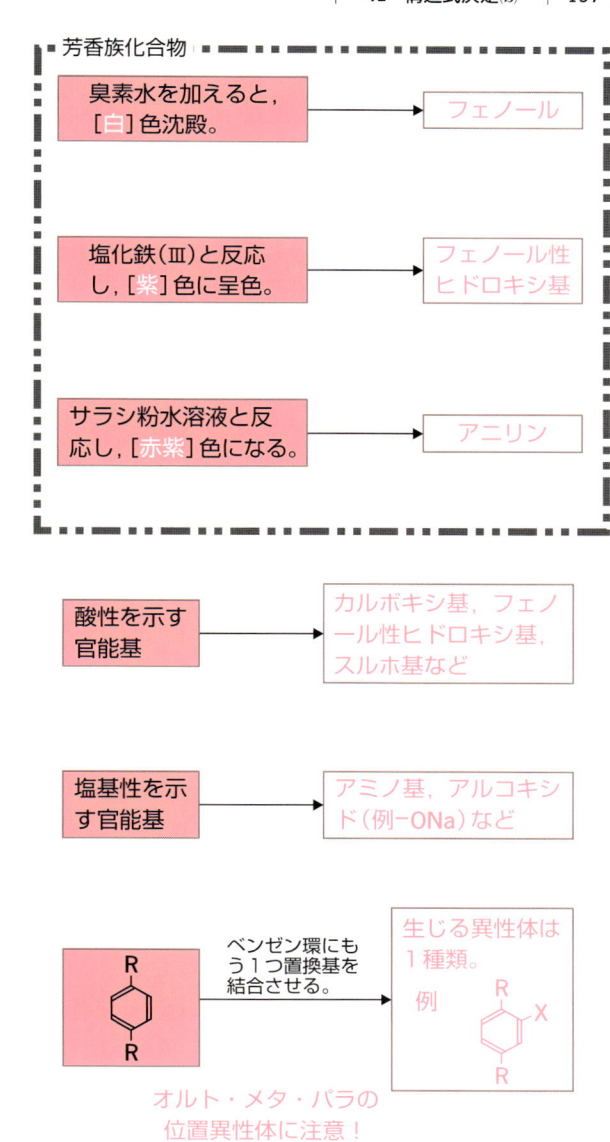

芳香族化合物

- 臭素水を加えると，[白]色沈殿。 → フェノール
- 塩化鉄(Ⅲ)と反応し，[紫]色に呈色。 → フェノール性ヒドロキシ基
- サラシ粉水溶液と反応し，[赤紫]色になる。 → アニリン

- 酸性を示す官能基 → カルボキシ基，フェノール性ヒドロキシ基，スルホ基など

- 塩基性を示す官能基 → アミノ基，アルコキシド(例 –ONa)など

R（パラ位にR）→ ベンゼン環にもう1つ置換基を結合させる。→ 生じる異性体は1種類。

例：R, X, R 置換のベンゼン環

オルト・メタ・パラの位置異性体に注意！

43 芳香族化合物のまとめ

どうしてもおさえておきたい反応に絞って記した。ここに載っている反応は，必ず整理して記憶すること。

反応式

- ❶ $[3]C_2H_2 \longrightarrow C_6H_6$
- ❷ $C_6H_6 + [3]H_2 \longrightarrow C_6H_{12}$
- ❸ $C_6H_6 + H_2C=CH-CH_3 \longrightarrow C_6H_5CH(CH_3)_2$
- ❹ $C_6H_5CH(CH_3)_2 + O_2 \longrightarrow C_6H_5C(CH_3)_2OOH$
- ❺ $C_6H_5C(CH_3)_2OOH \longrightarrow C_6H_5OH + (CH_3)_2CO$
- ❻ $C_6H_6 + H_2SO_4 \longrightarrow C_6H_5SO_3H + H_2O$
- ❼ $C_6H_5SO_3H + NaOH \longrightarrow C_6H_5SO_3Na + H_2O$
- ❽ $C_6H_5SO_3Na + [2]NaOH \longrightarrow C_6H_5ONa + Na_2SO_3 + H_2O$
- ❾ $C_6H_5ONa + CO_2 + H_2O \longrightarrow C_6H_5OH + NaHCO_3$
- ❿ $C_6H_6 + Cl_2 \longrightarrow C_6H_5Cl + HCl$
- ⓫ $C_6H_5Cl + [2]NaOH \longrightarrow C_6H_5ONa + NaCl + H_2O$
- ⓬ $C_6H_6 + HNO_3 \longrightarrow C_6H_5NO_2 + H_2O$
- ⓭ $[2]C_6H_5NO_2 + [3]Sn + [12]HCl \longrightarrow 2C_6H_5NH_2 + 3SnCl_4 + 4H_2O$
- ⓮ $C_6H_5NH_2 + (CH_3CO)_2O \longrightarrow C_6H_5NHCOCH_3 + CH_3COOH$
- ⓯ $C_6H_5NH_2 + HCl \longrightarrow C_6H_5NH_3Cl$
- ⓰ $C_6H_5NH_3Cl + NaNO_2 + HCl \longrightarrow C_6H_5N_2Cl + NaCl + 2H_2O$
- ⓱ $C_6H_5ONa + CO_2 \longrightarrow C_6H_4(OH)COONa$

生成物編

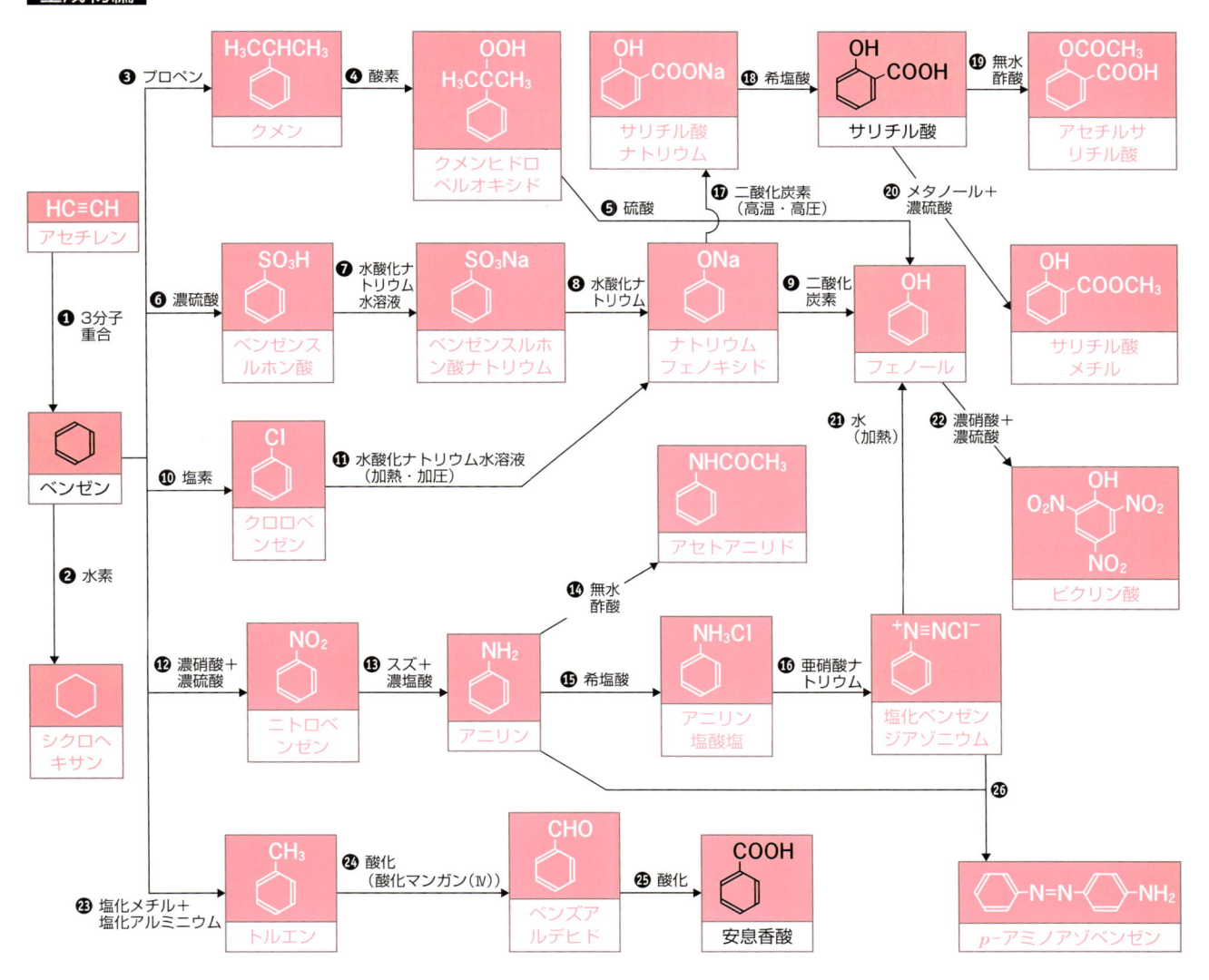

アセチレン HC≡CH

① 3分子重合 → **ベンゼン**

② 水素 → **シクロヘキサン**

③ プロペン → **クメン** (H₃CCHCH₃-C₆H₅)

④ 酸素 → **クメンヒドロペルオキシド** (H₃C-C(OOH)CH₃-C₆H₅)

⑤ 硫酸 → **フェノール** + アセトン

⑥ 濃硫酸 → **ベンゼンスルホン酸** (C₆H₅-SO₃H)

⑦ 水酸化ナトリウム水溶液 → **ベンゼンスルホン酸ナトリウム** (C₆H₅-SO₃Na)

⑧ 水酸化ナトリウム → **ナトリウムフェノキシド** (C₆H₅-ONa)

⑨ 二酸化炭素 → **フェノール** (C₆H₅-OH)

⑩ 塩素 → **クロロベンゼン** (C₆H₅-Cl)

⑪ 水酸化ナトリウム水溶液(加熱・加圧) → ナトリウムフェノキシド

⑫ 濃硝酸+濃硫酸 → **ニトロベンゼン** (C₆H₅-NO₂)

⑬ スズ+濃塩酸 → **アニリン** (C₆H₅-NH₂)

⑭ 無水酢酸 → **アセトアニリド** (C₆H₅-NHCOCH₃)

⑮ 希塩酸 → **アニリン塩酸塩** (C₆H₅-NH₃Cl)

⑯ 亜硝酸ナトリウム → **塩化ベンゼンジアゾニウム** (C₆H₅-N₂Cl)

⑰ 二酸化炭素(高温・高圧) → **サリチル酸ナトリウム** (OH, COONa)

⑱ 希塩酸 → **サリチル酸** (OH, COOH)

⑲ 無水酢酸 → **アセチルサリチル酸** (OCOCH₃, COOH)

⑳ メタノール+濃硫酸 → **サリチル酸メチル** (OH, COOCH₃)

㉑ 水(加熱) → フェノール

㉒ 濃硝酸+濃硫酸 → **ピクリン酸** (OH, 2,4,6-トリニトロフェノール)

㉓ 塩化メチル+塩化アルミニウム → **トルエン** (C₆H₅-CH₃)

㉔ 酸化(酸化マンガン(IV)) → **ベンズアルデヒド** (C₆H₅-CHO)

㉕ 酸化 → **安息香酸** (C₆H₅-COOH)

㉖ → **p-アミノアゾベンゼン** (C₆H₅-N=N-C₆H₄-NH₂)

反応条件・反応名編

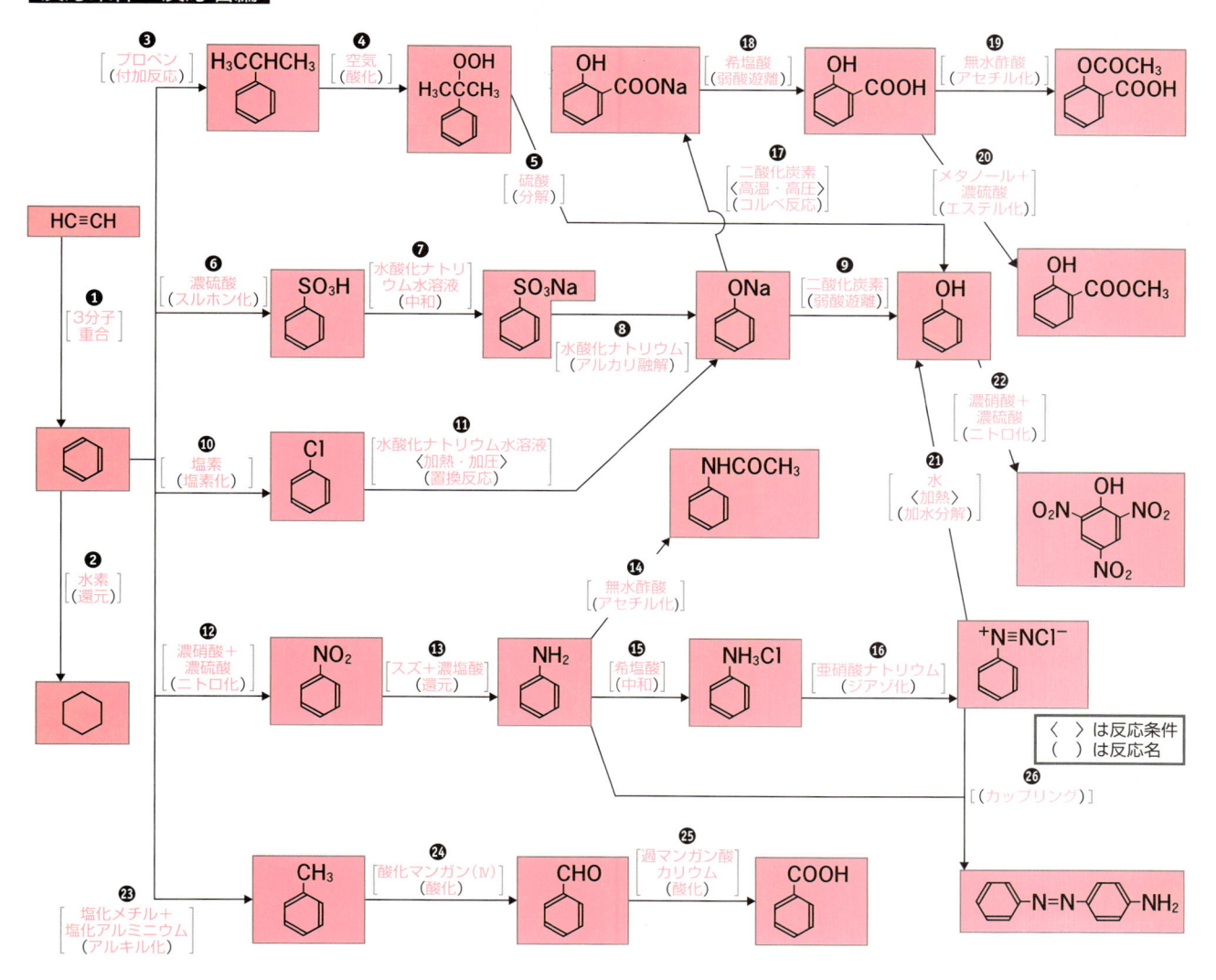

★	⑱ $C_6H_4(OH)COONa + HCl$ $\longrightarrow C_6H_4(OH)COOH + NaCl$
★	⑲ $C_6H_4(OH)COOH + (CH_3CO)_2O$ $\longrightarrow C_6H_4(OCOCH_3)COOH + CH_3COOH$
★	⑳ $C_6H_4(OH)COOH + CH_3OH$ $\longrightarrow C_6H_4(OH)COOCH_3 + H_2O$
★	㉑ $C_6H_5N_2Cl + H_2O \longrightarrow C_6H_5OH + HCl + N_2$
★	㉒ $C_6H_5OH + [3]HNO_3 \longrightarrow C_6H_2(NO_2)_3OH + 3H_2O$
★	㉓ $C_6H_6 + CH_3Cl \longrightarrow C_6H_5CH_3 + HCl$
★	㉔ $C_6H_5CH_3 + [2](O) \longrightarrow C_6H_5CHO + H_2O$
★	㉕ $[2]C_6H_5CHO + O_2 \longrightarrow 2C_6H_5COOH$
★	㉖ $C_6H_5N_2Cl + C_6H_5NH_2$ $\longrightarrow C_6H_5N_2C_6H_4NH_2 + HCl$

反応に必要な試薬・反応条件をしっかり把握すること。なお，各反応の反応名は以下の通りである。

❶	3分子重合	❷	還元
❸	付加反応	❹	酸化
❺	分解	❻	スルホン化
❼	中和	❽	アルカリ融解
❾	弱酸遊離	❿	塩素化
⓫	置換反応	⓬	ニトロ化
⓭	還元	⓮	アセチル化
⓯	中和	⓰	ジアゾ化
⓱	コルベ反応	⓲	弱酸遊離
⓳	アセチル化	⓴	エステル化
㉑	加水分解	㉒	ニトロ化
㉓	アルキル化	㉔	酸化
㉕	酸化	㉖	カップリング

44 芳香族化合物の分離

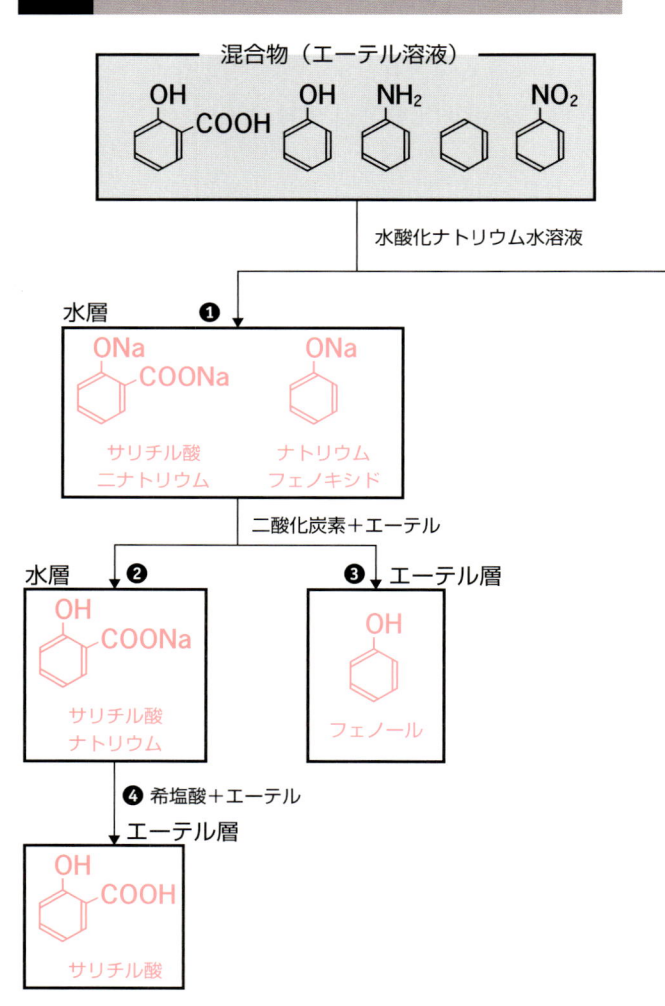

混合物（エーテル溶液）

- サリチル酸（OH, COOH）
- フェノール（OH）
- アニリン（NH₂）
- ベンゼン
- ニトロベンゼン（NO₂）

↓ 水酸化ナトリウム水溶液

水層 ❶

- サリチル酸二ナトリウム（ONa, COONa）
- ナトリウムフェノキシド（ONa）

↓ 二酸化炭素＋エーテル

水層 ❷
サリチル酸ナトリウム（OH, COONa）

❸ エーテル層
フェノール（OH）

❹ 希塩酸＋エーテル
↓
エーテル層
サリチル酸（OH, COOH）

44 芳香族化合物の分離

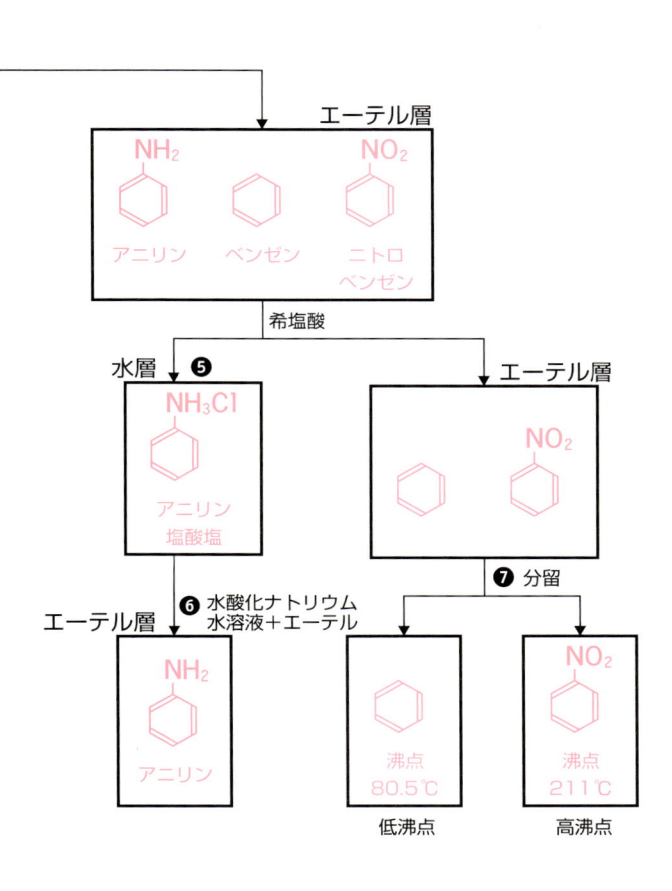

エーテル層: アニリン、ベンゼン、ニトロベンゼン

↓ 希塩酸

- **水層 ❺**: アニリン塩酸塩 (NH$_3$Cl)
- **エーテル層**: ベンゼン、ニトロベンゼン (NO$_2$)

水層 → ❻ 水酸化ナトリウム水溶液＋エーテル
→ **エーテル層**: アニリン (NH$_2$)

エーテル層 → ❼ 分留
- 低沸点: ベンゼン（沸点 80.5℃）
- 高沸点: ニトロベンゼン（沸点 211℃）

反応式

★ ❶ $C_6H_4(OH)COOH + [2]NaOH$
　　　　$\longrightarrow C_6H_4(ONa)COONa + 2H_2O$
　$C_6H_5OH + NaOH \longrightarrow C_6H_5ONa + H_2O$

★ ❷ $C_6H_4(ONa)COONa + CO_2 + H_2O$
　　　　$\longrightarrow C_6H_4(OH)COONa + NaHCO_3$

★ ❸ $C_6H_5ONa + CO_2 + H_2O$
　　　　$\longrightarrow C_6H_5OH + NaHCO_3$

★ ❹ $C_6H_4(OH)COONa + HCl$
　　　　$\longrightarrow C_6H_4(OH)COOH + NaCl$

★ ❺ $C_6H_5NH_2 + HCl \longrightarrow C_6H_5NH_3Cl$

❻ $C_6H_5NH_3Cl + NaOH$
　　　　$\longrightarrow C_6H_5NH_2 + NaCl + H_2O$

反応のPOINT!

塩が生じると，水層に溶け込む。

反応の説明

❶の反応	サリチル酸もフェノールも[弱]い[酸]性を示すので，NaOH水溶液には，[塩]を生じて溶解する。
❷, ❸の反応	フェノール性の-OHは，炭酸よりも弱い酸性を示すので，CO_2を吹き込むと，-ONaは-OHとなる。-COOHは[炭酸]よりも強い酸性を示すので，CO_2を吹き込んでも変化しない。塩は水に溶けやすいが，塩でなくなると水に溶解しにくくなる。

❹の反応	カルボキシ基は塩酸よりも弱い酸性を示すので、-COONa は塩酸により -COOH となる。サリチル酸ナトリウムは塩の状態だから、水に溶解しやすいが、サリチル酸となると水に溶けにくくなるので、エーテル層に移ることになる。
❺の反応	アミノ基は弱塩基性を示す官能基なので、塩酸を加えると[塩]を生じて、水に溶ける。
❻の反応	アニリンは、[アンモニア]よりも弱い塩基性を示すので、水酸化ナトリウムのような[強塩基]を加えると、$-NH_3Cl$ が $-NH_2$ となり、水に溶けにくくなる。
❼の反応	蒸留すると、まず[エーテル](沸点 34.6℃)が留出し、続いて[ベンゼン](沸点 80.5℃)が留出する。[トルエン](沸点 110℃)などを混合する場合もある。

注意

◎混合する物質

　ベンゼンスルホン酸，安息香酸などをサリチル酸の代わりに混合する場合がある。この場合は、❶で、それぞれベンゼンスルホン酸ナトリウム，安息香酸ナトリウムとなって水層に溶け込む。ベンゼンスルホン酸，安息香酸はそれぞれ炭酸よりも強い酸性を示すので、これらに CO_2 を吹き込んでも変化せず、そのまま❷の水層に残る。❹で希塩酸を加えると、安息香酸ナトリウムは安息香酸となって、エーテル層に移ることになる。

◎最初に希塩酸を加える場合

　これらの混合物に最初に希塩酸を加えれば、アニリンがアニリン塩酸塩となって水層に移り、他の物質はエーテル層に残る。このエーテル層に対しては、❶→❷・❸→❹，❼の実験操作を行うことで、それぞれ分離することができる。

45 合成高分子化合物（付加重合生成物）

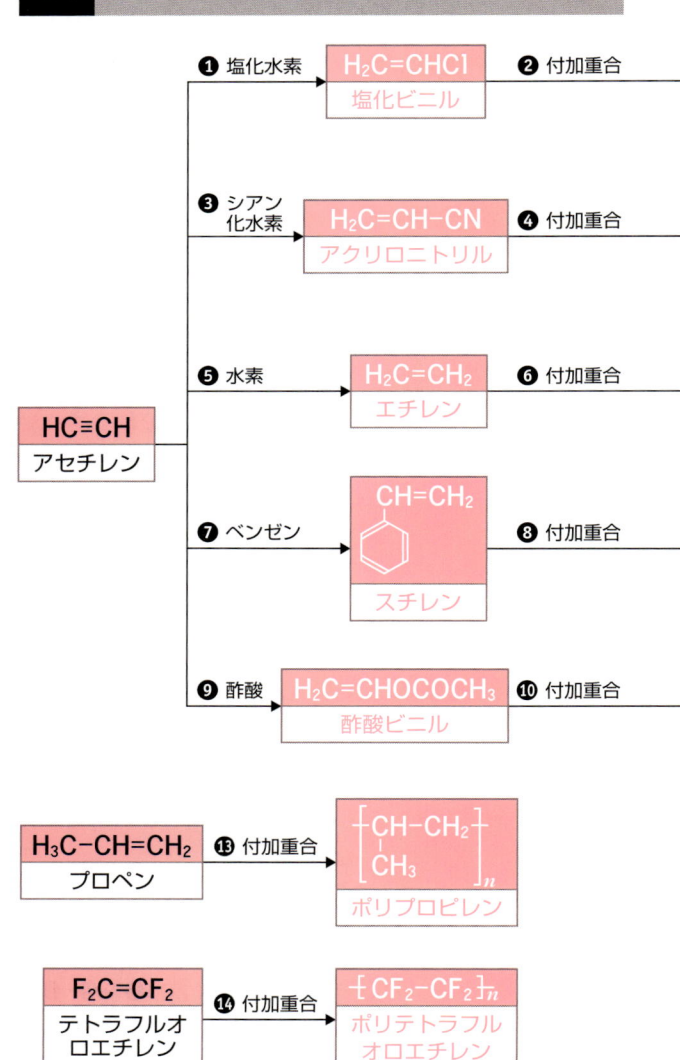

```
                    ❶ 塩化水素      H₂C=CHCl         ❷ 付加重合
                    ─────────→     塩化ビニル       ─────────→

                    ❸ シアン        H₂C=CH-CN        ❹ 付加重合
                      化水素       アクリロニトリル   ─────────→
                    ─────────→

HC≡CH               ❺ 水素          H₂C=CH₂          ❻ 付加重合
アセチレン          ─────────→     エチレン        ─────────→

                    ❼ ベンゼン      CH=CH₂           ❽ 付加重合
                    ─────────→     （ベンゼン環）   ─────────→
                                    スチレン

                    ❾ 酢酸          H₂C=CHOCOCH₃    ❿ 付加重合
                    ─────────→     酢酸ビニル       ─────────→
```

$H_3C-CH=CH_2$ プロペン ⓭ 付加重合 → $-[CH(CH_3)-CH_2]_n-$ ポリプロピレン

$F_2C=CF_2$ テトラフルオロエチレン ⓮ 付加重合 → $-[CF_2-CF_2]_n-$ ポリテトラフルオロエチレン

45 合成高分子化合物（付加重合生成物）

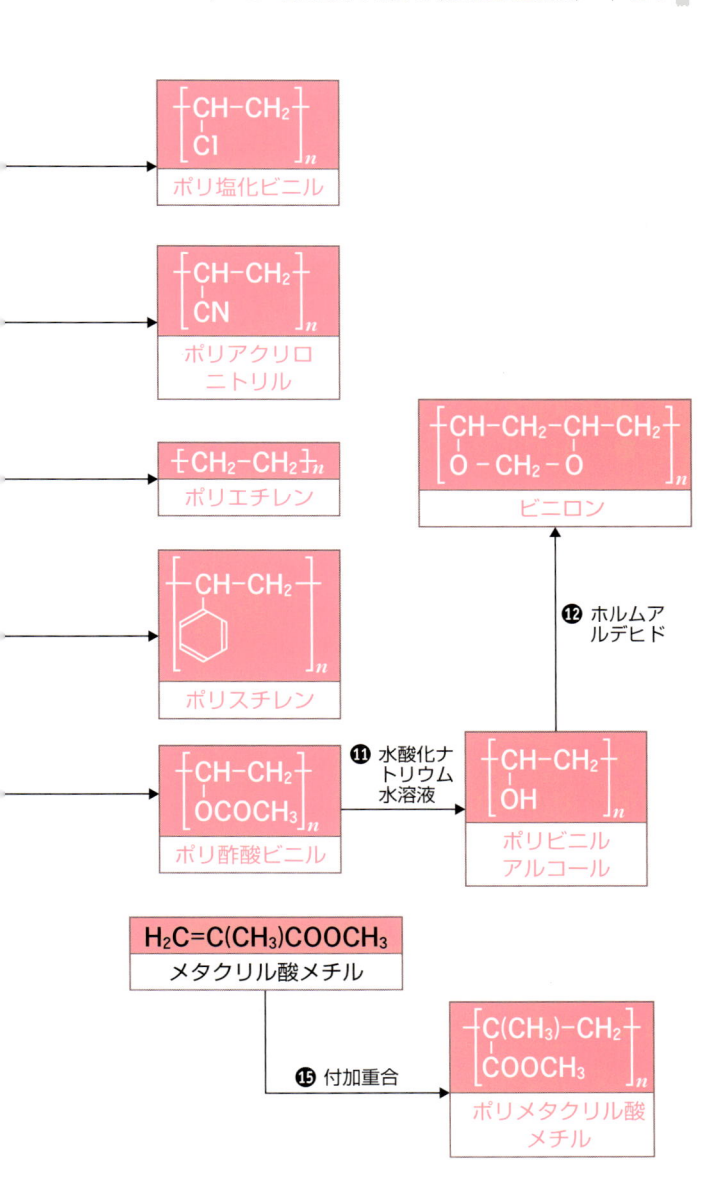

$$\mathrm{+CH-CH_2+}_n$$
$$\mathrm{Cl}$$
ポリ塩化ビニル

$$\mathrm{+CH-CH_2+}_n$$
$$\mathrm{CN}$$
ポリアクリロニトリル

$$\mathrm{+CH_2-CH_2+}_n$$
ポリエチレン

$$\mathrm{+CH-CH_2+}_n$$
（ベンゼン環）
ポリスチレン

$$\mathrm{+CH-CH_2+}_n$$
$$\mathrm{OCOCH_3}$$
ポリ酢酸ビニル

⓫ 水酸化ナトリウム水溶液 →

$$\mathrm{+CH-CH_2+}_n$$
$$\mathrm{OH}$$
ポリビニルアルコール

⓬ ホルムアルデヒド ↑

$$\mathrm{+CH-CH_2-CH-CH_2+}_n$$
$$\mathrm{O-CH_2-O}$$
ビニロン

$$\mathrm{H_2C=C(CH_3)COOCH_3}$$
メタクリル酸メチル

⓯ 付加重合 →

$$\mathrm{+C(CH_3)-CH_2+}_n$$
$$\mathrm{COOCH_3}$$
ポリメタクリル酸メチル

反応式

★	❶ $HC≡CH + HCl \longrightarrow H_2C=CHCl$
★	❷ $[n]H_2C=CHCl \longrightarrow \text{-}[CH_2\text{-}CHCl]\text{-}_n$
★	❸ $HC≡CH + HCN \longrightarrow H_2C=CHCN$
★	❹ $[n]H_2C=CHCN \longrightarrow \text{-}[CH_2\text{-}CH(CN)]\text{-}_n$
★	❺ $HC≡CH + H_2 \longrightarrow H_2C=CH_2$
★	❻ $[n]H_2C=CH_2 \longrightarrow \text{-}[CH_2\text{-}CH_2]\text{-}_n$
★	❼ $HC≡CH + C_6H_6 \longrightarrow H_2C=CH(C_6H_5)$
★	❽ $[n]H_2C=CH(C_6H_5) \longrightarrow \text{-}[CH_2\text{-}CH(C_6H_5)]\text{-}_n$
★	❾ $HC≡CH + CH_3COOH \longrightarrow H_2C=CH(OCOCH_3)$
★	❿ $[n]H_2C=CH(OCOCH_3) \longrightarrow \text{-}[CH_2\text{-}CH(OCOCH_3)]\text{-}_n$
	⓫ $\text{-}[CH_2\text{-}CH(OCOCH_3)]\text{-}_n + [n]NaOH \longrightarrow \text{-}[CH_2\text{-}CH(OH)]\text{-}_n + nCH_3COONa$
★	⓬ $[2]\text{-}[CH_2\text{-}CH(OH)]\text{-}_n + [n]HCHO \longrightarrow \begin{bmatrix} CH\text{-}CH_2\text{-}CH\text{-}CH_2 \\ \vert \qquad\qquad\quad \vert \\ O\text{-}CH_2\text{-}O \end{bmatrix}_n + nH_2O$
★	⓭ $[n]H_3CCH=CH_2 \longrightarrow \text{-}[CH_2\text{-}CH(CH_3)]\text{-}_n$
★	⓮ $[n]F_2C=CF_2 \longrightarrow \text{-}[CF_2\text{-}CF_2]\text{-}_n$
★	⓯ $[n]H_2C=C(CH_3)COOCH_3 \longrightarrow \text{-}[CH_2\text{-}C(CH_3)(OCOCH_3)]\text{-}_n$

反応のPOiNT!

二重結合が開裂して，重合する。

物質の性質

● 付加重合生成物

ここに取り上げた重合体は，[熱可塑]性(加熱すると軟らかくなり，冷やすと固くなる)を示す。

反応の説明

❶の反応	$H_2C=CH-$ 基を [ビニル] 基と呼ぶ。
❷の反応	重合して生じる物質を [ポリマー] (重合体) と呼び，その原料となる物質を [モノマー] (単量体) と呼ぶ。ポリ塩化ビニルは，パイプなどに加工して用いられることが多い。
❹の反応	ここで生じるポリマーは，合成繊維である [アクリル繊維] として用いられることが多い。
❻の反応	[低圧] で，[触媒] ($TiCl_4$ と $Al(C_2H_5)_3$ や酸化クロム) を用いて重合させると，枝分かれが [少な] く，透明度が [低] い，高密度ポリエチレン (HDPE) が生じる。また，高圧 (1.0×10^8 Pa 以上) で重合させると，枝分かれが [多] く，透明度が [高] い，低密度ポリエチレン (LDPE) が生じる。
⓫の反応	エステルの [けん化] 反応に当たる。これによって生じるポリビニルアルコールは水に [可溶] である。ビニルアルコールは不安定で，アセトアルデヒドに異性化してしまうので，ポリビニルアルコールの原料として使用できない。
⓬の反応	[ホルマール] 化 ([アセタール] 化) と呼ばれる操作である。この操作により，水に溶けにくくなる。実際は，すべてのヒドロキシ基を反応させるわけではない。ヒドロキシ基を残すことで，[吸湿] 性がある繊維として利用している。またヒドロキシ基が残っているので，着色もしやすい。
⓮の反応	ここで生じるポリマーはフッ素樹脂となる。
⓯の反応	ここで生じるポリマーは，[アクリル] 樹脂と呼ばれる。[アクリル酸メチル] $H_2C=CHCOOCH_3$ を用いることもある。

46 合成高分子化合物（縮合重合生成物）

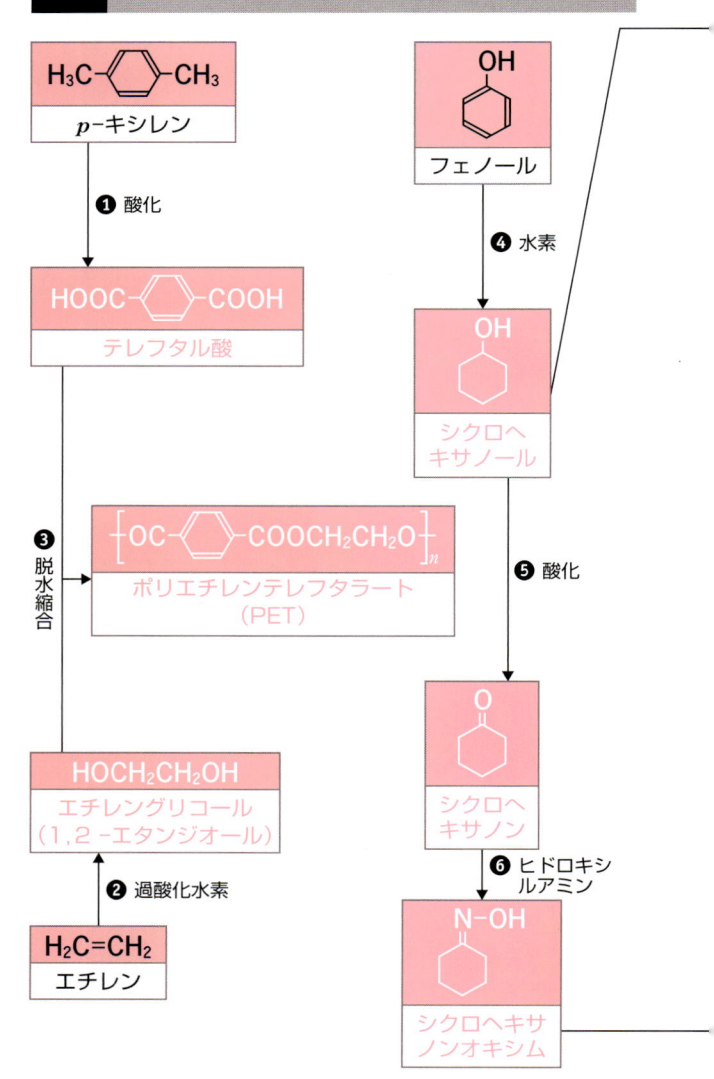

p-キシレン: $H_3C-\underset{}{\bigcirc}-CH_3$

❶ 酸化 →

テレフタル酸: $HOOC-\underset{}{\bigcirc}-COOH$

フェノール: $\underset{}{\bigcirc}-OH$

❹ 水素 →

シクロヘキサノール: シクロヘキサン環-OH

エチレン: $H_2C=CH_2$

❷ 過酸化水素 →

エチレングリコール（1,2-エタンジオール）: $HOCH_2CH_2OH$

❸ 脱水縮合 →

ポリエチレンテレフタラート（PET）: $\left[OC-\underset{}{\bigcirc}-COOCH_2CH_2O\right]_n$

❺ 酸化 →

シクロヘキサノン: シクロヘキサン環=O

❻ ヒドロキシルアミン →

シクロヘキサノンオキシム: シクロヘキサン環=N-OH

❼ 酸化（硝酸）

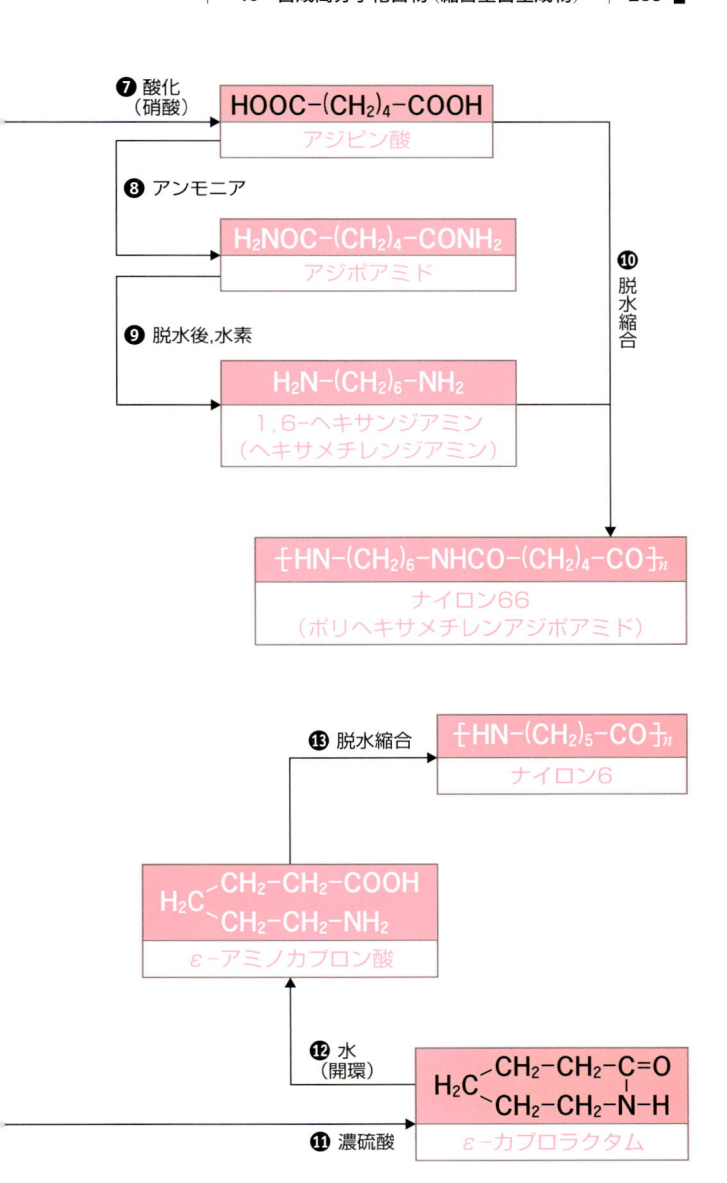

HOOC-(CH$_2$)$_4$-COOH
アジピン酸

❽ アンモニア

H$_2$NOC-(CH$_2$)$_4$-CONH$_2$
アジポアミド

❾ 脱水後, 水素

H$_2$N-(CH$_2$)$_6$-NH$_2$
1,6-ヘキサンジアミン
（ヘキサメチレンジアミン）

❿ 脱水縮合

﹛HN-(CH$_2$)$_6$-NHCO-(CH$_2$)$_4$-CO﹜$_n$
ナイロン66
（ポリヘキサメチレンアジポアミド）

⓭ 脱水縮合

﹛HN-(CH$_2$)$_5$-CO﹜$_n$
ナイロン6

H$_2$C〈CH$_2$-CH$_2$-COOH / CH$_2$-CH$_2$-NH$_2$〉
ε-アミノカプロン酸

⓬ 水（開環）

H$_2$C〈CH$_2$-CH$_2$-C=O / CH$_2$-CH$_2$-N-H〉
ε-カプロラクタム

⓫ 濃硫酸

反応式

❶ $C_6H_4(CH_3)_2 + [6](O) \longrightarrow C_6H_4(COOH)_2 + 2H_2O$

❷ $H_2C=CH_2 + H_2O_2 \longrightarrow HOCH_2CH_2OH$

❸ $[n]C_6H_4(COOH)_2 + [n]HOCH_2CH_2OH$
$\longrightarrow [OC-C_6H_4-COO(CH_2)_2O]_n + 2nH_2O$

❹ $C_6H_5OH + [3]H_2 \longrightarrow$ シクロヘキサノール (H₂C⟨CH₂-CH₂⟩⟨CH₂-CH₂⟩CH-OH)

❺ H₂C⟨CH₂-CH₂⟩⟨CH₂-CH₂⟩CH-OH + (O)
$\longrightarrow$ H₂C⟨CH₂-CH₂⟩⟨CH₂-CH₂⟩C=O + H_2O

❻ H₂C⟨CH₂-CH₂⟩⟨CH₂-CH₂⟩C=O + NH_2OH
$\longrightarrow$ H₂C⟨CH₂-CH₂⟩⟨CH₂-CH₂⟩C=N-OH + H_2O

❼ $C_6H_{11}OH + [4](O)$
$\longrightarrow HOOC(CH_2)_4COOH + H_2O$

❽ $HOOC(CH_2)_4COOH + [2]NH_3$
$\longrightarrow H_2NOC(CH_2)_4CONH_2 + 2H_2O$

❾ $H_2NOC(CH_2)_4CONH_2 + [4]H_2$
$\longrightarrow H_2N(CH_2)_6NH_2 + 2H_2O$

❿ $[n]HOOC(CH_2)_4COOH + [n]H_2N(CH_2)_6NH_2$
$\longrightarrow [OC-(CH_2)_4-CONH(CH_2)_6NH]_n + 2nH_2O$

⓫ H₂C⟨CH₂-CH₂⟩⟨CH₂-CH₂⟩C=N-OH
$\longrightarrow$ H₂C⟨CH₂-CH₂-C=O⟩⟨CH₂-CH₂-N-H⟩

46 合成高分子化合物（縮合重合生成物）

❷ $H_2C\begin{smallmatrix}CH_2-CH_2-C=O\\CH_2-CH_2-N-H\end{smallmatrix} + H_2O$

$\longrightarrow H_2C\begin{smallmatrix}CH_2-CH_2-COOH\\CH_2-CH_2-NH_2\end{smallmatrix}$

★ ❸ $[n]H_2C\begin{smallmatrix}CH_2-CH_2-COOH\\CH_2-CH_2-NH_2\end{smallmatrix}$

$\longrightarrow \{OC-(CH_2)_5-NH\}_n + nH_2O$

反応のPOiNT!

縮合重合とは，水のような小さな分子が脱離して，重合する反応をいう。ここで生じるポリマーは，一般に熱可塑性である。

反応の説明

❸の反応 エステル化反応によってポリマーが生じるので，このポリマーは[ポリエステル]系に分類される。他に，無水フタル酸とグリセリンから生じる[アルキド]樹脂があるが，これは[熱硬化]性である。

❿の反応 酸アミド結合によってポリマーが生じるので，このポリマーは[ポリアミド]系に分類される。炭素数6のアジピン酸の代わりに，炭素数10の[セバシン酸] $HOOC(CH_2)_8COOH$ を用いて反応させると，[ナイロン610]が生じる。
$nHOOC(CH_2)_8COOH + nH_2N(CH_2)_6NH_2$
$\longrightarrow \{OC-(CH_2)_8-CONH-(CH_2)_6NH\}_n + 2nH_2O$
他には，テレフタル酸ジクロリドと p-フェニレンジアミンから生じる[ケブラー]もある。
$nClOC-C_6H_4-COCl + nH_2N-C_6H_4-NH_2$
$\longrightarrow \{OC-C_6H_4-CONH-C_6H_4-NH\}_n + 2nHCl$

⓬, ⓭の反応 このように環構造が開裂して，重合するので，[開環]重合とも呼ばれる重合反応である。

47 合成高分子化合物（付加縮合生成物）

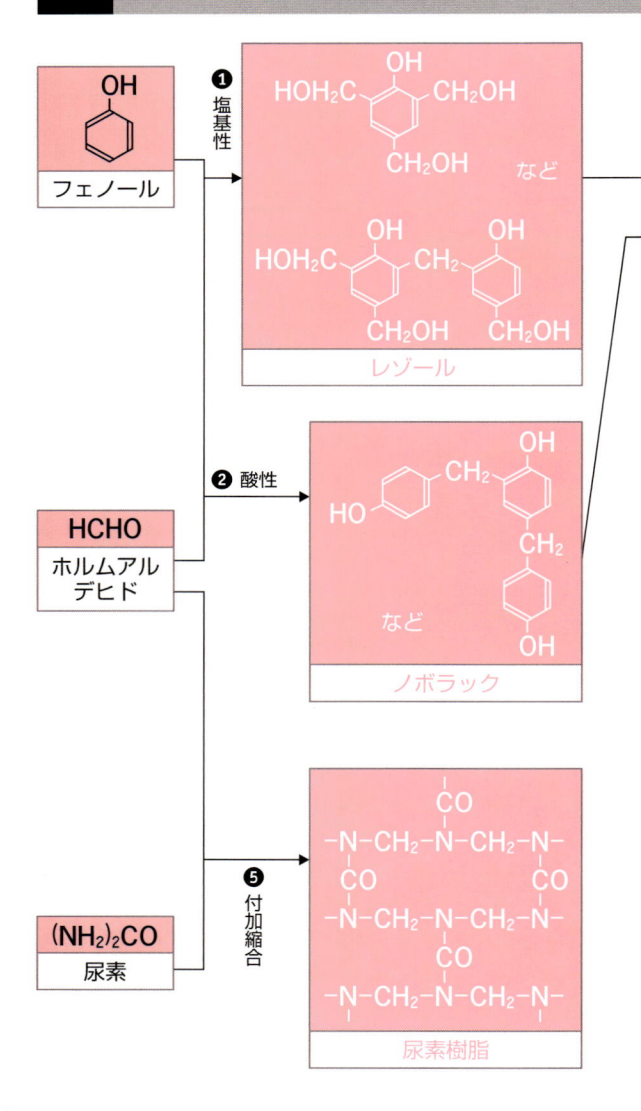

フェノール + **HCHO**（ホルムアルデヒド）

❶ 塩基性 → レゾール
（構造例：HOH₂C, CH₂OH などで置換されたフェノール二量体）

❷ 酸性 → ノボラック
（フェノールが CH₂ で連結された構造）

(NH₂)₂CO（尿素） + HCHO

❺ 付加縮合 → 尿素樹脂
（-N-CH₂-N-CH₂-N- と CO が架橋した網目構造）

47 合成高分子化合物（付加縮合生成物） 217

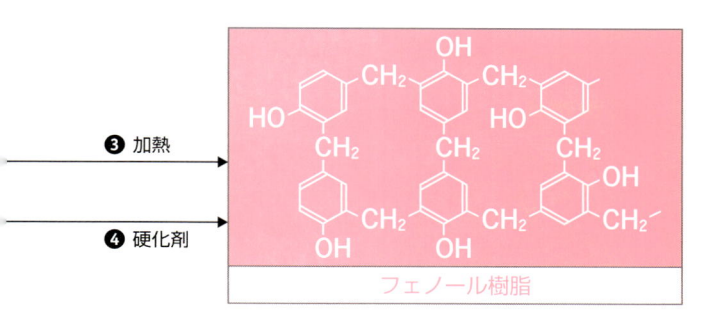

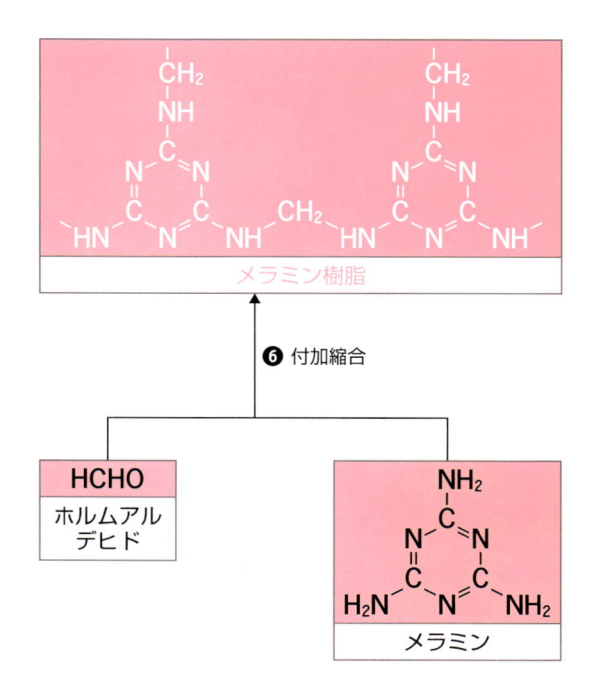

❸ 加熱
❹ 硬化剤

フェノール樹脂

メラミン樹脂

❻ 付加縮合

HCHO
ホルムアルデヒド

メラミン

反応のPOiNT!

付加縮合によって重合する化合物群は，熱硬化性樹脂。

物質の性質

(1) フェノール樹脂
　アメリカの科学者レオ・ベークランドが開発したので，[ベークライト]と名付けられた(現在のフェノール樹脂とは異なる)。[熱硬化]性で成型しやすく，[絶縁]性があるので，初期にはラジオや電話などのキャビネットとして用いられた。三次元的な[網目構造]をもち，現在はフェノールとホルムアルデヒドを原料とするもの以外に，クレゾールなどのフェノール類を原料とするものも含められている。

(2) 尿素樹脂
　[尿素](ユリア)とホルムアルデヒドを原料とするので，[ユリア]樹脂とも呼ばれる。[無色透明]なので，着色することが可能で，熱硬化した後は[表面硬度]が高いので，塗装剤として用いられたり，接着剤として用いられる。

(3) メラミン樹脂
　フェノール樹脂や尿素樹脂に比べて硬く，光沢もあるので，現在でも電気製品や家具の化粧板として用いられている。

反応の説明

❶，❷，❸，❹の反応	ヒドロキシ基はオルト・パラ配向性を示すので，以下のような位置に[付加]反応が起こる。 OH　　　　　　　　OH │　　　　　　　　　│ ＿CH₂OH ⟨ ⟩ ＋ HCHO ⟶ ⟨ ⟩

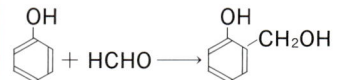

その後，以下のような[縮合]反応が起こり，

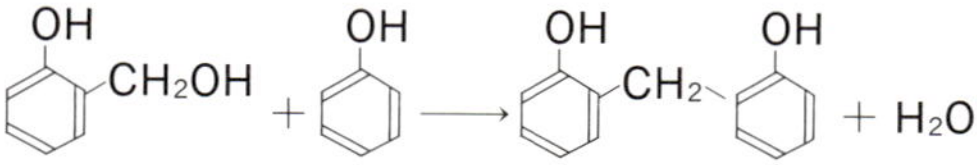

$$\underset{CH_2OH}{\underset{OH}{\bigcirc}} + \underset{OH}{\bigcirc} \longrightarrow \underset{OH}{\bigcirc}-CH_2-\underset{OH}{\bigcirc} + H_2O$$

高分子化合物となる。塩基性条件下では，この[付加]反応が優位に進行し，通常，[液]体の[レゾール]という状態になる。レゾールは加熱すれば，縮合反応が進行し，高分子化するので熱硬化性を示す。それに反して，酸性条件下では縮合反応が優位に進行し，通常，[固]体の[ノボラック]という状態になる。ノボラックは，縮合が進行しているので，加熱しても硬化せず，[熱可塑]性を示す。したがって，フェノール樹脂とするためにはヘキサメチレンテトラミンのような硬化剤を加えて，製品とする。

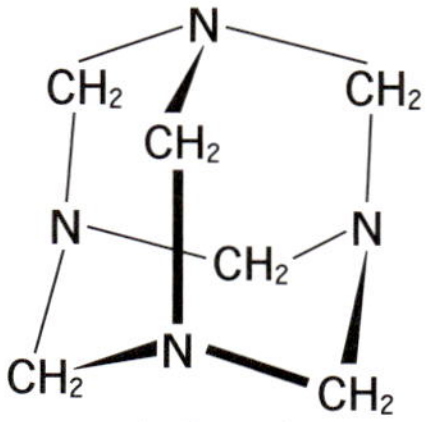

<ヘキサメチレンテトラミン>

❺の反応

尿素とホルムアルデヒドが[付加]反応し，

$(NH_2)_2CO + HCHO \longrightarrow H_2NCONHCH_2OH$

モノメチロール尿素が生じ，このヒドロキシ基とアミノ基が[脱水縮合]反応して高分子化する。

$2H_2NCONHCH_2OH$
$\longrightarrow H_2NCONHCH_2NHCONHCH_2OH + H_2O$

❻の反応

メラミンとホルムアルデヒドが付加反応して生じた[トリメチロールメラミン](上図)が直接の原料である。

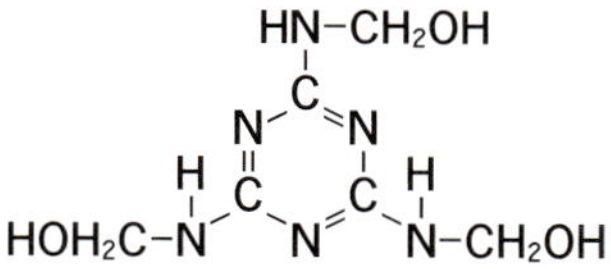

48 天然ゴムと合成ゴム

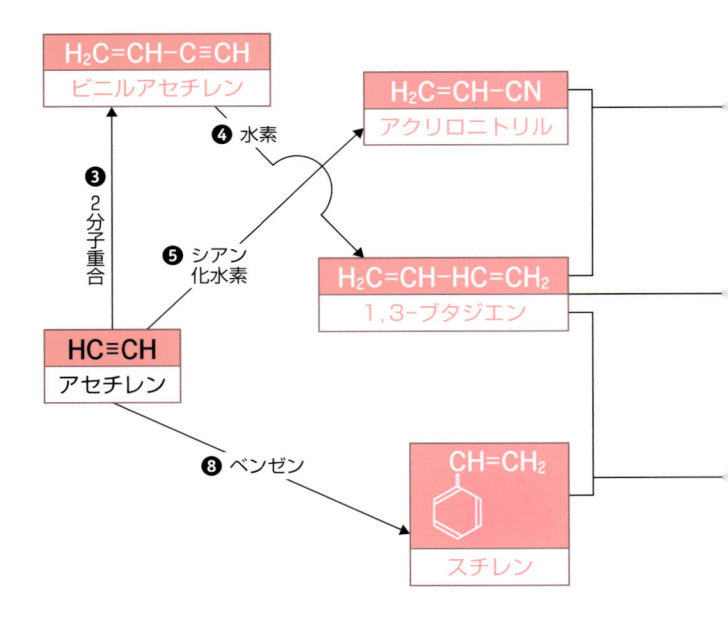

H₂C=C(CH₃)-HC=CH₂
イソプレン
(2-メチル-1,3-ブタジエン)

H₂C=CH-C≡CH
ビニルアセチレン

❹ 水素

H₂C=CH-CN
アクリロニトリル

❸ 2分子重合

❺ シアン化水素

H₂C=CH-HC=CH₂
1,3-ブタジエン

HC≡CH
アセチレン

❽ ベンゼン

CH=CH₂
(ベンゼン環)
スチレン

H₂C=CCl-HC=CH₂
クロロプレン
(2-クロロ-1,3-ブタジエン)

48 天然ゴムと合成ゴム

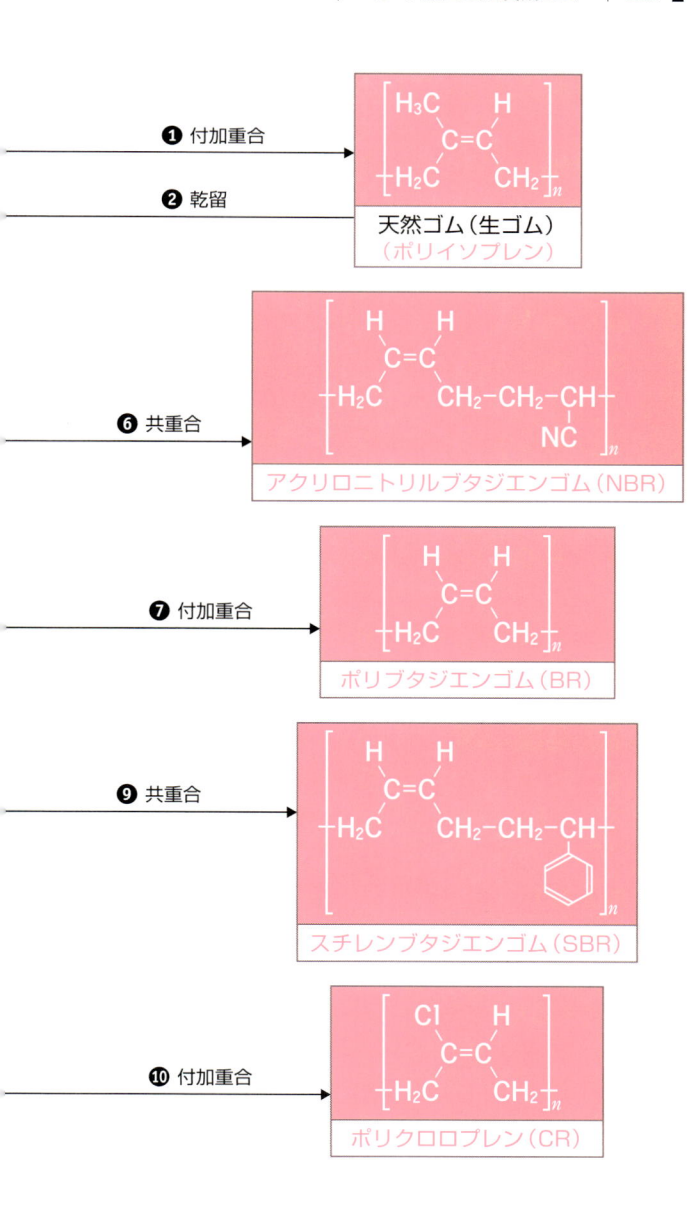

❶ 付加重合 →
❷ 乾留 →

$$\left[\begin{array}{c} H_3C \quad H \\ C=C \\ H_2C \quad CH_2 \end{array} \right]_n$$

天然ゴム（生ゴム）
（ポリイソプレン）

❻ 共重合 →

$$\left[\begin{array}{c} H \quad H \\ C=C \\ H_2C \quad CH_2-CH_2-CH \\ \quad\quad\quad\quad\quad\quad NC \end{array} \right]_n$$

アクリロニトリルブタジエンゴム（NBR）

❼ 付加重合 →

$$\left[\begin{array}{c} H \quad H \\ C=C \\ H_2C \quad CH_2 \end{array} \right]_n$$

ポリブタジエンゴム（BR）

❾ 共重合 →

$$\left[\begin{array}{c} H \quad H \\ C=C \\ H_2C \quad CH_2-CH_2-CH \\ \quad\quad\quad\quad\quad\quad C_6H_5 \end{array} \right]_n$$

スチレンブタジエンゴム（SBR）

❿ 付加重合 →

$$\left[\begin{array}{c} Cl \quad H \\ C=C \\ H_2C \quad CH_2 \end{array} \right]_n$$

ポリクロロプレン（CR）

反応式

★ ❶ $[n]H_2C=C(CH_3)-HC=CH_2$
　　　　　$\longrightarrow \{CH_2-C(CH_3)=CH-CH_2\}_n$

★ ❷ $\{CH_2-C(CH_3)=CH-CH_2\}_n$
　　　　　$\longrightarrow nH_2C=C(CH_3)-HC=CH_2$

★ ❸ $[2]HC\equiv CH \longrightarrow H_2C=CH-C\equiv CH$

★ ❹ $H_2C=CH-C\equiv CH + H_2 \longrightarrow H_2C=CH-HC=CH_2$

★ ❺ $HC\equiv CH + HCN \longrightarrow H_2C=CH(CN)$

★ ❻ $[n]H_2C=CH(CN) + [n]H_2C=CH-HC=CH_2$
　　　　　$\longrightarrow \{CH_2-HC=CH-(CH_2)_2-CH(CN)\}_n$

★ ❼ $[n]H_2C=CH-HC=CH_2$
　　　　　$\longrightarrow \{CH_2-HC=CH-CH_2\}_n$

★ ❽ $HC\equiv CH + C_6H_6 \longrightarrow C_6H_5CH=CH_2$

★ ❾ $[n]H_2C=CH-HC=CH_2 + [n]C_6H_5CH=CH_2$
　　　　　$\longrightarrow \{CH_2-HC=CH-(CH_2)_2-CH(C_6H_5)\}_n$

★ ❿ $[n]H_2C=CCl-HC=CH_2$
　　　　　$\longrightarrow \{CH_2-CCl=CH-CH_2\}_n$

反応のPOINT!

ゴムには，シス形の構造が含まれる。合成される場合は，二重結合の位置が変化する。

物質の性質

● 天然ゴム

パラゴムノキから採取される乳濁液をラテックスと呼び，これを酢酸などの酸を用いて凝集させたものを生ゴムと呼ぶ。[粘着]性があり，[無極性]溶媒に溶解する。電気の絶縁体である。硫黄を加えて加熱すると，生ゴムの分子間に[架橋構造]が生じ，適切な弾性や耐熱性が得られるようになる。この操作を[加硫]といい，この操作の発

見により,ゴムの実際の使用が可能になった。加硫をさらに行うと,[黒]色の硬化した物質が得られるが,これは[エボナイト]と呼ばれる物質である。

反応の説明

❶の反応	二重結合・単結合・二重結合と位置するような二重結合を[共役二重結合]と呼び,これをもつ化合物を付加重合させると,二重結合の位置が移行する。
❷の反応	天然ゴムを[乾留](空気が不充分な状態で加熱するので,分解反応が進行する)すると,[イソプレン]が生じる。
❹の反応	三重結合への付加反応は,二重結合への付加反応よりも起こりやすいので,1,3-ブタジエンが生じる。
❻の反応	2種以上の単量体を付加重合させることを[共重合]という。ここで生じるNBRは別名ブナNともいう。[耐油性]があるために,オイルパッキングや印刷ロールなどに利用されている。
❾の反応	ここで生じるSBRは別名ブナSともいう。ブタジエン(butadiene)をナトリウム(Natrium(ドイツ語))を触媒としてスチレン(styrene)と共重合させて製造するからである。ベンゼン環を分子内にもつので,機械的強度が増加している。よって,自動車のタイヤなどに利用されている。
❿の反応	ここで生じるポリクロロプレンは,別名[ネオプレンゴム]という。難燃性で,酸化しにくいなどの性質があるために,屋外に放置しなくてはならない器具や,機械内のベルトなどに用いられている。

49 イオン交換樹脂

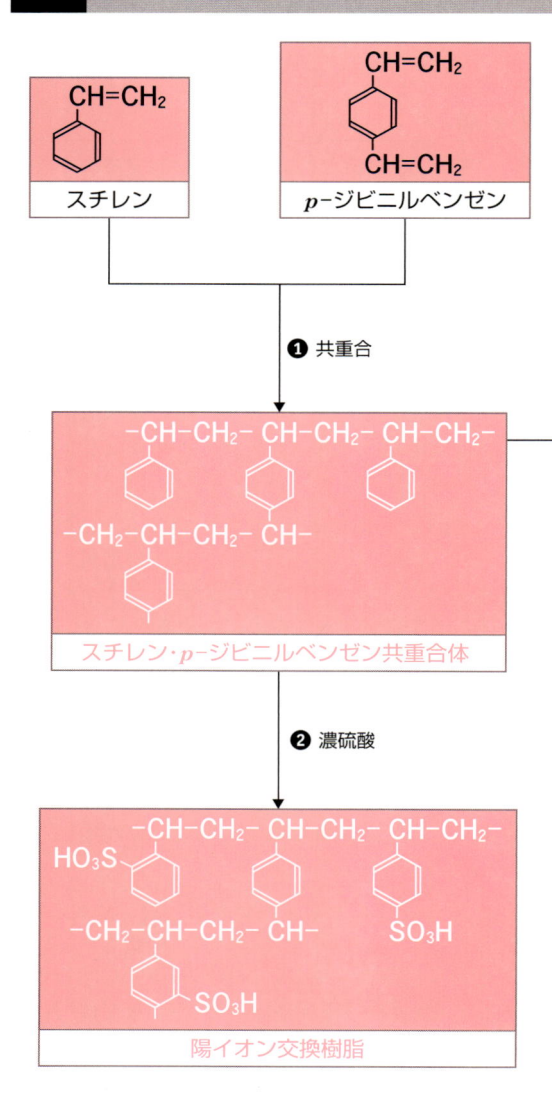

スチレン: CH=CH$_2$ を持つベンゼン

p-ジビニルベンゼン: 1,4-位に CH=CH$_2$ を2つ持つベンゼン

❶ 共重合

↓

スチレン・p-ジビニルベンゼン共重合体

-CH-CH$_2$- CH-CH$_2$- CH-CH$_2$-
（各CHにベンゼン環が結合、中央はp-ジビニルベンゼン由来で架橋）
-CH$_2$-CH-CH$_2$-CH-

❷ 濃硫酸

↓

陽イオン交換樹脂

-CH-CH$_2$- CH-CH$_2$- CH-CH$_2$-
（ベンゼン環に -SO$_3$H が導入される）
-CH$_2$-CH-CH$_2$-CH-

49 イオン交換樹脂

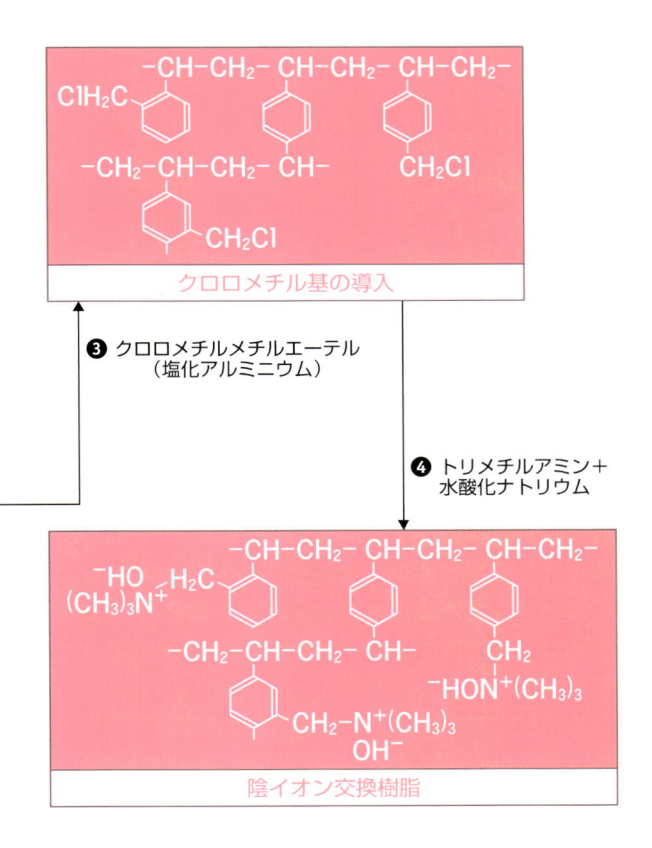

```
         -CH-CH₂- CH-CH₂- -CH-CH₂-
ClH₂C      [ベンゼン環]   [ベンゼン環]   [ベンゼン環]
                                      CH₂Cl
         -CH₂-CH-CH₂-CH-
                  [ベンゼン環]
                   CH₂Cl
```
クロロメチル基の導入

❸ クロロメチルメチルエーテル
（塩化アルミニウム）

❹ トリメチルアミン＋
水酸化ナトリウム

```
            -CH-CH₂- CH-CH₂- -CH-CH₂-
   ⁻HO   =H₂C [環]       [環]         [環]
(CH₃)₃N⁺                               CH₂
         -CH₂-CH-CH₂-CH-              ⁻HON⁺(CH₃)₃
                 [環]
                 CH₂-N⁺(CH₃)₃
                     OH⁻
```
陰イオン交換樹脂

Rを樹脂の炭化水素骨格とすれば，

| R(SO₃H)$_n$ |
| 陽イオン交換樹脂 | ❺ 食塩水 → R(SO₃Na)$_n$

| R(N⁺(CH₃)₃OH⁻)$_n$ |
| 陰イオン交換樹脂 | ❻ 食塩水 → R(N⁺(CH₃)₃Cl⁻)$_n$

反応式	樹脂の炭化水素骨格を R で表す。
❶	略
★ ❷	R + [n]H$_2$SO$_4$ ⟶ R(SO$_3$H)$_n$ + nH$_2$O
❸	R + [n]CH$_3$OCH$_2$Cl ⟶ R(CH$_2$Cl)$_n$ + nCH$_3$OH
★ ❹	R(CH$_2$Cl)$_n$ + [n](CH$_3$)$_3$N ⟶ R(CH$_2$N$^+$(CH$_3$)$_3$Cl$^-$)$_n$ R(CH$_2$N$^+$(CH$_3$)$_3$Cl$^-$)$_n$ + [n]NaOH ⟶ R(CH$_2$N$^+$(CH$_3$)$_3$OH$^-$)$_n$ + nNaCl
❺	R(SO$_3$H)$_n$ + [n]NaCl ⟶ R(SO$_3$Na)$_n$ + nHCl
❻	R(N$^+$(CH$_3$)$_3$OH$^-$)$_n$ + [n]NaCl ⟶ R(N$^+$(CH$_3$)$_3$Cl$^-$)$_n$ + nNaOH

反応のPOiNT!

陽イオン交換樹脂は，水溶液中の金属イオンなどの陽イオンを水素イオンに交換し，陰イオン交換樹脂は，水溶液中の陰イオンを水酸化物イオンに交換する。

物質の性質

(1) 陽イオン交換樹脂

スチレンと p-ジビニルベンゼンの共重合体に，スルホ基やカルボキシ基，フェノール性のヒドロキシ基などの[酸性基]が導入された構造をもつ。

(2) 陰イオン交換樹脂

スチレンと p-ジビニルベンゼンの共重合体に，アミノ基，イミノ基，アンモニウム基などの[塩基性基]が導入された構造をもつ。陽イオン交換樹脂も陰イオン交換樹脂も水に[不溶]で，[多孔質]で表面積が大きいという特徴をもつ。

反応の説明

❶の反応	このようにジビニルベンゼンとともに[共重合]させることで，ポリスチレン鎖を架橋結合で連結させることが可能になる。その内部構造は[立体網目状]であるが，表面積を増大させるために粒状に成型する。
❷の反応	アルキル基は[オルト・パラ]配向性を示すから，p-ジビニルベンゼンを多く加えて共重合したものだと，スルホン化できる箇所が少なくなる。特にスルホ基はかさ高い(立体的に大きい)官能基なので，オルト位には導入しにくい。
❹の反応	$-N^+(CH_3)_3$ は[トリメチルアンモニウム基]と呼ばれ，[強塩基]性を示す官能基である。
❺の反応	[粒]状の陽イオン交換樹脂を[カラム]と呼ばれる円筒に入れて，静かに食塩水を滴下していくと，pH が小さい水溶液が流出してくる。食塩水中のナトリウムイオンが[水素イオン]に交換されたためである。なお，この反応は[可逆的]なので，何回も利用した陽イオン交換樹脂に濃塩酸を加え，以下のように反応させ，$R(SO_3Na)_n + nHCl \longrightarrow R(SO_3H)_n + nNaCl$ イオン交換樹脂を[再生]させることが可能である。 （図：分液ろうと，NaClaq，カラム，陽イオン交換樹脂，ガラスウール，HClaq）
❻の反応	この反応も可逆的で，濃水酸化ナトリウム水溶液を加えることによって，以下のように反応する。 $R(N^+(CH_3)_3Cl^-)_n + nNaOH$ $\longrightarrow R(N^+(CH_3)_3OH^-)_n + nNaCl$

50 単糖類

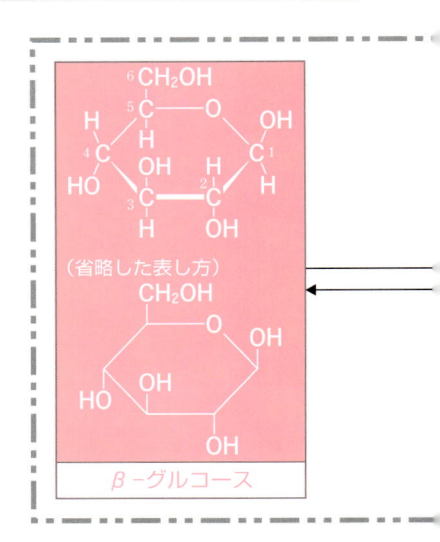

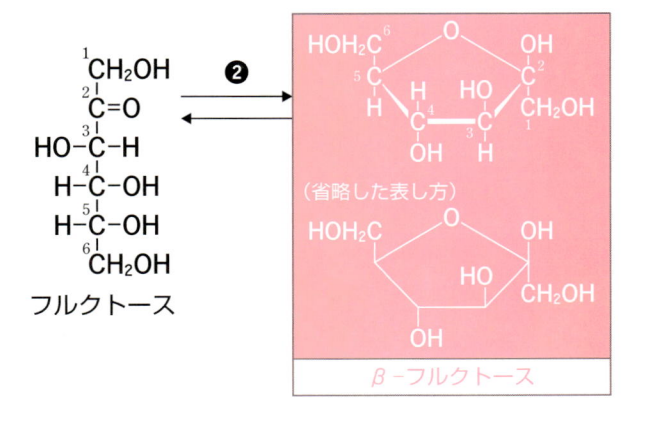

グルコース

β-グルコース
（省略した表し方）

❷

フルクトース

β-フルクトース
（省略した表し方）

50 単糖類

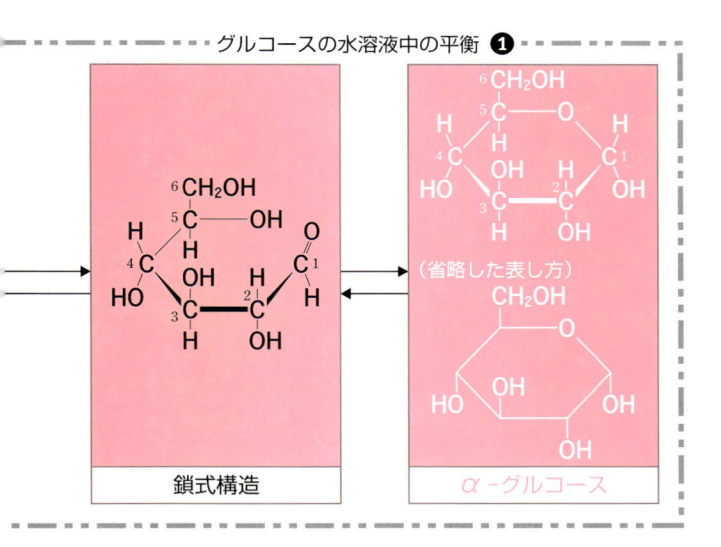

グルコースの水溶液中の平衡 ❶

鎖式構造 ⇔ α-グルコース（省略した表し方）

ガラクトース —❸→ β-ガラクトース（省略した表し方）

反応のPOiNT!

単糖類は，すべて水に可溶で還元性をもつ。

物質の性質

(1) 糖類 $C_m(H_2O)_n$

その組成から[炭水化物]と呼ばれる場合もある。多価アルコールの一種で，アルデヒド基をもつものを[アルドース]，ケトン基をもつものを[ケトース]と呼ぶ。3つの炭素原子からなる[三炭糖]([トリオース])から考えられるが，五炭糖([ペントース])や六炭糖([ヘキソース])が天然には多く存在するので，一般に六炭糖を中心に学ぶ。なお，ホルムアルデヒド HCHO や酢酸 CH_3COOH などは $C_m(H_2O)_n$ の一般式に当てはまるが，糖類に含めない。デオキシリボース $C_5H_{10}O_4$ などは一般式に当てはまらないが，糖類に含めている。

(2) 単糖類 $C_nH_{2n}O_n$

[加水分解]によってはこれより小さな分子にならない糖類を，単糖類と呼ぶ。単糖類は，ケトースでも還元性をもち，銀鏡反応，フェーリング反応に陽性である。

反応の説明

❶の反応　鎖式構造の1位の炭素原子に結合している酸素原子に，5位の炭素原子に結合しているヒドロキシ基中の水素原子が引きつけられ，結果として，1位の炭素原子と5位の炭素原子がエーテル結合([ヘミアセタール結合])して，六員環([ピラノース])となる。ピラノース構造の1位の炭素原子に結合するヒドロキシ基の位置関係によって，α- と β- を区別する。水溶液中では，この3つの構造が共に存在するので，還元性がある。鎖式構造，α-グルコース，β-グルコースの3つの構造をしっかり記憶しておく必要がある。

| ❷の反応 | フルクトースにはケトン基があるので，代表的な[ケトース]である。ケトン基には一般的に還元性がないが，1位の炭素原子にヒドロキシ基が存在するので，[還元性]が現れるといわれている。グルコースと同じように考えて，カルボニル基(グルコースの場合は1位に，フルクトースの場合は2位に存在する)に対して，5位のヒドロキシ基が作用して，ヘミアセタール結合が生じ，環状構造となる。したがって，フルクトースは五員環([フラノース])となることが考えられるが，6位のヒドロキシ基が作用して生じる，以下のピラノース構造も存在する。

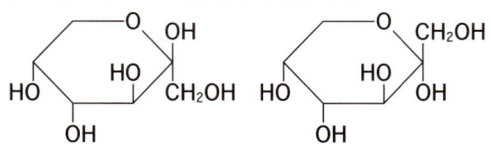

β-フルクトース　　　　　α-フルクトース
〈ピラノース構造〉

また，フラノース構造のα-体(右図)も水溶液中に平衡状態で存在する。

〈フラノース構造のα-体〉

温度によってフルクトースの甘味が変化するのは，この平衡が移動し，フラノース構造のα-体とβ-体の存在率が変化(β-体の方がより甘いことが知られている)するためである。 |
|---|---|
| ❸の反応 | ガラクトースとグルコースの大きな相違点は，4位の炭素原子に結合するヒドロキシ基の向きが逆なことである。フルクトースもガラクトースもβ-体の構造を是非記憶しておくこと。 |

232

51 多糖類と二糖類

多糖類

------- デンプン -------

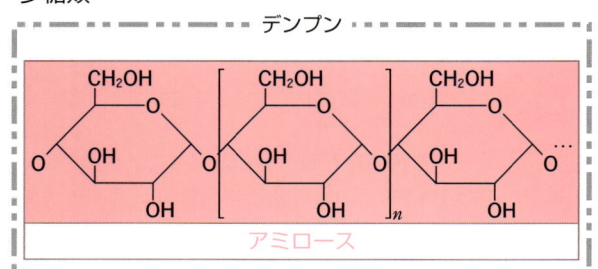

アミロース

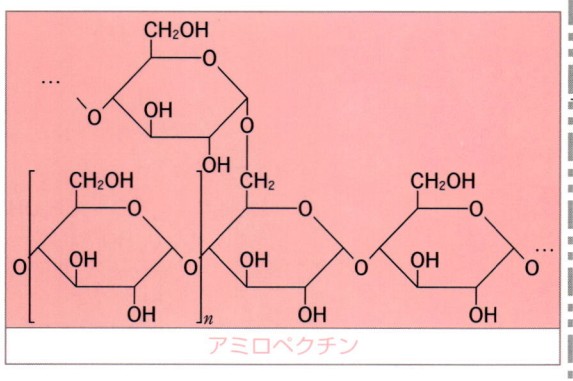

アミロペクチン

❶ アミラーゼ＋水

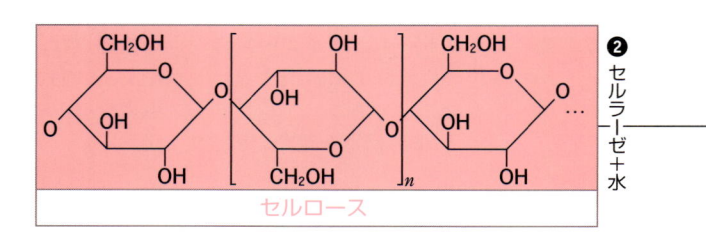

セルロース

❷ セルラーゼ＋水

51 多糖類と二糖類

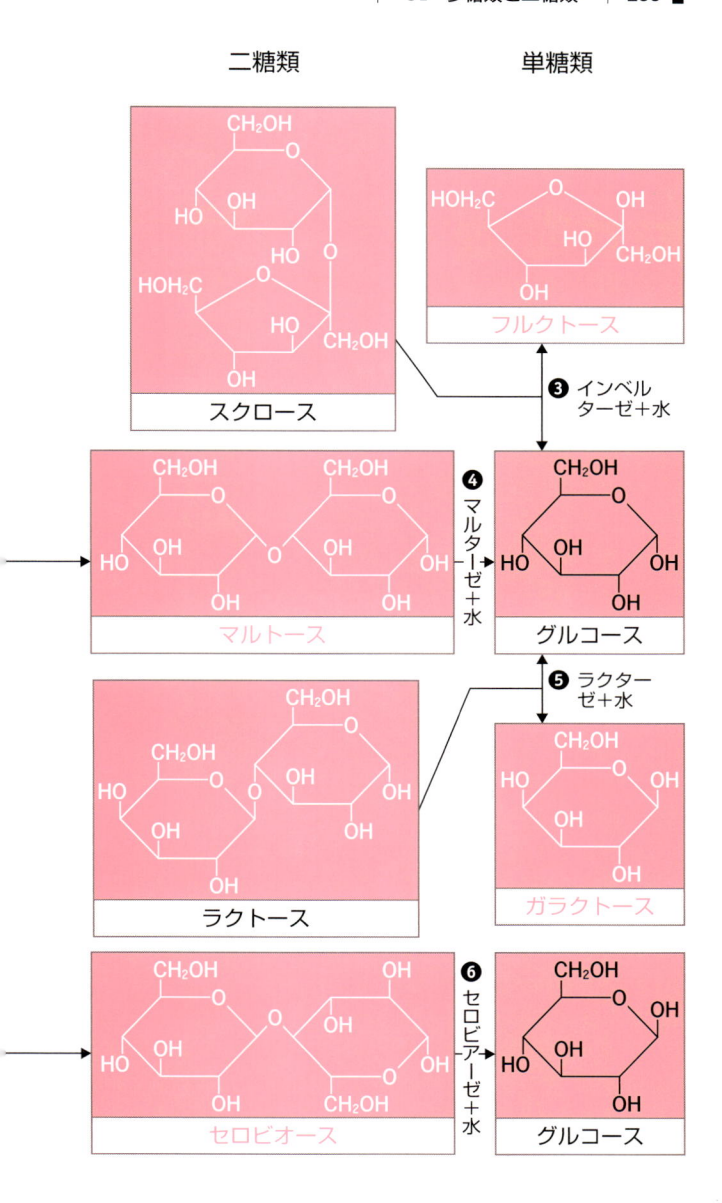

二糖類 / **単糖類**

- スクロース ↔ フルクトース + グルコース　❸ インベルターゼ＋水
- マルトース ↔ グルコース　❹ マルターゼ＋水
- ラクトース ↔ ガラクトース + グルコース　❺ ラクターゼ＋水
- セロビオース ↔ グルコース　❻ セロビアーゼ＋水

反応式

★ ❶, ❷ $[2](C_6H_{10}O_5)_n + nH_2O \longrightarrow nC_{12}H_{22}O_{11}$

★ ❸, ❹, ❺, ❻ $C_{12}H_{22}O_{11} + H_2O \longrightarrow 2C_6H_{12}O_6$

反応のPOiNT!

多糖類に還元性はない。二糖類でもスクロースには還元性がない。

物質の性質

(1) デンプン $(C_6H_{10}O_5)_n$

α-グルコースの1位の炭素原子に結合しているヒドロキシ基と，他のグルコース単位の4位の炭素原子に結合しているヒドロキシ基が脱水縮合([α-1,4-グリコシド結合])して生じる枝分かれのない構造の[アミロース]と，[α-1,6-グリコシド結合]を含むために，多数の枝分かれ構造をもつ[アミロペクチン]がデンプンには含まれる。アミロペクチンは水に溶けにくいが，アミロースは，冷水には溶けにくいものの温湯には溶ける。アミロース鎖は，グルコース単位6つで1回転するような[らせん構造]をもっており，この[らせん構造]にヨウ素分子が入り込むことによって，特有な青〜青紫色の呈色反応が発現する。これを[ヨウ素デンプン]反応と呼ぶが，この色の違いは，アミロース鎖の長さの違いによるといわれている。デンプン粒に水を加えて加熱すると，粒が膨張し，ついには粘性の高い溶液となる。この現象を[糊化]という。

(2) セルロース $(C_6H_{10}O_5)_n$

β-グルコースの[β-1,4-グリコシド結合]による脱水縮合体で，デンプンにおけるアミロペクチンのような1,6-グリコシド結合は含まない。水に不溶で，ヨウ素との呈色反応もない。

反応の説明

❶の反応	アミラーゼを用いて加水分解すると、[デキストリン]と呼ばれる状態を経て、[マルトース]となる。酸を用いて加水分解を行うと、一気にグルコースが得られる。 $(C_6H_{10}O_5)_n + nH_2O \longrightarrow nC_6H_{12}O_6$
❷, ❻の反応	哺乳類の消化液にはセルラーゼが含まれないが、草食動物の腸内細菌がもっているので、草食動物は、セルロースを栄養源とできる。酸を加えて長時間かければ、グルコースにすることができるが、極めて反応性が悪い。また、このときの加水分解によって最初はβ-グルコースが生じるが、平衡反応によって、α-グルコースや鎖式構造の混合物となる。なお、セロビオースの加水分解酵素は、エムルシンと呼ばれることもある。
❸の反応	この反応を[転化]と呼び、これで生じるフルクトースとグルコースの混合物を[転化糖]という。スクロースはα-グルコースの1位のヒドロキシ基とβ-フルクトースの2位のヒドロキシ基がグリコシド結合した構造をもち、水溶液中では、鎖式構造をとることができないために、[還元性は示さない]。
❹の反応	マルトースは水溶液中で、片方のグルコース単位の環構造が開裂して鎖式構造をとり、アルデヒド基が出現するので、[還元性]がある。
❺の反応	ラクトースはα-グルコースの4位のヒドロキシ基とβ-ガラクトースの1位のヒドロキシ基がグリコシド結合した構造をもち、水溶液中では、グルコース単位が開裂して鎖式構造をとり、アルデヒド基が出現するので、[還元性]がある。

52 セルロース誘導体

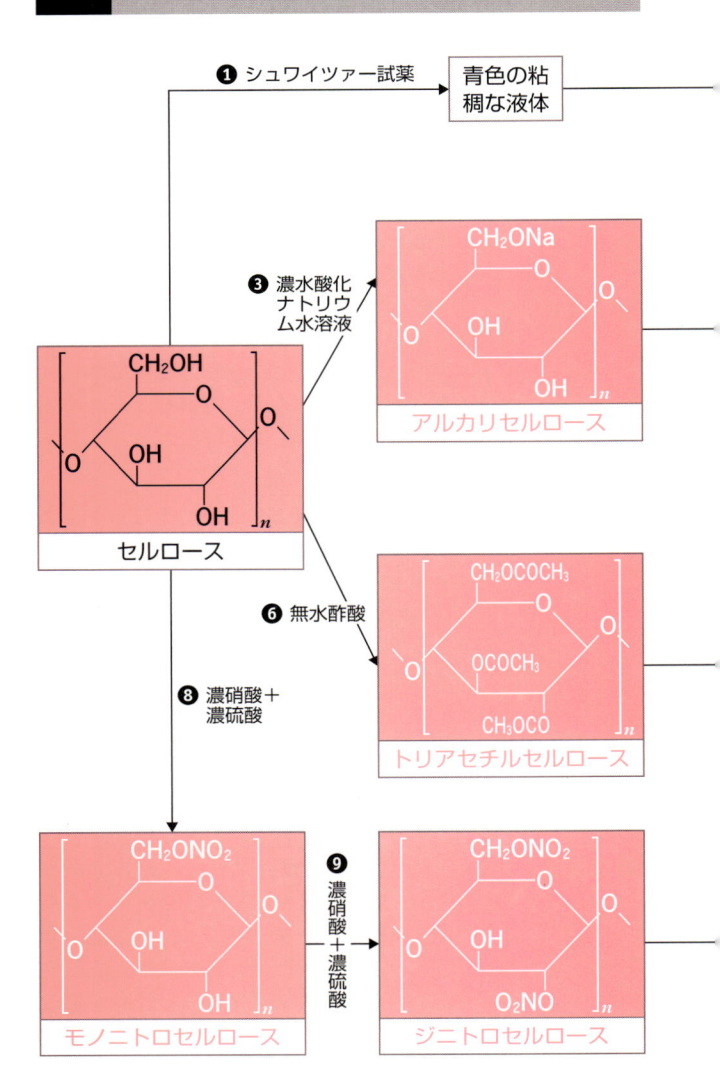

❶ シュワイツァー試薬 → 青色の粘稠な液体

❸ 濃水酸化ナトリウム水溶液 → アルカリセルロース (CH₂ONa, OH, OH)

セルロース

❻ 無水酢酸 → トリアセチルセルロース (CH₂OCOCH₃, OCOCH₃, CH₃OCO)

❽ 濃硝酸＋濃硫酸 → モノニトロセルロース (CH₂ONO₂, OH, OH)

❾ 濃硝酸＋濃硫酸 → ジニトロセルロース (CH₂ONO₂, OH, O₂NO)

52 セルロース誘導体

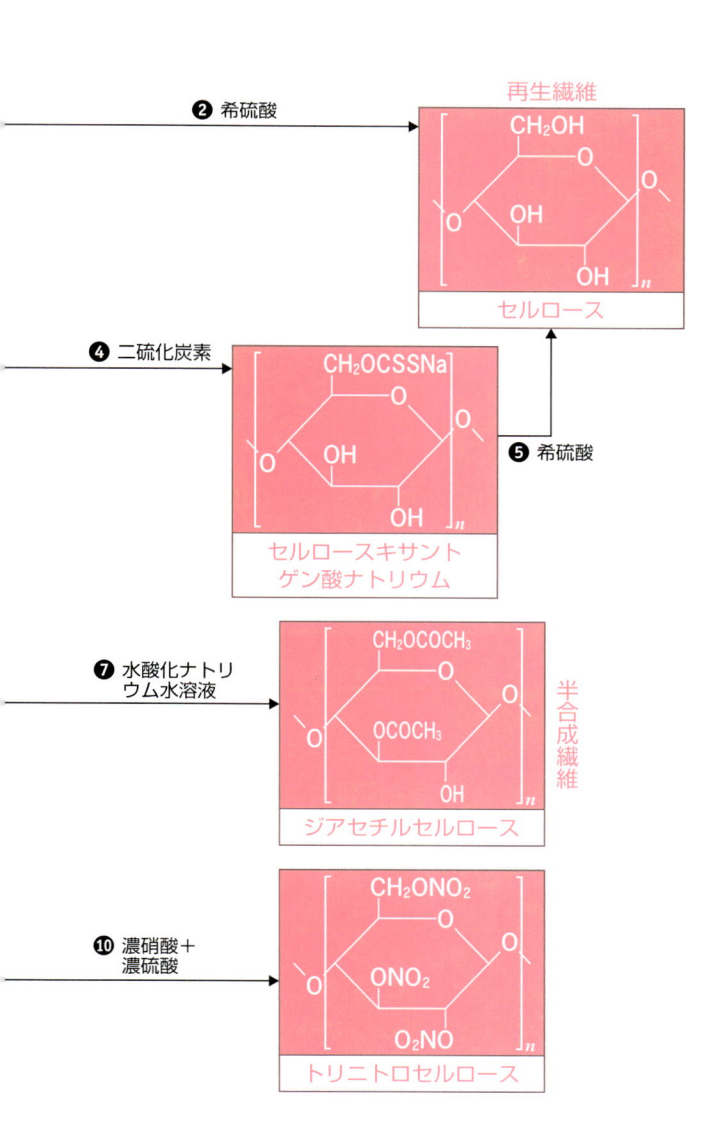

❷ 希硫酸 → [セルロース] CH₂OH, OH, OH ―― 再生繊維

❹ 二硫化炭素 → [セルロースキサントゲン酸ナトリウム] CH₂OCSSNa, OH, OH

❺ 希硫酸 → 再生繊維（セルロース）

❼ 水酸化ナトリウム水溶液 → [ジアセチルセルロース] CH₂OCOCH₃, OCOCH₃, OH ―― 半合成繊維

❿ 濃硝酸＋濃硫酸 → [トリニトロセルロース] CH₂ONO₂, ONO₂, O₂NO

反応式

★ ❸ $[C_6H_7O_2(OH)_3]_n + [n]NaOH$
   $\longrightarrow [C_6H_7O_2(OH)_2(ONa)]_n + nH_2O$

★ ❹ $[C_6H_7O_2(OH)_2(ONa)]_n + [n]CS_2$
   $\longrightarrow [C_6H_7O_2(OH)_2(OCSSNa)]_n$

★ ❺ $[C_6H_7O_2(OH)_2(OCSSNa)]_n + [n]H_2SO_4$
   $\longrightarrow [C_6H_7O_2(OH)_3]_n + nCS_2 + nNaHSO_4$

★ ❻ $[C_6H_7O_2(OH)_3]_n + [3n](CH_3CO)_2O$
   $\longrightarrow [C_6H_7O_2(OCOCH_3)_3]_n + 3nCH_3COOH$

★ ❼ $[C_6H_7O_2(OCOCH_3)_3]_n + [n]NaOH$
   $\longrightarrow [C_6H_7O_2(OH)(OCOCH_3)_2]_n + nCH_3COONa$

★ ❽ $[C_6H_7O_2(OH)_3]_n + [n]HNO_3$
   $\longrightarrow [C_6H_7O_2(OH)_2(ONO_2)]_n + nH_2O$

★ ❾ $[C_6H_7O_2(OH)_2(ONO_2)]_n + [n]HNO_3$
   $\longrightarrow [C_6H_7O_2(OH)(ONO_2)_2]_n + nH_2O$

★ ❿ $[C_6H_7O_2(OH)(ONO_2)_2]_n + [n]HNO_3$
   $\longrightarrow [C_6H_7O_2(ONO_2)_3]_n + nH_2O$

反応のPOiNT!

セルロース中の1つのグルコース単位に3つのヒドロキシ基が存在する。このヒドロキシ基が反応に関係する。

物質の性質

● 再生繊維

植物から得られたセルロースは，繊維の方向が揃っていないので，セルロース鎖の間に働いている[水素結合]を切って，バラバラにしてから，その繊維の方向をそろえたもの。構成する分子は，セルロースと同じである。

52 セルロース誘導体

反応の説明

❶の反応	$Cu(OH)_2$ に，濃 NH_3 水を滴下して得られた[深青]色の溶液を[シュワイツァー試薬]という。主成分は $[Cu(NH_3)_4]^{2+}$ である。これにセルロースを加えると，セルロース溶液([深青]色)となる。
❷の反応	希硫酸中に細孔からセルロース溶液を押し出すと，表面から色が抜けていき，ついには[白]色の繊維となる。この方法で得られる繊維を[銅アンモニアレーヨン]または[キュプラ]という。
❹の反応	ここで生じるセルロースキサントゲン酸ナトリウムは[黄]色～[橙]色のゼリー状物質である。
❺の反応	セルロースキサントゲン酸ナトリウムを $NaOH$ 水溶液に溶かすと，[赤橙]色の[ビスコース]と呼ばれるコロイド溶液になる。これを希硫酸中に細孔から押し出す。ここで生じる繊維を[ビスコースレーヨン]という。
❻の反応	ここで生じるトリアセチルセルロースは，アセトンなどの溶媒に不溶である。
❼の反応	ここで生じるジアセチルセルロースはアセトンに可溶なので，これに溶解させ，空気中に細孔から押し出すと，アセトンは気化して，[アセテートレーヨン]が得られる。
❽, ❾, ❿の反応	ジニトロセルロースは[ピロキシリン]とも呼ばれ，ショウノウなどと混合して[セルロイド]とする。また，ジニトロセルロースをエーテル・エタノール混液に溶解したものを[コロジオン]と呼び，溶剤が蒸発すると[コロジオン膜]と呼ばれる半透膜が生じる。 トリニトロセルロースは[綿火薬]として有名である。

53 アミノ酸とタンパク質

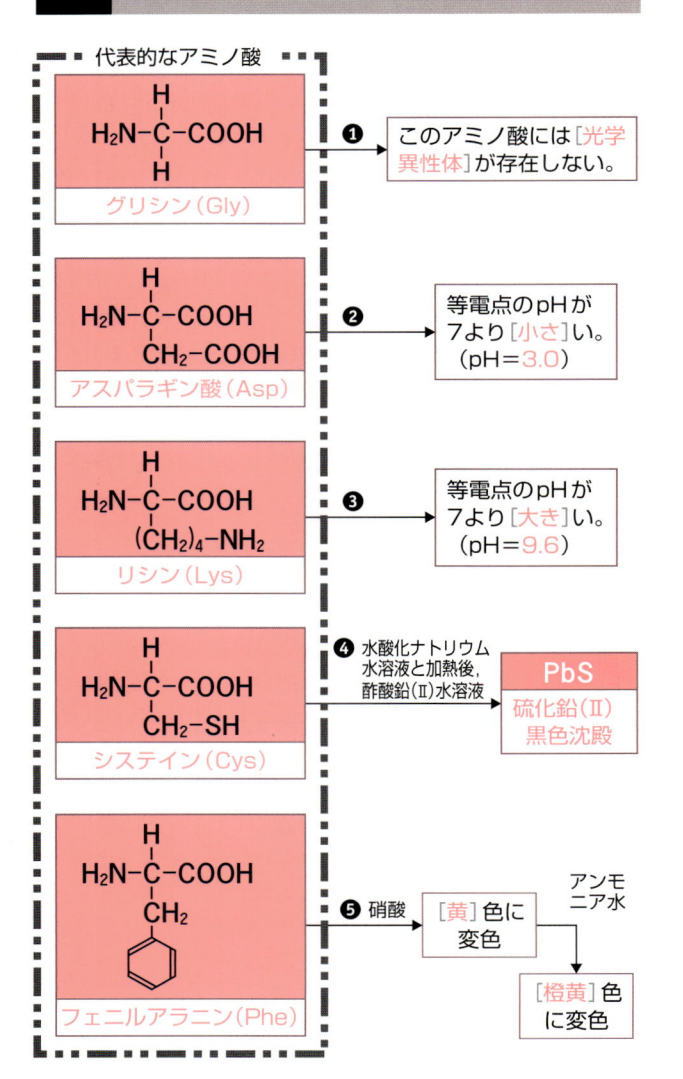

代表的なアミノ酸

グリシン (Gly)
$H_2N-CH(H)-COOH$

❶ → このアミノ酸には[光学異性体]が存在しない。

アスパラギン酸 (Asp)
$H_2N-CH(CH_2COOH)-COOH$

❷ → 等電点のpHが7より[小さ]い。(pH=3.0)

リシン (Lys)
$H_2N-CH((CH_2)_4-NH_2)-COOH$

❸ → 等電点のpHが7より[大き]い。(pH=9.6)

システイン (Cys)
$H_2N-CH(CH_2-SH)-COOH$

❹ 水酸化ナトリウム水溶液と加熱後、酢酸鉛(Ⅱ)水溶液 → **PbS** 硫化鉛(Ⅱ)黒色沈殿

フェニルアラニン (Phe)
$H_2N-CH(CH_2-C_6H_5)-COOH$

❺ 硝酸 → [黄]色に変色 → アンモニア水 → [橙黄]色に変色

グリシンの水溶液中での平衡 ❻

$$\underset{[陽イオン]}{H_3\overset{+}{N}-\underset{H}{\overset{H}{C}}-COOH} \underset{H^+}{\overset{OH^-}{\rightleftarrows}} \underset{[双性イオン]}{H_3\overset{+}{N}-\underset{H}{\overset{H}{C}}-COO^-} \underset{H^+}{\overset{OH^-}{\rightleftarrows}} \underset{[陰イオン]}{H_2N-\underset{H}{\overset{H}{C}}-COO^-}$$

アミノ酸とアミノ酸のペプチド結合

2つのアミノ酸から ❼

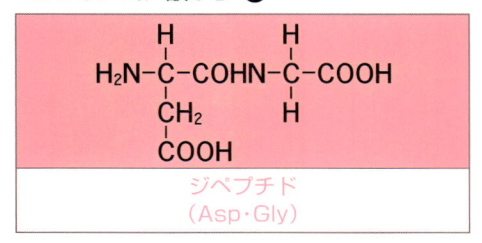

$$H_2N-\underset{\underset{COOH}{CH_2}}{\overset{H}{C}}-COHN-\underset{H}{\overset{H}{C}}-COOH$$

ジペプチド
(Asp・Gly)

3つのアミノ酸から ❽

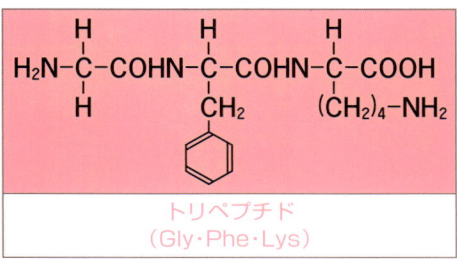

$$H_2N-\underset{H}{\overset{H}{C}}-COHN-\underset{\underset{\bigcirc}{CH_2}}{\overset{H}{C}}-COHN-\underset{(CH_2)_4-NH_2}{\overset{H}{C}}-COOH$$

トリペプチド
(Gly・Phe・Lys)

反応のPOiNT!

アミノ酸は水に可溶な両性物質。タンパク質はアミノ酸の酸アミド結合によって生じる。

物質の性質

(1) アミノ酸 $H_2NCHRCOOH$

1つの炭素原子にアミノ基とカルボキシ基が結合したものを[α-アミノ酸]と呼ぶ。天然界には α-アミノ酸しか存在しないので、アミノ酸といえば一般に α-アミノ酸のことを示す。R が H であるグリシン以外はすべて光学異性体が存在し、そのほとんどが L 体である。検出は、[ニンヒドリン]試薬を加えると、[赤紫〜青紫]色に呈色することによる。

(2) タンパク質

アミノ酸が[酸アミド]結合(この場合を特に[ペプチド]結合と呼ぶ)して、生じる高分子化合物。アミノ酸のみから成る[単純タンパク質]や、他の物質を含む[複合タンパク質]が存在する。血色素である[ヘモグロビン]などは[後者]に含まれる。アミノ酸が3つ以上結合した状態では、NaOH 水溶液を加えた後、$CuSO_4$ 水溶液を加えると、[赤紫〜青紫]色に呈色することによって検出できる。この反応を[ビウレット]反応という。

反応の説明

❷の反応　等電点とは、水溶液中に存在するイオンのほとんどが双性イオンとなる pH である。アスパラギン酸を水溶液にすると、右図のような陰イオンとなるので、これを双性イオンとするためには酸性にする必要がある。

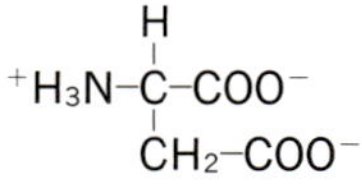

$$\begin{array}{c} H \\ {}^+H_3N-C-COO^- \\ CH_2-COO^- \end{array}$$

❸の反応	リシンには塩基性を示す官能基であるアミノ基が2つ存在するので，水溶液にすると右図のような陽イオンとなる。これを双性イオンにするには，アミノ基に配位した水素イオンを取り去るために塩基性にする必要があるので，等電点は塩基性側になる。 $^+H_3N-\overset{\overset{\displaystyle H}{\mid}}{C}-COO^-$ $(CH_2)_4-NH_3^+$ 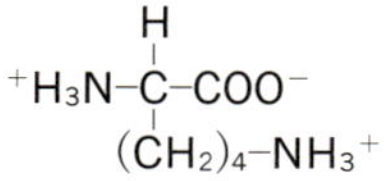
❹の反応	システインのような[含硫アミノ酸]に共通した反応である。システイン以外では，メチオニン(Met)やシスチン((Cys)$_2$)が有名。
❺の反応	[ベンゼン環]をもつアミノ酸に共通した反応で，[キサントプロテイン]反応と呼ばれる。硝酸を加えるとベンゼン環がニトロ化されるために[黄]色になるといわれている。フェニルアラニン以外では，チロシン(Tyr)やトリプトファン(Try)が有名。
❻の反応	グリシンのような中性アミノ酸は，水溶液とすると双性イオンの状態にほとんどの分子がなる。これに酸を加えると，平衡が左に進行して水素イオンの増加を妨げ（[塩基]として作用），塩基を加えると平衡が右に進行して，水酸化物イオンの増加を妨げ（[酸]として作用）る。アミノ酸は，このように酸としても塩基としても作用するので[両性物質]ともいわれる。
❼,❽の反応	❼のようにアスパラギン酸のカルボキシ基とグリシンのアミノ基が[ペプチド]結合する場合は，Asp・Glyと表す。略号の左側にアミノ基があると考えて書く練習をするとよい。アミノ酸が2つ結合したものを[ジペプチド]，3つ結合したものを[トリペプチド]と呼び，[ジペプチド]はビウレット反応を示さない。

54 酵素

酵素は生体細胞が生産する[タンパク質]で成り立つ高分子有機[触媒]で、一般に体液に完全に溶け込んで作用するので、[均一系触媒]にも分類される。

酵素の特徴

特徴	原因
35〜55℃の温度範囲で最も活性が高い。([最適温度])	酵素を構成するタンパク質は、ある一定以上の温度になると[変性]してしまう。酸や塩基を加えてもタンパク質は[変性]するので、酵素が活性をもつ条件が絞られることになる。
pHの影響を受けやすく、酵素によって活性が高くなるpHが異なる。([最適pH])	
特定の物質にだけ作用し、特定な物質を作り出す。([基質特異性])	タンパク質の立体的な構造に起因すると考えられている。

さまざまな酵素と最適pH

酵素	最適pH	酵素	最適pH
アミラーゼ	6.9	トリプシン	8.0
リパーゼ	5.0	キモトリプシン	8.0
ラクターゼ	4〜6	インベルターゼ	5〜7
ペプシン	1.5〜2.0	リソソーム酵素	5〜6

さまざまな酵素の所在と作用する反応
❶加水分解酵素

酵素名	所在	作用する反応
アミラーゼ	唾液・膵液・酵母など	デンプン→マルトース
マルターゼ	酵母・唾液・膵液・腸液	マルトース→グルコース
インベルターゼ	腸液・酵母	スクロース→グルコース＋フルクトース
ラクターゼ	乳児の小腸・酵母	ラクトース→グルコース＋ガラクトース
リパーゼ	膵液・胃液・血液・植物の種子	脂肪→脂肪酸＋グリセリン
ペプシン	胃液	タンパク質→プロテオース(*)，ペプトン(*)
トリプシン	膵液	タンパク質→プロテオース(*)，ペプトン(*)
ペプチダーゼ	腸液	プロテオース，ペプトン→アミノ酸
ウレアーゼ	大豆，ナタマメ細菌	尿素→二酸化炭素＋アンモニア

(*)プロテオース，ペプトンとはタンパク質が加水分解されてアミノ酸になっていく前に生じる物質の総称。

❷酸化還元酵素

酵素名	所在	作用する反応
チマーゼ	酵母	単糖類→アルコール＋二酸化炭素
カタラーゼ	肝臓・血液	過酸化水素の分解 アルコール→アルデヒド

索引

用語索引
重要な用語のページを確認できます

あ行

亜鉛	76
アジピン酸	213
亜硝酸	35
アセチルサリチル酸	184
アセチレン	134
アセトアニリド	188
アセトアルデヒド	146
アセトン	150
アニリン	188
亜硫酸	27
アルミナ	69, 72
アルミニウム	69, 72
安息香酸	180
アンモニア	34, 40, 111
アンモニアソーダ法	64
硫黄	27, 30
イソフタル酸	181
イソプレン	220
1-ブタノール	142
一酸化炭素	47, 111
一酸化窒素	35, 40, 113
ε-カプロラクタム	213
陰イオン交換樹脂	225
エタノール	139
エチレン	128
エチレングリコール	212
塩化カルシウム	60
塩化水素	10, 111
塩化スズ(II)	82
塩化ナトリウム	54
塩化ベンゼンジアゾニウム	188
塩酸	10
塩素	10, 113
オゾン	23

か行

過酸化水素 —— 22
過マンガン酸カリウム —— 105
カルシウム —— 60
ギ酸 —— 155
希硝酸 —— 40
キシレン —— 181
希硫酸 —— 30
銀 —— 98
クメン —— 176
グリセリン（1, 2, 3-プロパントリオール）—— 159, 168
クロム —— 105
ケイ酸 —— 51
ケイ素 —— 50
コハク酸 —— 158

さ行

酢酸 —— 154
酢酸エチル —— 159
サラシ粉 —— 10, 61
サリチル酸 —— 184
サリチル酸メチル —— 184
酸化亜鉛 —— 76
酸素 —— 22, 112
次亜塩素酸 —— 11
ジエチルエーテル —— 138
臭化水素 —— 14
シュウ酸 —— 158
臭素 —— 14
十酸化四リン —— 34
硝酸 —— 35, 40, 111
水銀 —— 77
水酸化カルシウム —— 46, 61
水酸化ナトリウム —— 54
水素 —— 23, 112
スズ —— 82
スラグ —— 89
セッケン —— 168
セルロース —— 236

た行

炭酸水素ナトリウム ── 55
炭酸ナトリウム ── 54, 66
チオ硫酸ナトリウム ── 27, 55
窒素 ── 34, 113
鉄 ── 89, 92
テレフタル酸 ── 181, 212
天然ゴム（生ゴム） ── 221
銅 ── 89, 98
トルエン ── 180

な行

ナイロン6 ── 213
ナイロン66 ── 213
ナトリウム ── 54
ナフタレン ── 172
鉛 ── 83
ニクロム酸カリウム ── 105
二酸化硫黄 ── 26, 30, 110, 112
二酸化ケイ素 ── 50
二酸化炭素 ── 22, 46, 110
二酸化窒素 ── 35, 40, 113
ニトロベンゼン ── 188
2-ブタノール ── 142
2-メチル-1-プロパノール ── 142
2-メチル-2-プロパノール ── 142
尿素 ── 34
尿素樹脂 ── 216
2,4,6-トリニトロトルエン（TNT） ── 173
濃硝酸 ── 40
濃硫酸 ── 30

は行

発煙硫酸 ── 31
p-アミノアゾベンゼン ── 189
ピクリン酸 ── 177
氷晶石 ── 19, 72
フェノール ── 176
フェノール樹脂 ── 217
ブタノール ── 142
フタル酸 ── 181

フッ化水素	18
フッ化水素酸	18
フッ素	18
フマル酸	158
プロパン	129
プロペン	129
ヘキサフルオロケイ酸	19, 51
ヘキサメチレンジアミン	213
ベンゼン	172
ポリエチレンテレフタラート（PET）	212
ホルムアルデヒド	147

ま行

マレイン酸	158
マンガン	104
水	22
ミョウバン	73
無水酢酸	154
メタノール	125
メタン	124
メラミン樹脂	217

や行

陽イオン交換樹脂	224
ヨウ化水素	14
ヨウ素	14

ら行

硫化水素	26, 110
硫化鉛（II）	82
硫酸	26, 30
硫酸カルシウム	61
硫酸ナトリウム	55
リン	34
リンゴ酸	159
リン酸	35
緑青	47, 98

化学反応式索引（反応物編）
化学反応式の反応物から化学反応式を確認できます

― あ行 ―

亜鉛	57, 59, 75, 78, 80
亜硝酸アンモニウム	36
亜硝酸ナトリウム	36
アセチレン	130, 134, 135, 136, 210
アセトアルデヒド	130, 139, 146, 147
アセトン	151
アニリン	178, 190
アニリン塩酸塩	190
亜硫酸	27
亜硫酸水素ナトリウム	56, 110
亜硫酸ナトリウム	26, 27, 56, 57
アルミニウム	23, 57, 59, 72, 73
安息香酸	182
アンモニア	11, 36, 42, 43, 56
硫黄	26, 30
一酸化炭素	47, 125
一酸化窒素	32, 36, 38, 42
一酸化二窒素	36
エタノール	130, 132, 138, 139, 141, 146, 154
エチルベンゼン	130
エチレン	130, 139
塩化亜鉛	78
塩化アルミニウム	68, 71, 72, 73, 75
塩化アンモニウム	11, 36, 42
塩化カルシウム	60
塩化銀	10, 100
塩化水銀(I)	79, 117
塩化水銀(II)	78, 79
塩化水素	11
塩化スズ(II)	84, 86
塩化スズ(IV)	84
塩化鉄(III)	94
塩化鉄(II)	94
塩化銅(II)	101
塩化ナトリウム	10, 11, 13, 56, 111
塩化鉛(II)	84
塩化ベンゼンジアゾニウム	190, 193
塩素	10, 11

塩素酸カリウム ― 23
黄鉄鉱 ― 27, 88
黄銅鉱 ― 88
オゾン ― 23, 25

―― か行 ――

過酸化水素 ― 23
過マンガン酸 ― 106
過マンガン酸カリウム ― 106
カリウム ― 15
カルシウム ― 60
カルシウムシアナミド ― 38
ギ酸 ― 111, 147, 155
ギ酸カルシウム ― 148
キシレン ― 182
銀 ― 10, 100, 102
クメン ― 130, 151
グルコース ― 31
クロム酸カリウム ― 106, 107
クロム鉄鉱 ― 107
クロロエタン ― 130
クロロホルム ― 125
クロロメタン ― 125
ケイ化マグネシウム ― 50
ケイ酸 ― 51
ケイ酸ナトリウム ― 51
ケイ素 ― 50, 51
五酸化二窒素 ― 36

―― さ行 ――

酢酸 ― 154, 155
酢酸エチル ― 160
酢酸カルシウム ― 150
酢酸ナトリウム ― 124
酢酸鉛(II) ― 85
サラシ粉 ― 10, 60, 61
サリチル酸 ― 184, 185
酸化亜鉛 ― 59, 78
酸化アルミニウム ― 57, 59, 68, 72, 73
酸化カルシウム ― 22, 47, 60, 61, 88
酸化銀 ― 100

酸化クロム (III)	75, 107
酸化クロム (VI)	107
酸化水銀 (II)	79
酸化スズ (IV)	84, 87
酸化鉄 (III)	88, 94
酸化鉄 (II)	89, 94
酸化銅 (I)	89
酸化銅 (II)	11
酸化ナトリウム	46, 56
酸化鉛 (II)	84, 85, 86
酸化鉛 (IV)	31, 84, 86
酸化マンガン (II)	106
酸化マンガン (IV)	11, 14, 106
三酸化硫黄	30
三酸化二窒素	36
酸素	22, 23
次亜塩素酸	11
シアン化銀	100
四塩化ケイ素	50
ジクロロメタン	125
四酸化三鉄	88, 89
四酸化三鉛	84
ジメチル亜鉛	124
臭化カリウム	14
臭化銀	100, 102
臭化水素	14
臭化マグネシウム	14
シュウ酸	160, 161
シュウ酸鉄 (II)	96
臭素	14
十酸化四リン	36, 37
硝酸	36, 39, 42, 44, 112
硝酸アンモニウム	38
硝酸銀	100
硝酸ナトリウム	42, 111
硝酸鉛 (II)	85, 87
辰砂	79
水銀	79, 81
水酸化亜鉛	59, 78
水酸化アルミニウム	59, 68, 72, 73
水酸化カルシウム	60, 61

水酸化スズ(II)	84, 86
水酸化スズ(IV)	84
水酸化鉄(III)	94
水酸化銅(II)	101
水酸化ナトリウム	10, 56, 57
水酸化鉛(II)	85
スズ	84, 86, 87
セッコウ	62
セルロース	124

た行

炭化アルミニウム	124
炭化カルシウム	61, 134
炭酸亜鉛	78
炭酸アンモニウム	42
炭酸カルシウム	47, 60, 61
炭酸水素カルシウム	60, 62
炭酸水素鉄(II)	94
炭酸水素ナトリウム	46, 56
炭酸ナトリウム	46, 47, 56
炭素	22, 47
チオシアン酸カリウム	95
チオシアン酸銀	100
チオシアン酸銅(II)	101
チオ硫酸銀	102
チオ硫酸ナトリウム	10, 13, 27, 57, 59
窒素	36
鉄	22, 94
テトラヒドロキシドアルミン酸ナトリウム	68, 73
銅	10, 100, 101, 103, 112
トリクロロシラン	50
トルエン	182

な行

ナトリウム	22, 56, 75
ナトリウムフェノキシド	178
ナフタレン	174
鉛	85, 86
ニクロム酸カリウム	107
二酸化硫黄	27, 30
二酸化ケイ素	19, 21, 50, 51, 68, 88

二酸化炭素 —— 46, 47
二酸化窒素 —— 36, 42, 43
ニトロベンゼン —— 185, 190, 192
2-プロパノール —— 130
2-メチル-1-プロパノール —— 143
尿素 —— 36

は行

発煙硫酸 —— 30
フェノール —— 138, 140, 178
ブタノール —— 142
フタル酸 —— 174
フッ化アルミニウム —— 72
フッ化カルシウム —— 19
フッ化水素 —— 18, 19, 21
フッ化ナトリウム —— 18
フッ素 —— 18, 19, 20
プロピン —— 150
プロペン —— 130, 131
ヘキサシアニド鉄(III)酸カリウム —— 95
ヘキサシアニド鉄(II)酸カリウム —— 94, 95
ベンジルアルコール —— 182
ベンズアルデヒド —— 182
ベンゼン —— 174
ホルムアルデヒド —— 147

ま行

マレイン酸 —— 160
マンガン酸カリウム —— 106
水 —— 22, 23
無水酢酸 —— 154
メタノール —— 125, 141, 147
メタリン酸 —— 36
メタン —— 124, 125
モノシラン —— 50

や行

ヨウ化カリウム —— 14, 15
ヨウ化水銀(II) —— 78
ヨウ化水素 —— 15
ヨウ素 —— 14, 15

ヨウ素酸ナトリウム ―――― 15

―――― **ら行** ――――

硫化亜鉛 ―――― 78
硫化アルミニウム ―――― 75
硫化銀 ―――― 100
硫化水素 ―――― 11, 14, 23, 26
硫化鉄(Ⅱ) ―――― 26, 94
硫化銅(Ⅰ) ―――― 89
硫化鉛(Ⅱ) ―――― 84, 85
硫酸 ―――― 27, 30, 31
硫酸亜鉛 ―――― 78
硫酸アルミニウム ―――― 73
硫酸アンモニウム ―――― 42
硫酸カルシウム ―――― 62
硫酸水銀(Ⅱ) ―――― 78, 79
硫酸鉄(Ⅱ) ―――― 94, 95
硫酸銅(Ⅱ) ―――― 22, 100, 101
硫酸ナトリウム ―――― 31
硫酸鉛(Ⅱ) ―――― 84
硫酸マンガン(Ⅱ) ―――― 106
リン ―――― 36, 39
リン酸 ―――― 36, 61
リン酸カルシウム ―――― 36, 37, 61
緑青 ―――― 46, 101

化学反応式索引（生成物編）
化学反応式の生成物から化学反応式を確認できます

あ行

亜鉛 ———— 78
亜硝酸 ———— 36, 43
アセチルサリチル酸 ———— 184
アセチレン ———— 61, 124, 125
アセトアニリド ———— 190
アセトアルデヒド ———— 130, 147, 149
アセトン ———— 130, 150
アニリン ———— 190
亜硫酸 ———— 27
亜硫酸水素ナトリウム ———— 56
亜硫酸ナトリウム ———— 27
安息香酸 ———— 182
アンモニア ———— 36, 42, 60, 110
硫黄 ———— 26
一酸化炭素 ———— 22, 47, 111
一酸化窒素 ———— 36, 42, 44, 112
一酸化二窒素 ———— 38
塩化亜鉛 ———— 59, 78
塩化アルミニウム ———— 59
塩化アンモニウム ———— 11
塩化カリウム ———— 10
塩化カルシウム ———— 10, 60
塩化銀 ———— 11
塩化水銀(Ⅱ) ———— 79
塩化水素 ———— 11, 13, 111
塩化ナトリウム ———— 56, 59
塩化ベンゼンジアゾニウム ———— 190
塩素 ———— 10, 11, 106, 113
オゾン ———— 23

か行

カーボランダム ———— 51
カルシウム ———— 60
ギ酸 ———— 155
銀 ———— 100
クメン ———— 130
ケイ酸 ———— 51
ケイ酸ナトリウム ———— 47, 68

さ行

酢酸 — 155
酢酸エチル — 138
サラシ粉 — 10, 61
サリチル酸 — 178
サリチル酸メチル — 185
酸化亜鉛 — 78
酸化アルミニウム — 23, 68, 72
酸化カルシウム — 60, 61
酸化水銀(Ⅰ) — 79
酸化水銀(Ⅱ) — 79
酸化鉄(Ⅲ) — 94
酸化鉄(Ⅱ) — 94
酸化銅(Ⅰ) — 101
酸化銅(Ⅱ) — 101
三酸化硫黄 — 30
酸素 — 23, 25, 112
次亜塩素酸 — 11
次亜塩素酸ナトリウム — 10
四酸化三鉄 — 22, 94
四酸化二窒素 — 36
四フッ化炭素 — 18
臭化銀 — 14
臭化水素 — 14
臭素 — 14
硝酸 — 42, 43, 111
水銀 — 79
水酸化カルシウム — 22, 60, 61
水酸化ナトリウム — 22, 56
水素 — 112
スズ — 84
スラグ — 88

た行

炭化カルシウム — 60
炭酸カルシウム — 56, 61, 62
炭酸水素カルシウム — 47, 60
炭酸水素ナトリウム — 46, 56
炭酸ナトリウム — 56, 64
チオ硫酸ナトリウム — 26
窒素 — 36, 113

鉄 —— 88
テトラヒドロキシドアルミン酸ナトリウム —— 68
銅 —— 89

な行

ナフタレン —— 174
鉛 —— 84
二酸化硫黄 —— 26, 30, 110, 112
二酸化ケイ素 —— 51
二酸化炭素 —— 22, 47, 60, 61, 110
二酸化窒素 —— 32, 36, 42, 112
尿素 —— 36

は行

発煙硫酸 —— 30
p-アミノアゾベンゼン —— 190
p-ヒドロキシアゾベンゼン —— 190
ピクリン酸 —— 178
氷晶石 —— 18, 72, 73, 75
フェノール —— 130, 178
フタル酸 —— 182
フッ化水素 —— 19
フッ素 —— 18
ヘキサフルオロケイ酸 —— 19, 51
ベンゼン —— 134, 174
ホルムアルデヒド —— 148

ま行

マンガン —— 106
水 —— 22, 23
ミョウバン —— 73
無水酢酸 —— 155
メタリン酸 —— 37
メタン —— 124
モノシラン —— 50

や行

焼きセッコウ —— 62
ヨウ化銀 —— 15
ヨウ化水素 —— 15
ヨウ素 —— 14, 15

ヨードホルム ―――――― 139, 151

――― **ら行** ―――

硫化亜鉛 ―――――― 78
硫化水銀(II) ―――――― 78
硫化水素 ―――――― 26, 110
硫化マンガン(II) ―――――― 106
硫酸 ―――――― 27, 30
硫酸亜鉛 ―――――― 78
硫酸カルシウム ―――――― 61
硫酸水銀(II) ―――――― 79
硫酸ナトリウム ―――――― 27, 56
硫酸鉛(II) ―――――― 31
リン ―――――― 36
リン酸 ―――――― 36
緑青 ―――――― 46, 100